URBAN SPACE
空 间 研 究

段 进/主编

绿 维 都 市

——空间层级系统与 K8 发展模式

Green Dimension City: Urban Space Hierarchy System and K8 Development Model

戴德胜
　　　　　　著
段 进

东南大学出版社
SOUTHEAST UNIVERSITY PRESS
·南京·

内容提要

在全球典范性公交城市与中国城市的比较研究基础上，遵循可持续发展和低碳城市发展理念，本书从城市空间层级性入手，探讨城市空间各个层级结构的合理人口规模和空间地理尺度，以及这些比较理想的空间规模尺度在中国语境下的适应性问题；接着在空间层级规模尺度研究的基础上重新建构中国城市的空间发展模式；最后通过世界典范性城市的横向对比研究，借鉴其各个空间层级的发展策略，总结发展经验，提出适宜的可持续发展策略。

本书可供城市规划、交通规划、城市建设及城市管理人员学习参考，也可供高等学校相关专业师生阅读。

图书在版编目(CIP)数据

绿维都市：空间层级系统与 K8 发展模式／戴德胜，段进著. —南京：东南大学出版社，2014.3

（空间研究丛书／段进主编）

ISBN 978－7－5641－4679－5

Ⅰ.①绿… Ⅱ.①戴… ②段… Ⅲ.①城市空间—研究—中国 Ⅳ.TU984.2

中国版本图书馆 CIP 数据核字(2013)第 291279 号

书　　名：绿维都市——空间层级系统与 K8 发展模式
著　　者：戴德胜　段　进
责任编辑：孙惠玉　徐步政　　　　　编辑邮箱：894456253@qq.com
文字编辑：陈　淑

出版发行：东南大学出版社
社　　址：南京市四牌楼 2 号　　　　　邮　　编：210096
网　　址：http://www.seupress.com
出 版 人：江建中

印　　刷：江苏凤凰扬州鑫华印刷有限公司
排　　版：南京新洲排版公司
开　　本：787mm×1092mm　1/16　　印张：15.5　　字数：355 千
版　　次：2014 年 3 月第 1 版　　2014 年 3 月第 1 次印刷
书　　号：ISBN 978－7－5641－4679－5
定　　价：49.00 元

经　　销：全国各地新华书店
发行热线：025－83790519　83791830

空间序

　　空间研究的内容很广泛,其中人与其生存空间的关系问题是涉及城乡空间的学科和研究的基本问题。在原始社会,这个问题比较简单,人类与其生存空间的主要关系仅发生在相对隔离的族群与自然环境之间,因此古代先民与生存空间的关系直接体现为聚落社会与具有"自然差异"的空间的相互关系,人类根据需求选择适合生存的自然空间。随着技术的进步和社会的发展,这种主要关系不断发生变化。技术的进步使改造自然成为可能,自然界的空间差异不再举足轻重;而劳动分工使社会内部以及社会之间的相互依存性和差异性得以强化。因此,普遍认为,现代人类生存空间最重要的是空间的"社会差异",而不再是空间的"自然差异";同时,现代人与生存空间的主要关系也不再是人与自然界的关系,而变成了人与人之间的关系,现代人的生活时时刻刻处于社会的空间之中。这种转变使人与生存空间的关系变得错综复杂,自然的、历史的、文化的、政治的、经济的等等各种力量交织在一起。

　　现代人与生存空间的这种复杂关系,使我们很容易产生这样的判断,即空间本身不再重要,空间的形态与模式只是社会与经济的各种活动在地域上的投影。这个判断受到了普遍的认同,却带来了不良的后果。在理论研究方面,空间的主体性被忽视,研究的方法是通过经济和社会活动过程的空间落实来解析空间的形式,空间的研究被经济的和社会的研究所取代,客观上阻碍了对空间自身发展规律的深入探讨。由此导致了一系列的假定:空间使用者是"理性的经济人";空间的联系是经济费用的关系;经济是城市模型的基础;空间的结构与形态就是社会与经济发展的空间化;人类的行为是经济理性和单维的,而不是文化和环境的;物质空间形态,即我们所体验和使用的空间,本身并不重要;等等。不可避免,根据这样的假定所建立的空间是高度抽象的,忽视了空间的主体性,与现实中物质空间的需求也相去甚远。并且由于缺乏对空间发展自身规律的认识,对空间发展与经济建设、社会发展的关系研究等,使城市规划学科的空间主体性与职业领域变得越来越模糊,越来越失去话语权。在城市建设实践中,空间规划的重要性不能受到应有的重视。理论上学术界的简单判断,为社会、经济规划先行的合理性提供了理论依据,形成了空间规划在社会发展、经济建设和空间布置三大规划之中的被动局面,空间规划成为社会发展与经济建设规划后的实施落实。最终,空间规划与设计不能发挥应有的作用,空间发展规律得不到应有的重视,在城乡建设实践中产生许多失误。

　　因此,人与其生存的空间究竟是什么关系,简单的社会与经济决定论不能令人满意,并有可能产生严重的后果。尽管在现代社会中,社会与经济的力量在塑造生存空间中起着重要作用,但我们绝不能忽视空间本身主体性和规律性的作用,只有当我们"空间"地去思考社会发展和经济发展,达到社会、经济和空间三位一体有机结合时,人类与其生存的空间才能和谐、良性地发展。这就需要我们进行空间研究,更好地了解空间,掌握规律。需要进行研究的空间问题很多,在空间发展理论方面,诸如:什么是空间的科学发展观;空间与社会、经济的相互关系;空间发展的影响因素和作用方式;空间发展的基本规律;相对应的规划设计方法论;等等。在空间分析方面,诸如:空间的定义与内涵是什么;空间的构成要素是什么;空间的结构如何解析;人们如何通过空间进行联系;如何在空间中构筑社会;建成的物质空间隐含着什么规律;空间的意义、视觉和行为规范的作用;采取什么模型和方法进行空间分析;等等。在空间规划与设计方面,诸如:什么是正确的空间规划理念;空间的规律如何应用于规划设计;规划与设计如何更有效地促进城市发展和环境改善;规划与设计的方法与程序如何改进;等等。

这些问题的探讨与实践其实一直在进行。早在 19 世纪末 20 世纪初,乌托邦主义者和社会改革派为了实现他们所追求的社会理想,就提出通过改造原有的城市空间来达到改造社会的目的。霍华德的"田园城市"、柯布西耶的"光明城市"和赖特的"广亩城市"是这一时期富有社会改革精神的理论与实践的典型。第二次世界大战后,由于建设的需要,物质空间规划盛行,城市规划的空间艺术性在这期间得到了充分的展现。同时,系统论、控制论和信息科学的兴起与发展为空间研究提供了新的分析方法,空间研究的数理系统分析与理性决策模型出现,并运用于实践参与控制和管理城市系统的动态变化。这期间,理性的方法使人们认为空间规律的价值中立。随后,20 世纪 60 年代国际政治环境动荡,民权运动高涨,多元化思潮蓬勃发展,普遍出现了对物质空间决定论的批判。尤其是 20 世纪 70 年代,新马克思主义学派等"左派"思潮盛行,它们对理想模式和理性空间模型进行了猛烈的抨击,认为在阶级社会中,空间的研究不可能保持价值中立,空间研究应该介入政治经济过程。对于空间规划实践则成为一种试图通过政策干预方式来改变现有社会结构的政治行动。这促使 20 世纪 70 年代末空间规划理论与实践相脱离,一些理论家从空间的研究转向对政治经济和社会结构的研究。空间研究的领域也发生了很大的变化,它逐渐脱离了纯物质性领域,进入了社会经济和政治领域,形成了很多分支与流派,如空间经济学、空间政治经济学、空间社会学、空间行为学、空间环境学等等。进入 20 世纪 80 年代,新自由主义兴起,政府调控能力削弱,市场力量的重新崛起,促使空间公众参与等自主意识受到重视。20 世纪 90 年代,全球化、空间管治、生态环境、可持续发展等理论思潮的涌现,使空间研究呈现出更加多元化蓬勃发展的局面。空间研究彻底从单纯物质环境、纯视觉美学、"理性的经济人"等理想主义圈圈里走出来。20 世纪空间研究的全面发展确定了现代城市空间研究的内涵是在研究了社会需求、经济发展、文化传统、行为规律、视觉心理和政策法律之后的综合规律研究和规划设计应用。空间研究包含了形态维度、视觉维度、社会维度、功能维度、政策维度、经济维度等多向维度。空间的重要性也重新受到重视,尤其在 20 世纪末,全球社会与人文学界都不同程度地经历了引人注目的"空间转向",学者们开始对人文生活中的"空间性"另眼相看,把以往投注于时间和历史、社会关系和社会经济的青睐,纷纷转移到空间上来,这一转向被认为是 20 世纪后半叶知识和政治发展的最重要事件之一。

尽管空间研究的浪潮此起彼伏,研究重点不断转换,但空间的问题一直是城市规划学科的核心问题。从标志着现代意义城市规划诞生的《明日的田园城市》开始,城市规划从物质空间设计走向社会问题研究,经过一百余年的发展,西方现代城市规划理论在宏观整体上发生过几次重大转折,与城市规划核心思想和理论基础的认识相对应的是从物质规划与设计发展为系统与理性过程再转入政治过程。经历了艺术、科学、人文三个不同发展阶段和规范理论、理性模式、实效理论和交往理论的转变,城市规划师从技术专家转变为协调者，从技术活动转向带有价值观和评判的政治活动。但从开始到现在，从宏观到微观始终没有能够离开过空间问题。不管城市规划师的角色发生什么变化，无论是作为设计者、管理者、参谋、决策精英还是协调者，城市规划师之所以能以职业身份参与并拥有发言权，是因为规划师具有对空间发展规律、对规划技术方法、对空间美学原理的掌握。只有具有空间规划方面的专门知识，才可以进行城市规划的社会、经济、环境效益的评估，才能够进行规划决策的风险分析和前瞻研究，才能够真正地或更好地发挥规划师的作用。现代城市规划的外延拓展本质上是为了更完整、更科学地掌握空间的本体和规律，通过经济规律、社会活动、法律法规、经营管理、政治权力、公共政策等各种途径，更有效、更公平、更合理地进行空间资源配置和利用，并规范空间行为。城市规划的本体仍是以空间规划为核心，未来城市规划学科的发展方向也应是以空间为核心的多学科建设。目前中国城市化快速发展阶段的实践需求更应如此。

在国内，空间研究也一直在不同的学科与领域中进行，许多专家学者在不同的理论与实践中取得了重要成果。多年来，在东南大学从建筑研究所到城市规划设计研究院，我们这个小小的学术团队一直坚持在中国城市空间理论与城市规划设计领域开展研究工作。我们将发展理论与空间研究相结合，首先提出了在我国城乡建设中城市空间科学发展观的重要性和七个城市发展新观念［城市发展研究，1996(05)］；提出了城市空间发展研究的框架和基本理论，试图以空间为主体建立多学科交叉整合的研究方法［城市规划，1994(03)］；出版了《城市空间发展论》、《城镇空间解析》等专著。并先后完成国家自然科学基金重点项目、青年科学基金面上项目、回国人员基金以及部省级科研等十多项有关城市空间的科研课题，同时结合重要城市规划与设计任务进行实践探索。在这些研究、实践与探索过程中，我们取得过一些成绩：曾获得过国家教委科学技术进步一等奖、二等奖；国家级优秀规划设计一等奖、银奖；省部级优秀规划设计一等奖多项；在市场经济竞争环境中，在许多重要国际、国内规划与设计竞赛中获第一名。我们同样也面对着研究的困惑与挫折、实践的失败与教训。我们希望有一个交流平台，使我们的研究与探索引起更多人的关注，得到前辈、同行和关注者的认同、批评和帮助；我们也需要通过这个平台对以往的研究探索进行总结、回顾与反思；我们更希望通过它吸引更多的人加入空间研究这个领域。

2005年东南大学城市空间研究所的成立为该领域的研究和探索组成了一个新的团队，这个开放性的研究所将围绕空间这个主题形成跨学科的研究，成员不分年龄、不分资历、不分学派、不分国别，吸纳各种学术思想，活跃学术氛围，开拓学术领域，深化研究成果，共同分享空间研究探索的苦乐。这套丛书正是我们进行学术研究与探索的共享平台，也是我们进行交流、宣传、争鸣和学习的重要窗口。

段 进

前言

伴随着国民经济的持续增长和社会经济制度改革的深化,中国作为高速城市化的地区,在城市发展过程中面临城市化和机动化的双重压力,使城市空间结构系统和交通系统之间存在的矛盾受到激化,出现种种严峻问题。在城市空间发展上主要表现为城市空间层级结构不合理,城市的整体空间结构绩效低下;在城市交通上表现为交通拥堵、交通安全、环境污染、社会公平等问题日趋严重。这些问题已成为制约城市良性发展的瘤疾。如何能在城市空间结构转型期间引导城市空间结构发展走向高效和谐? 如何能在满足正常出行需求的条件下使城市交通减少碳排放,实现城市空间低碳化发展? 如何能在保持经济高速稳定增长的同时,又能够解决城市化发展过程中所产生的各种城市空间和交通上的矛盾? 这些都是本书的研究目的和动力所在。

笔者有着长期的国内规划设计实践及在新加坡规划机构、瑞士苏黎世联邦理工大学工作学习的经历,对新加坡、欧洲以及中国城市空间发展有着较深刻的体会和思考,故而充分利用长期的国内外生活的切身体会与所收集到的资料开展对中国城市空间发展的有益研究。

"绿维"即绿色空间维度之意,"绿维都市"表明一个有着适宜尺度的绿色层级空间系统的建构。本书正是基于城市可持续发展以及城市低碳空间的发展理念,通过城市系统层级性这一新的视角来研究城市空间系统和城市交通系统两者之间的关系,在典范性城市的发展经验以及经典基础理论的基础上,通过对城市空间系统层级单元的规模尺度进行量化研究,对城市空间结构进行重构,构建起城市空间与绿色交通高度一体化的 K8 空间发展模型,并在最后章节中提出实现这种空间发展模型的应对策略。本书主要包括以下三方面的内容:

首先,本书将城市空间层级系统的规模尺度分为"城市空间人口规模"和"城市空间地理尺度"两方面分别加以研究①。在中心地理论、城市交通出行预算时间、扎哈维推断等相关理论以及国内外案例比较的基础上,总结归纳当前中国各层级空间发展单元的问题和矛盾,对城市空间各层级的空间规模尺度进行了量化研究,并对各城市空间层级的规模尺度在中国城市发展语境下的适应性进行分析。本书认为中国特有的城市空间层级系统结构应由以下层次组成:城市社区空间发展单元(B 级)、步行城镇(T 级)、自行车

---

① "城市空间人口规模"指的是一定的城市空间范围内的城市居住和就业的人口数量,反映了一定空间规模的社会经济活动强度和集聚扩散辐射能力。"城市空间地理尺度"指城市的地理性地理空间的大小,重点考察城市中物质要素在地理上的平面空间规模,反映了城市空间在水平方向上的大小,如占地面积,在本书中城市空间地理尺度主要与城市各种交通方式的出行速度与距离相关。

城(C级)、特大城市(M级)以及超级巨型城市(G级)。其中B级、T级、C级三个空间层级发展单元为短距离出行空间结构,M级和G级划分为长距离出行空间结构。

其次,本书不仅关注对空间层级系统的尺度研究,还在研究过程中对城市的发展提出所思所想,以建构新的城市空间发展模式理论。如建立了衡量公共交通枢纽与城市公共中心之间的连接度模型,为公交与城市空间一体化发展提供更为客观的衡量标准;提出"广义公共交通廊道"概念,认为由于存在着不同类型的公共交通方式与所对应的城市层级空间,从而产生了不同的空间吸引效应和空间分异效应,因此"交通发展廊道"应该具有层级特征;针对中国当前的交通与城市空间发展所产生的矛盾,提出"街"、"路"适度分离的发展概念来解决城市的空间发展与交通所导致的种种问题。

在最后章节,本书通过案例研究并借鉴欧洲城市某些发展策略的经验教训,获取有效可行的方法来实现K8空间发展模型。具体策略可以分为构建绿色联合交通导向发展的空间结构、强化短距离出行空间结构、限定小汽车导向发展三部分。形成有别于以往城市空间交通一体化发展的一般策略。

总之,本书力图从根源上探寻当前城市空间结构形态所呈现的各种问题以及城市交通问题的创新性应对策略,有助于城市空间向健康低碳、稳定有序的方向发展,这对正处于转型期的城市交通和空间结构的发展无疑具有十分现实的意义。

戴德胜

目录

1　绪论

1.1　城市空间发展语境与问题

　　城市规划的本质在于前瞻,规划对影响城市健康发展潜在因素的预测力和解决问题的针对性是规划学科变革和发展的主要动力。城市规划的发展史告诉人们,城市规划的创新源于解决现实问题,只有尽早发现和预见我们可能面临的问题,才可能不断变革与创新,使城市规划适应和应对新的挑战[①],所以对于城市问题的发现和认识有助于不断推进城市规划领域的创新。随着中国城镇化水平的快速提升和社会经济制度改革的深化,城市空间的快速扩张、交通结构的转型,生态环境的恶化等问题和发展背景,都表明中国的城市发展已经处在一个非常关键的时期。在这个特殊时期,城市的发展将会面临哪些挑战和机遇值得深入思考和研究。

1.1.1　气候变化与城市低碳发展

　　早在 19 世纪末,诺贝尔化学奖得主阿累利乌斯就曾经预测化石燃料的大量使用将会大大提高大气中的二氧化碳浓度,导致全球气候变暖。他的预测在今天已经得到了充分的证实。根据联合国气候变化专门委员会发布的气候变化评估报告,在过去的一百年中,二氧化碳等温室气体已经使全球平均地表温度上升了 $0.3\sim0.6℃$。他们以 90% 的可信度预测,到 2100 年全球平均气温将再升高 $1.8\sim4.0℃$。全球气候变暖的后果是十分严重的,可能引发冰川融化、海平面上升、生态系统失衡、自然灾害频发等问题,农业和食品安全、生态安全、水资源安全、能源安全和公共卫生安全等都可能被深度触及,进而威胁到全人类的生存和发展。受全球气候变化的影响,中国的气候近年来也发生了显著变化。根据 2006 年年底发布的《气候变化国家评估报告》预测,未来中国气候变暖的速度将进一步加快,很可能在未来 $50\sim80$ 年全国平均气温升高 $2\sim3℃$,至 2030 年,中国沿海海平面的上升幅度将可能达到 $10\sim16$ cm,海岸区洪水泛滥的机会将大大增加,气候变化给农业生产带来更多的不稳定性。如不采取积极的措施,到 21 世纪下半叶,中国的小麦、水稻和玉米等主要农作物的产量最多有可能下降 37%;在今后的 $20\sim50$ 年内,中国的农业生产将深受气候变化的冲击。气候变暖正在通过影响一些极端天气或气候极值的强度和频率,改变自然灾害的发生规律,从而对人类生存环境和社会、经济发展产生重大影响[②]。

　　1) 低碳概念的提出与发展

　　全球气候变化引起国际社会的强烈关注。2003 年英国政府发表《我们未来的能源:创建低碳经济》(*Our Energy Future：Creating a Low Carbon Economy*)的报告,在该报

---

① 仇保兴. 我国城镇化中后期的若干挑战与机遇——城市规划变革的新动向[J]. 城市规划,2010,34(1):15-22
② 孙英兰. 中国成为新高温频发地,极端天气逐渐"常态化"[J]. 瞭望新闻周刊, 2007(7):12

告中首次提出"低碳经济"的概念以应对气候环境的变化。报告指出:"低碳经济是通过更少的自然资源消耗和更少的环境污染,获得更多的经济产出,通过创造更高的生活标准和更好的生活质量的途径和机会,为发展、应用和输出先进技术创造机会,同时创造新的商机和更多的就业机会。"定义表达出"低碳经济"具有两个维度上的内涵,其一是"低碳",低碳作为当前社会经济的发展目标,意指当前的能源生产体系过度依赖化石燃料而导致了高碳排放强度,最终需要降低到环境和自然资源能够有效配置和利用的程度;其二是"经济",低碳也是社会经济发展的重要手段,即应以较低的温室气体排放来支撑和加速社会经济发展,实现社会、经济与环境的可持续发展。而城市作为低碳经济发展的空间载体,应以更低的碳排支撑更高的社会经济发展水平,以实现城市社会经济的可持续发展。在提出低碳经济之后,英国政府就一直不遗余力地推广低碳发展的理念,发布了新的《能源白皮书》、《气候变化法案》草案、《英国气候变化战略框架》等。2004年1月,英国政府的首席科学顾问戴维·金指出,与恐怖主义相比,全球气候异常才是当前人类要面对的首要威胁;同年2月美国五角大楼发布的《气候突变与美国国家安全》报告中指出,在未来的20年中气候变化将造成无数人丧生于战争和自然灾害,其给全球带来的危害将远超恐怖主义;此后,全球变暖在2007年世界经济论坛(达沃斯论坛)上,再次被认为超过了阿以冲突、伊拉克问题和恐怖主义,是未来数年影响世界未来的首要问题;美国政府也于2007年提出了《低碳经济法案》。

2)低碳发展的复杂性与必要性

气候变化这一科学问题随着环境的恶化已经逐渐演变为复杂的全球政治问题,实质上反映的是国家之间的能源发展、经济竞争和政治平衡的种种焦点。

自70年代全球发生了第一次能源危机后,能源因素在世界政治经济中的作用可以与军事因素相媲美。因为全球能源总量尤其是石油受到无限制的掠夺式开采,各国已经意识到能源进出口越来越受到他国的限制。中国2010年能源总消耗已稳居全球第一,温室气体排放总量居世界第二。所以对于正经历经济总量与能源消费皆高速增长的中国而言,能源的重要性不言而喻。1997年12月,在日本京都召开的《联合国气候变化框架公约》缔约方第三次会议通过了旨在限制发达国家温室气体排放量以抑制全球变暖的《京都议定书》。并于1998年3月16日至1999年3月15日间开放签字,条约于2005年2月16日开始强制生效,到2005年9月,一共有156个国家通过了该条约(占全球排放量的61%)[①]。虽然在1998年5月中国签署并于2002年8月核准了《京都议定书》,明确了承担"自愿减排"的义务,但在《京都议定书》到期之后,中国在国际舞台上将面临巨大的政治压力,美国与欧盟等发达国家将胁迫中国承担与发达国家同样的减排义务。如中国提出了"十一五"期间单位国内生产总值能耗降低20%左右,主要污染物排放总量减少10%的指标;中国在2009年的斯德哥尔摩会议上提出,到2020年中国单位国内生产总值二氧化碳排放比2005年下降40%~45%,作为约束性指标纳入国民经济和社会发展中长期规划,并制定相应的国内统计、监测、考核办法等减排目标[②]。

所以,面对越来越严峻的巨大环境压力与减排压力,中国只有走低碳发展的道路,在

---

① 引人注目的是美国和澳大利亚没有签署该条约,更体现出气候问题的政治化和复杂性。

② 数据来源:http://www.china.com.cn/international

国际政治舞台才更有主动权，在应对气候变化的议题上有更广泛的活动空间。从城市发展的角度，城市作为物质空间，容纳了各种生产及创造性活动，进行着各种物质与能量交换，产生大量的碳排放，城市节能减排对全球气候与环境的影响意义重大。据统计，全球大城市消耗的能源占全球的 75%，温室气体排放占世界的 80%。从碳排放源头看，城市是人口、交通、建筑、物流、工业等的集中地，因而是高碳排放、高能耗的集中地。从使用的角度看，碳排放主要存在于工业、建筑物和交通三个最主要的方面。根据美国有关资料显示，来自建筑物排放的 CO_2 约占排放总量的 39%，而交通工具 CO_2 的排放约占到 33%，工业 CO_2 的排放约占到 28%。英国的建筑和交通消耗了约 80% 的化石燃料，城市是大的 CO_2 排放者[①]。所以城市节能减排对全球气候与环境的影响意义重大。只有改变城市空间的高能耗发展模式，降低碳排放量，特别是降低城市交通能源的消耗，选择零排放或低排放的城市交通方式，才能保证中国的经济发展与社会运行的能源供应免受自然的报复，提高城市宜居性，确保国家能源安全的未来能源战略的有效实施，进而保障中国的经济发展与政治稳定。城市发展从低效的高能耗发展模式转变到高效的低碳经济发展模式，是未来城市可持续发展的关键。

1.1.2　城市可持续发展

20 世纪 70 年代，"罗马俱乐部"提出的增长极限的报告给人类敲响了警钟。在联合国 1972 年召开的第一次人类环境会议上，居住环境及其可持续发展成为人类 21 世纪的重要命题。1987 年，世界环境与发展委员会出版《我们共同的未来》报告，将可持续发展定义为："既能满足当代人的需要，又不对后代人满足其需要的能力构成危害的发展。"此定义在国际社会引起了广大反响。1996 年 6 月，联合国第二届人类住区会议于土耳其召开，会议通过了《人居环境议程》，以"人人享有适当的住房"和"城市化进程中人类住区的可持续发展"作为具有深远国际意义的两个中心议题，把城市与社区的可持续发展研究推向了高潮。

在当今世界范围，尤其是西方国家，城市的可持续发展一直被视为相关学科的研究热点。受到不同国家的不同观念与发展背景的影响，对"可持续发展"的理解不尽相同。总体来说，城市的可持续发展目标可以归结为要满足人们（城市使用者）的基本需求并提高人们的生活质量。这种可持续发展目标以人为基本核心。1992 年联合国环境与发展大会通过的《里约宣言》开宗明义地指出："人类处于普受关注的可持续发展问题的中心。他们应享有与自然相和谐的方式过健康而富有生产成果的生活的权利。"会议为了探讨全球环境、资源与发展的问题，还通过了《21 世纪议程》，议程提出了制定可持续发展指标体系，用以监测社会、经济、环境的发展是否与可持续发展基本原则相一致。随后一些政府和研究机构相继提出各类可持续发展的指标体系，其中由经济合作与发展组织（OECD）和联合国环境规划署（UNEP）共同发展起来的"压力（Pressure）—状态（State）—响应（Response）模型"[②]体现了人类与环境的相互作用关系，受到了广泛关注。

---

① 转引自：顾朝林，谭纵波，刘宛. 低碳城市规划：寻求低碳化发展[J]. 建设科技，2009，6：40-41
② 简称 PSR 模型，在该项指标体系中，压力是指直接造成环境问题的环境承载力，主要指新建项目、投资等人类活动所产生的结果；状态是指因受压而改变成的物理的、可测定的环境状态；响应是指为了解决环境问题而采取的政策或投资。该资料来源于：青山吉隆. 图说城市区域规划[M]. 王雷，蒋恩，罗敏，译. 上海：同济大学出版社，2005：70

联合国可持续发展委员会于 2000 年提出社会、经济、环境、制度四大系统,并就各个系统分别提出了评价指标①。可持续发展主要体现在节约资源、保护环境、促进经济、维护平等这四个方面:

节约资源:可持续发展的城市,必须使资源得到高效利用,应该集约有效利用城市土地空间资源,建构可持续的城市空间发展结构,避免城市空间无序扩张;减少城市交通系统对不可再生能源的低效利用,选择低能耗高效率的交通方式。不仅为当代人着想,同时也为后代人着想,保持资源和对资源的开发利用程度之间的平衡。

保护环境:70 年代以来城市的膨胀基本上是建立在牺牲环境成本的基础上,气候变暖、空气水土污染、开敞空间缩小、生物多样性减少,整个城市环境出现严重恶化。城市有必要重塑新的空间发展模式和倡导绿色的交通出行方式,解决环境问题。

促进经济:可持续的发展不但是资源环境的保护,经济的可持续也是不可缺少的一部分。经济资本是城市发展最根本性的驱动力,只有遵循当代的城市经济发展规律,才能构建可持续的城市空间和绿色交通系统。

维护平等:平等的体现是多方面的,首先是城市居民间和代际之间的平等,还包括城市区域之间的发展的平等,城市资源配置的平等,等。中国正在致力于建设和谐社会,实现全体社会成员对城市空间的资源获取和交通出行公平正是"和谐社会"的应有之义。

1.1.3 高速城市化进程

纵观历史,城市是人类文明和进步的摇篮,在最近的 30 多年中,中国城市化以前所未有的速度发展,城市化进程让更多的人走进城市,在城市安家、居住、生活。1978 年至 2005 年,设市城市从 193 个增加到 661 个,其中有 40 个城市的人口超过 100 万人。过去十五年城市人口增加了 2.5 亿。据有关研究,如果今后(到 2020 年)全国城镇化的增长以年均 1 个百分点计,每年平均要新增城镇人口 1 800 万左右。预计 2020 年前,全国将有 3 亿农民转为城镇人口,其数量大于现在美国的全国人口②。城市不仅在数量上增加,人口规模也将出现增长,并且在城市功能,包括住宅、基础设施和城市绿化建设的水平上得到很大的提升。世界银行组织的报告表明:从 20% 发展到 40% 的城市化率,英国花了 120 年时间,美国花了 80 年时间,而中国只花了 22 年时间,由 1981 年的 20% 发展到了 2009 年的 46.6% 左右。30 年的时间,中国的城市化水平提高了近 1.5 倍,给城市发展带来了更高的不可预测性。

高速的城市化带来了种种问题,但同时也是社会经济发展的动力。城市化是发展的结果,也是发展的负担,更应成为良性发展的手段。城市化是机遇,更是挑战!但是,无论是机遇还是挑战,高速城市化必然要求城市能同样高速提供改善人们居住水平,有容纳日益发展的城市经济活动的空间。人们也对城市交通的服务质量、出行方式、方便性等方面提出多样化的要求。可见,城市化过程体现为城市功能逐步完善的过程。涉及整个城市的发展策略,城市空间结构的规划设计,直接影响到城市能否健

---

① 资料转引自:克利夫·芒福汀. 绿色尺度[M]. 陈贞,高文艳,译. 北京:中国建筑工业出版社,2006:13
② 潘海啸. 轨道交通与大都市区空间结构的优化——国际经验的启示[C]//中国城市规划协会. 2007 年中国城市规划年会论文集. 哈尔滨:黑龙江科学技术出版社,2007:256-266

康发展。所以优化城市的空间结构和交通系统是保持改善城市生活环境的必然发展
策略。

1.1.4 城市交通结构转型

第二次世界大战之后,由于小汽车工业的蓬勃发展,各个国家纷纷对交通方式作出
了战略性选择。以美国为代表的北美洲和大洋洲的国家选择以小汽车为主要交通工具,
摒弃了公共交通和非机动交通作为其交通方式,形成了"车轮上的城镇化",因而美国的
城镇人均占地明显较大,空间结构形态分散。在欧洲,城镇化首先蓬勃发展,机动化出现
在城镇化之后,城镇空间结构形态相对比较紧凑。而一些亚洲国家和城市,如日本、新加
坡以及香港等,选择了大容量的公共交通作为主要的出行交通方式。几十年过去了,那
些号称为"车轮上的国家"为自己的选择付出了极大的代价,导致了城市低密度蔓延、能
源消耗、交通堵塞等一系列的问题。

随着中国户籍制度的改革,城市化进
程的加快,经济的高速发展,推动中国城
市规模迅速扩大,城市小汽车拥有量不断
飙升,城市的交通问题正面临越来越严峻
的考验。城市交通已日益成为社会各界
关注的重点问题,也是城市规划领域内研
究的热点问题[1],造成这种局面的一大诱
因是私家车保有量的快速上涨(图1-1)。
虽然相关部门近年来不断提到了汽车尾
气的排放标准,但受到不恰当城市交通发
展战略的影响,国内私人小汽车的拥有量
增长仍然强劲而快速。有关数据显示,中

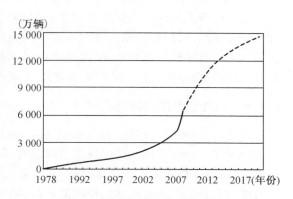

图 1-1　我国汽车保有量统计

国私家车保有量已经从 2003 年的 2 421 万辆快速增长到 2008 年的 6 467 万辆[2],短短 5
年增长 1.67 倍,与此相伴生的必然是汽车尾气污染节节攀升。国际经验显示,当人均国
民收入达到年均 3 000 美元水平时就可能使得汽车进入普通家庭。加上中国人爱面子与
好攀比的购车心理,极大推涨了私家车的拥有量。而从城市道路建设的实际看,也存在
盲目建设宽马路、修建高架的情况,试图通过工程技术措施的改进来增加交通空间的供
给,而没有从改变城市的土地利用模式和空间结构的深层级角度来摆脱固有的汽车导向
发展模式,"让汽车'绑架'了城市规划"[3]。此外小汽车带来了更多的空气污染,而公交
系统又存在换乘不够合理便捷、换乘距离过长、公交运行准点率低、舒适性差等问题,都
促使人们不愿意选择自行车、步行与公交等出行方式,而更倾向于选择私家车。多重因

---

① 资料引用自:马强. 走向"精明增长":从"小汽车城市"到"公共交通城市"[M]. 北京:中国建筑工业出版社,
2007:5

② 仇保兴. 我国城镇化中后期的若干挑战与机遇——城市规划变革的新动向[J]. 城市规划,2010,34(1):
15-22

③ 仇保兴. 我国城镇化中后期的若干挑战与机遇——城市规划变革的新动向[J]. 城市规划,2010,34(1):15-
22

素叠加,往复循环,机动车终于成为中国城市最主要的空气污染源。

在城市化驱动下,小汽车产业的迅猛发展以及城市空间规模的扩张使中国城市交通方式结构处于转型之中,从而导致了城市发展方向的不确定性,城市交通已经到了一个关键的十字路口上。一方面,小汽车拥有量的飙升导致了道路等交通设施建设的步伐跟不上机动车增长的速度,随之的交通拥堵、交通安全、环境污染、社会公平、城市宜居性的日趋下降等一系列城市的自然、经济、社会问题成为制约城市良性发展的瘤疾。如特大城市的交通量以年均约 20% 的速度增长。部分特大城市中心区车道高峰时段小时饱和度达 95%,全天饱和度也超过 70%,平均车速下降到约 10 km/h。另一方面,此时却也是从源头上能够根本性解决城市各种交通问题的最好时机,对路网规模、结构、功能问题,交通结构问题,轨道交通和地面公共交通规模、方式、功能定位和布局问题来说还可能是最后的机会。因为,一旦城市化发展到了相对成熟的阶段,城市的空间结构和交通系统结构基本形成,在路径依赖的锁定作用下,再想对交通结构作出调整将非常困难。而城市交通发展模式的确定不仅可直接影响城市交通系统当前及未来规划年内各公共交通方式的发展趋势,而且可以促进城市有限时空资源的合理配置和提高资源的利用效率。所以从来没有这样一个时期,中国城市交通面临如此大的挑战,也从来没有任何一个时期,逼迫我们像今天这样这么严肃地来思考城市交通问题。

1.1.5　城市空间结构转型

高速的城市化以及社会政治经济的不断深化改革使中国处于社会经济的转型期。城市空间作为社会经济发展的物质空间容器,同样也表现出转型期特有的空间发展结构状态,即城市规模在原有规模上快速扩张,城市空间结构呈现出发展的不确定性,城市空间的规模上外延扩张与内部结构调整并存,城市空间结构形态进入空间结构转换期。

一方面,表现为缺乏有效的空间结构来应对这种空间快速扩展态势,城市空间结构绩效低下。城市空间结构形态的布局类型主要有团块状、带状、组团式等几种,其中团块状单中心是中国许多城市的共同特征(表 1-1)。大多城市的空间扩张呈"圈层式"、"同心圆型"、"摊大饼式"向外延伸和发展的扩张模式[①]。徐巨洲先生曾预言:"城市规划布局继续向单中心形态发展,由内向外的'摊大饼'式圈层结构将延续到 2030 年以后。"同时,同国外大城市相比,中国大城市建成区面积普遍偏小,人口密度偏大且分布不均衡;主城区用地功能混杂;中心区人口密度和就业岗位密度都很高,交通出行发生和吸引量大,中心区交通压力大。这种布局与发展模式随着城市化、机动化的发展已经显现出劣势,导致了一系列的问题:难以引导城市空间人口有机疏散;导致钟摆式的向心交通,交通出行距离和交通出行时间预算迅猛增加,居民日常通勤的交通出行时耗远远超过适宜范围;城市的用地规模扩张以及低效的公交供给使私人机动车交通的出行需求呈现几何级数的增长;城市空间的可识别性降低,城市居民对城市的认知感逐渐下降,城市居民对城市整

---

　　① 20 世纪 80 年代以前我国大城市空间发展主要采取这种形式。80 年代以来在郊区化过程中,中心区人口外迁主要在近郊,由于对中心城地域范围缺乏有效的控制,以致近郊发展起来的新居住区逐渐与中心城建成区相连,形成更大的大饼。例如北京早在 20 世纪 50 年代就规划建设郊区十大边缘组团,1982 年北京城市总体规划再次重申这一规划原则,但因缺乏与中心城的隔离措施,现多数边缘组团已与中心城相连。类似的问题在天津、上海和广州也同样存在。

体环境的控制力逐渐丧失;社区的中心结构及其边界变得模糊不清,社区归属感被削弱等。

表 1-1 中国城市形态现状分类构成表

城市土地利用形态	团状单中心	带状	带有卫星城	多中心组团式
全国城市	62%	10%	18%	10%
特大城市	73%	12%	5%	10%

另一方面,城市空间结构的转型期,同时也是城市空间发展的契机。国内外众多城市的发展历程表明,在空间结构开始形成的阶段,有大量的机会在不同效率的城市结构之间进行"选择"。如果选择正确的发展方向,可以得到集约有序增长;如果控制得不好,则很可能重蹈如北美等一些城市和一些发展中国家特大城市的覆辙。现已发生的城市病非但得不到解决,反而会越来越严重,严重危害城市的可持续发展和中国和谐社会的建设进程。而且这些选择一旦做出,在路径依赖的作用下,空间结构将产生锁定作用,其结果在很大程度上是无法更改的,会对城市的发展产生深远持久的影响。美国规划学家们经过反思后,认为城市空间的布局是不可逆的,过度的郊区化所造成的城市密度持续下降、城市中心退化等弊端难以纠正[①]。或许技术的进步能减少小汽车的能耗水平和废气排放量,但是这些措施并不能改变由城市空间结构布局所带来的交通出行及其相应的能耗与排放,技术进步的作用将很快被抵消。

所以在空间结构转型期如果没有意识到城市增长的规律和威胁,建构高绩效的城市空间结构,那么中心城向外扩张趋势将带来灾难性的后果,城市也将失去调整空间结构的最佳时机。如果能够构建起可持续的城市空间结构形态,则中国城市也许能够把握住完全不同于西方的可持续发展的重大机遇。

1.2 既往研究

1.2.1 国外研究

1) 城市空间结构与交通关系研究

早期城市土地利用与城市交通关系的探讨始于 20 世纪 20 年代,经典的理论包括:古典经济学派区位理论中杜能(Thünen)提出的农业区位、韦伯(Weber)的工业区位论、克里斯泰勒(Chrisatller)和廖什(Losch)的市场区位论等著名理论,以及芝加哥学派关于城市地域空间结构的系列理论,其中代表性的有伯吉斯(Burgess)的城市同心圆结构理论、霍伊特(Hoyt)的扇形理论、哈里斯和乌尔曼(Haris/Ulman)的城市多核心理论,以及阿朗索(Alonso)的城市地租模型。城市空间与交通关系的探讨是这些理论中的重要研究内容,成为研究交通系统与城市空间系统关系的基础理论之一。但是这些早期的

---

① 仇保兴. 紧凑度和多样性——我国城市可持续发展的核心理念[J]. 城市规划,2006,30(11):18-24

研究主要集中在区位和城市用地模式的宏观定性上,交通系统只是被看作是城市结构形态的辅助系统和影响因素。由于这些经典理论著作的介绍汗牛充栋,不再赘述。

(1) 城市空间对交通系统的影响

1971 年,美国交通部提出了"交通发展和土地发展"的研究课题,揭开了城市空间利用与交通关系理论的研究序幕,其后许多学者开始了专门研究。

城市空间利用强度对交通系统的影响方面,普什卡尔夫和朱潘(Pushkarev, Zupan)在 1977 年的研究中已经指出土地利用密度与交通需求量存在正相关关系,土地利用密度越大,交通需求量也越大。当密度低于 7 栋住宅/英亩时,公共交通几乎没有存在的可能;而当密度达到 60 栋住宅/英亩以上时,公共交通才能成为地区重要的交通方式。纽曼和肯沃思在 1989 年的研究进一步证实土地利用强度与交通存在相互的影响,通过分析全球 32 个城市交通与土地利用之间的关系,总结出密度与对公交的依赖度之间存在密切的相互关系。除此以外,还有大量研究表明土地利用强度影响到交通出行方式的选择和交通系统的模式。在土地利用的高密度与公交出行模式之间存在着相对应的关系(Handy, 1992;Messenger and Ewing, 1996;Cevero, 1996;Schimek, 2003)。

城市空间布局对交通系统产生影响方面,1979 年尼森(Nithin)对影响交通系统的几项主要土地利用因素(包括规模因素、密度因素、布局因素)加以总结,并对各项因素加以分别阐释。其中规模因素包括人口数量、工作岗位、住房与土地利用规模等;密度因素主要研究土地利用密度和人口密度;布局因素则包含土地利用结构、城市空间结构与城市中心布局等方面内容。古里诺、吉纳维芙等[1]研究了住宅、人口与工作岗位等因素对交通系统存在的影响与作用。还有一些学者从城市形态入手,研究规划布局因素对交通系统的影响[2]。

土地利用对交通出行特征的影响方面,汉迪(Handy, 1992)综合有关研究,分析了土地利用对出行特征的影响,指出随着土地利用密度的提高,交通出行次数将会减少;而出行速度的提高将引起出行距离的增加。这个研究结论与上述普什卡尔夫和朱潘(1977)等人的研究基本一致。近年来,汉森(Hanssen, 2003)研究指出,土地利用的变化能够引发交通出行流量发生变化,而住宅密度是其中一个重要影响因素。这些研究充分表明了土地利用对交通出行特征有着深刻的影响。

(2) 城市交通对城市空间结构的影响

城市交通系统影响城市空间结构形态方面,施盖尔弗(Schaeffer, 1975)和斯科勒(Sclar, 1975)系统地探讨了城市交通系统与空间形态之间的关系,指出了城市交通系统对城市的空间形态演变存在影响与推动作用。美国 1980 年的一项关于亚特兰大、巴尔的摩等大城市绕城公路对土地利用影响的评价报告中指出,公路建设与城市形态之间存在关联。之后,纽曼和肯沃思(Newman and Kenworthy, 1996)再次深入研究了交通系

---

① Giuliano. Research issues regarding societal change and transport[J]. Journal of Transport Geography, 1997, 5(3):117-124

② Frank L D, Pivo G. Impacts of mixed use and density on utilization of three models of travel:single-occupant vehicle, transit and walking[J]. Transportation Research Record, 1994, 14:44-52;Curtis. Can strategic planning contribute to a reduction in car-based travel? [J]. Transport policy, 1996,3:87-95;Heart B, Jennifer. The smart growth-climate change connection[J]. Conservation Law Foundation (www.tlcnework.org), 2000, 11:35

统对城市空间形态的影响,把城市空间形态划分为三个阶段:传统步行城市(Walking City)、公交城市(Transit City)和汽车城市(Auto-mobile City),后来霍尔(Hall,1997)和里士满(Richmond,2004)等人的研究对此表示了肯定与支持。在城市空间结构和城市蔓延等问题方面,有学者从社区特性、交通补贴和城市功能分区等角度进行了研究,研究表明城市空间结构的发展受到交通和通讯因素的影响,当城市内部的通勤成本很高时,轻工业、服务业也倾向于向城市中心集中;对交通进行的补贴有可能导致城市空间的蔓延;如果将零售和居住功能完全分开,则又会导致不必要的小汽车出行的增加。

城市交通系统影响空间布局结构方面,耐特[①]研究了城市交通系统对土地利用布局的影响,系统分析了影响土地利用的几种因素:土地的可达性、土地连接成片难易度和土地利用政策等,其中土地的可达性(即交通条件)是影响土地利用最主要的因素之一。交通系统和土地利用之间的关系也绝非是单向的,斯多夫(Stover,1988)和科普克(Koep-ke,2001)指出两者之间存在双向互馈影响机制,交通系统可以对土地利用产生影响,土地利用也反过来影响到交通系统的构建。韦伯(Webber,1964)提出的人类行为互相影响理论,把城市看成是"在行动中的动态系统",认为形成城市土地空间布局的过程与交通、居民、货物、信息等因素的交流以及经济活动、社会活动等活动区位的影响密不可分[②]。

(3) 城市空间发展与交通的协调研究

国外学者们从促进城市良性发展的角度出发,开展了城市空间与城市交通的相互协调研究。斯托弗、弗朗科认为城市交通系统与城市空间之间的关系并非是单向的,两者之间存在双向反馈影响作用,它们之间形成一个作用圈,交通系统影响土地利用类型,而城市空间反过来又影响交通系统[③]。汤姆逊(Thomson,1982)根据城市土地利用结构、城市空间形态和经济发展状况,提出五种不同的解决城市交通问题的战略:强中心战略、全机动化战略、弱中心战略、低成本战略和限制交通战略。罗杰指出,在1960年代后期,城市土地空间发展失去控制,高速公路的大量建设并不能满足城市的交通需求,美国逐渐开始注意交通与土地关系的协调,所以从1980年代开始寻求交通运输与土地利用之间的平衡,1990年代提出土地利用与交通一体化发展理念,认为可持续城市的重要特征之一就是用富有吸引力的公共交通来取代小汽车,并建立相应的专家系统,在制定政策的过程中提出建议[④]。

随着可持续发展理论研究的兴起,土地利用与交通系统的可持续发展也成为学者们研究的热点,许多学者从技术、价格资金和交通土地利用一体化规划等角度出发研究城市空间与交通系统的可持续性。哈里和多米尼克(Harry,Dominic)指出在城市土地利

① Knight R L. Land Use Impacts of Rapid Transit Systems: Implications of Recent Experience[R]. Final Report Prepared for the US Department of Transportation, 1977,6

② 侯鑫. 基于文化生态学的城市空间理论——以天津、青岛、大连研究为例[M]. 南京:东南大学出版社,2006:16-17

③ Stover V, Frank J. Transportation and Land Development[M]. Englewood Cliffs, N J: Prentice-Hall, 1999,9:46

④ Roger M, Marion E. An expert system to advise on urban public transport technologies[J]. Computer, Environment and Urban Systems, 1996, 20(4-5):261-273

用和交通规划等领域,人们普遍接受城市空间和城市交通一体化决策对可持续发展至关重要①;惠特曼和克里斯廷则指出城市空间和交通系统的和谐互动是城市可持续发展的重要因素;安戈拉对英国布里斯托和纽卡斯尔两个城市进行对比分析,提出城市空间与城市交通一体化发展的具体发展策略,指导英国一体化发展理念从概念走向现实②。

2) 城市空间与交通协调发展模式研究

关于城市空间结构与交通组织发展模式的研究由来已久,尤其是自 20 世纪 60 年代以来,为了减少城市交通带来的能源、污染、拥挤等问题,提高城市交通系统运行效率和土地使用效益,城市空间与交通一体化发展成为城市经济学家、城市地理学家、城市规划师和城市交通工程师们持续探讨、研究的一大课题。在对交通影响分析研究的基础上,许多国家和城市提出了种种交通引导城市用地开发建设的战略和举措。

(1) 小汽车交通导向空间发展模式

麦凯(Mackaye)认为商业等沿公路的带形蔓延必然滋生"路边城镇",所以提出要限制高速公路的出入口,并在街道系统与居住区中提出一些限制汽车的措施。欧文(Owen)认为要解决交通堵塞问题,应在居住等方面进行疏导,道路建设应与城市更新结合起来。

在传统的住宅区交通规划方面,为了应对小汽车对生活的影响,佩里于 1929 年提出"邻里单位"理论。邻里单位要求以小学为中心,四周为城市主干道或次干道,城市道路不能穿越邻里单位内部,邻里单位内部道路系统一般采用尽端式道路以保持内部安静、安全的居住氛围。但后来在"邻里单位"理论上发展起来的居住小区模式已经完全转变为屈从于汽车交通的需要。

在新城规划建设方面,从第二次世界大战结束后,在反思旧城扩张模式种种弊病的基础上,提出了"卫星城"规划的新理念并进行了新城建设的试验。按照"田园城市"的规划理念,于原老城周围规划建设"卫星城",以"有机疏散"拥挤的老城,终止老城大饼不断摊大所引起的"城市交通病"。但不少卫星新城一般都沿高速公路建设,反而引发了高速公路进出老城区的交通堵塞。

(2) 公共交通导向城市空间发展模式

1980 年代,基于可持续发展以及对传统价值观的认同和回归,精明增长(Smart Growth)、增长管理(Growth Management)、新城市主义(Neo-Urbanism)等理论和思想开始出现。这些理论主张土地利用与公共交通结合,促进城市形态从低密度蔓延向更高密度的、功能复合的、人性化的"簇群状"形态演变。新城市主义倡导者彼得·卡尔索尔普(Peter Calthorpe) 1988 年提出"步行口袋"(Pedestrian Pocket),1993 年又提出"交通引导土地开发"模式,即 TOD 模式③。安德雷斯·杜安伊(Andres Duany)与伊丽莎白·普拉特兹伊贝克(Elizabeth Plater-Zyberk)提出传统邻里开发模式(TND: Traditional

---

① Harry G, Dominic S. The integration of land use planning, transport and environment in European policy and research[J]. Transport Policy, 2003, 10:187-196

② Angela H. Integrated transport planning in the UK: from concept to reality[J]. Journal of Transport Geography, 2005, 13:318-328

③ Calthorpe P. The Next American Metropolis——Ecology, Community and the American Dream[M]. New York: Princeton Architectural Press, 1993:199

Neighborhood Development)。随后罗伯特(Robert Cevero)对 TOD 理论的发展起到巨大的推动作用。1997 年,他在 TOD 城市发展理念的基础上提出"3D——密度(Density)、设计(Design)、多样性(Diversity)"的规划原则[①]。在住宅区交通组织方面,大卫·路德林认为渗透性是现代住区的首要内涵,在可渗透的住区,居民可以通过选择不同路线轻松地到达另一个区域。而在不可渗透地区,步行者被当成二等公民对待,很大一部分公共领域都缺乏活力,汽车在这里成了上帝[②]。

3) 城市空间层级规模尺度相关研究

人类很早就开始对城市空间规模尺度加以探讨。这些探索主要集中于整个城市的理想规模上。如在古希腊时期柏拉图提出,好的城市应该由 5 040 个土地拥有者或公民组成的人口;亚里士多德在其《政治学》中,也审慎地提到"十人无以立城,十万人则令城不再"(凯文·林奇,2001)。当然,对于城市空间内部的各层级规模尺度也有过探讨,如在文艺复兴时期达·芬奇曾设想把米兰分成几个 3 万人以下的小城市,形成一种有着清晰层级关系的城市空间等级结构。

(1) 空间层级结构研究

英国社会学家 E. 霍华德总结了城市美化运动、公共卫生运动和环境保护运动这三大运动正反两方面的教训,同时受到当时空想社会主义者的影响,在对城市进行了大量的调查和研究之后,于 1989 年出版了《明日:通向真正改革的和平之路》(后改为《明天的田园城市》)一书。在书中把古希腊关于任何集体或组织的生长发展都有其天然限制这一概念引介到城市规划中来,希望城市规模能恢复人性尺度。他提出"城乡磁体"学说,即现在的城市和乡村都具有相互交织着的有利因素和不利因素,认为理想城市应兼有城乡的优点,并使城市生活和乡村生活像磁体那样相互吸引、共同结合,这个城乡结合体称为田园城市,并认为这种城乡结合体能产生人类新的希望、新的生活与新的文化。一般"田园城市"的占地约为 9 000 英亩(1 英亩≈4 000 m²),人口规模为 3.2 万人左右。中心"田园城市"的占地面积为 1.2 万 hm²,人口为 5.8 万左右。在"田园城市"的上一层级为"社会城市",占地为 66 000 英亩,人口为 25 万人左右。形成了一个等级分明的城市空间层级空间体系。

克里斯塔勒(Walter Christaller)在韦伯工业区位论和杜能农业区位论的启发下,把地理学的空间观点和经济学的价值观点结合起来,对城市空间的城镇等级、规模之间的关系及其空间结构的规律性进行了深入的研究,揭示了中心等级体系的中心地与腹地的内在结构关系。认为中心地等级体系是城市空间组织结构中最普遍和最基本的结构关系。根据中心地理论在均质的自然地理条件下(原始状态下),位于区域几何中心的中心地具有最高的等级,辐射整个区域,并且不同等级的中心地在空间上叠加,高层级的中心地相距远,低层级的中心地相距近,以相对于最高等级中心地的等级波浪式递减,形成具有节奏的空间等级序列体系(Christaller, 1933)。

希腊城市规划学者道萨迪亚斯(C. A. Doxiadis)在 1950 年代借鉴"中心地理论",提

---

① Cevero R, Kockelman K. Travel demand and the 3ds: density, diversity, and design[J]. Transportation Research-D, 1997, 2(3):199-219

② 大卫·路德林. 营造 21 世纪的家园——可持续的城市邻里社区[M]. 北京:中国建筑工业出版社,2005:79

出了"人类聚居学",对人类定居规模级别进行了划分,总结人类聚居形态的发展进化过程和聚居人口规模尺度。道氏通过对世界上各地区的集镇系统的研究,得出了一个集镇——村庄系统的六边形理论模式。即一个集镇为周围 6 个村落提供服务,村与镇之间的距离为 5.2 km 左右。整个集镇系统的领域为 150 km² 左右,人口规模 7 000 人左右。而且道氏力图建立一个完整的关于人类定居规模的谱系,这个范围包括"从单个的人"到"世界范围的大城市"。根据人居聚居学的理论图式,道氏划分了 15 种的"人类聚居单元"的人口规模,具体如下:单个人(1 人)—房间(2 人)—住宅单元(4 人)—住宅楼(40 人)—组团(250 人)—邻里(1 500 人)—小镇(7 000 人)、城镇(5 万人)—大城市(30 万)—大都市(200 万人)—大都市区(1 400 万人)—大都会(1 亿人)—城市区域(7 亿人)—城市洲(50 亿人)—全球(300 亿人)。除了前三个层级的空间以外,在空间单元的规模之间在数学上存在一定的比率关系,前一项与后一项的比率在 6～7 范围内。这结论与克里斯塔勒的城市等级规模相类似。而后来有学者对美国中西部城市的研究中也发现类似的规律。道氏把"单个人"到"全球城市"都作为广义概念上的"空间单元"。

弗雷尔[1]在论述可持续发展的城市形态基础上,借用马斯洛的"人类需求层级理论",以中心地理论为依据,探讨城市可持续发展的宏观结构和微观结构之间的关系,认为可持续的城市空间结构应该由比较高级的公共交通系统按等级原理分布的城市地理单元所组成。强调密度集聚和合理的交通联系,每一级城市空间单元应以相应层级的公交站点为中心,相同等级的若干个地理单元围绕一个中心形成上一级地理单元,并且要通过更高等级的公共交通系统所支撑该空间单元[2]。

纽曼和肯沃斯基于出行时间预算和澳大利亚的实际城市空间利用的背景下,将悉尼大都市区的空间等级划分成 3 个层级[3]。最低层级的空间单元中心为地方级中心(Local Center)服务半径为 1 km,面积为 3 km²,人口规模为 0.8 万～1.9 万人(包括居住人口和就业岗位数);镇级中心(Town Centre)服务半径为 3.1 km,面积为 30.2 km²,人口规模为 7 万～17.5 万人(包括居住人口和就业岗位数);公交都市中心(Transit Citiy Centre)服务半径为 20～30 km;最高层级为城市的 CBD。

美国加州大学伯克利分校的瑟夫洛(Robert Cereo)教授认为随着城市的扩展,一方面要有层级有步骤地建设有生命力的 2 级、3 级中心,形成主要的社区活动枢纽;另一方面要打破单一运输体系,建立多层级的运输网络,以便为不同距离不同范围的出行服务(Cereo,1998)。

(2) 空间规模尺度的研究

人类很早就开始对城市空间规模尺度加以探讨(如前文所述,柏拉图、亚里士多德、达·芬奇等人都曾有过关于人口与城市空间规模的设想)。1929 年佩里(Clarence Perry)提出了邻里单位(Neighborhood Unit)理论。该理论的人口规模一般为 750～1 500

---

① Hildebrand Frey. Designing the City: Towards A More Sustainable Urban Form[M]. London: Routledge, 1999

② Hildebrand Frey. Designing the City: Towards a More Sustainable Urban Form[M]. London: Routledge, 1999

③ Newman P, Kenworthy J. Transport and Greenhouse: Refocussing our Cities for the Future[J/OL]. www. dipnr. nsw. gov. au,2005

户,结合人类的生理机能以及土地利用强度,推导出中心到边界的距离为 1/4 英里,占地 50～80 hm² 这样一个空间尺度,对后来的空间基本单元理论的发展产生了深远的影响 (Clarence,1929)。

到 60 年代,L. 克里尔(Leon Krier)认为城市的生长是一个不断繁殖的过程,一个城市发展到一定规模之后,在尺度上要保持相对稳定。到达一定规模后要通过"城市区域" (Urban Quarter)的形式进行重构,每个城市都由规模较为稳定的、或多或少的"城市区域"构成。而且每个区域必须有自己的中心和边界;一个"城市区域"的空间尺度应在适宜的步行尺度以内,人们最多只需步行 5～10 min 就能到达工作地点;每个"城市区域"的可居住人口为 10 000～15 000 人(Leon Krier, 1965)。克里斯托弗·亚历山大研究认为:"在任何一个 10 000 人的社区里,个人的呼声是不会有任何效果的。"他还认为 7 000 人的社区是比较理想的[①]。

到 1980 和 1990 年代之后,欧美国家为了应对城市的无序蔓延以及交通所带来的拥堵、污染和安全问题,提出了相应的发展理念。为了减少对私人小汽车的依赖,新城市主义认为城市的基本空间发展单元的尺度应受到控制。在邻里单位理论的基础上,安德雷斯·杜安伊和伊莉莎白·普雷特兹伯格夫妇提出传统邻里街区开发模式(TND:Traditional Neighborhood Development),以传统的街区或城镇为基础,在公共交通站点周边半径为 400 m 的范围内,遵循"5 分钟步行法则",发展具有一定规模和密度,功能混合的 TND 发展单元。新城市主义创始人彼得·卡尔索普提出以公共交通为导向的土地利用开发模式(TOD:Transit-Oriented Development)。它将一个社区的主要区域限定在以公共交通站点为中心的 2 000 英尺(约 600 m)的步行半径范围内,次级区域限定在 1 英里以内。TOD 内最低密度为 18 du/ac(约 88 人/km²),面积为 1.13 km²,那么人口人数约为 9 950 人。如果包括次级区域在内,一个完整 TOD 单元面积为 8.14 km² 左右,次级区域的最低密度为 6 du/ac(约 29 人/km²),那么整个 TOD 的门槛人口规模达到 3 万人左右(Calthorpe,1993[②])。

彼得·霍尔曾在借鉴霍华德的"社会城市"概念后提出可持续的层级空间结构。要点是利用快速轨道交通沿交通走廊发展城市群。在主要站点建设新城镇,鼓励新城镇的开发应该尽可能达到自足,这些城镇群通过高速列车连接,在这个铁路网沿线连接一串土地混合使用的住区。每个住区的规模大约为 1 万～1.5 万人,环绕着换乘站的中央服务区居住,以此为中心最大规模可以发展到 20 万～25 万人。其住区发展目标即为现代版的"三磁铁"要求:利用高速地铁/轻轨,不需要小汽车,土地混合使用,短程步行接近田野,负担得起的住房,平衡的经济,人人有工作,更多的当地就业和服务机会,全球性的联通等[③]。

(3) 交通出行空域研究

1962 年迈尔(R. L. Meier)提出了城市成长的交通理论。他认为城市提供了许多面

---

① [美]克里斯托弗·亚历山大. 建筑模式语言[M]. 王听度,周序鸿,译. 北京:中国建筑工业出版社,2002:2

② 次区域的设定主要是考虑到维护 TOD 中心的良好发展,要求在次级区域内要尽量减少零售商业设施,不允许布置与 TOD 中心相竞争的商业,以利于建立强大的单元中心,即使次级区域的服务半径已远远超出了适宜的步行距离,还是要保证最低的人口门槛规模。

③ 薛杰(Serge Salat). 可持续发展设计指南[M]. 北京:清华大学出版社,2006

对面的交往机会,产生吸引力以使其发展,但技术的进步促使面对面沟通的必要性降低,而由于运输负荷过重,也使得接触与交往的机会大受限制。所以他提出了所谓的"城市时间预算"与"城市空间预算"的概念,力图能够更有效地建立城市居民交通时间与城市空间分配之间的关系。因为人们在交通行为上的运作包含出行的起始点、路线、目的、时间、活动场所等内容,所以引入"出行时间预算"与"城市空间预算"能够有效掌握居民交通时间的利用及其空间分配,把握相应的空间规模尺度,预测城市空间结构的成长与变迁[①]。

1979 年,扎哈维(Y. Zahavi)在《交通联合机制》(*U-MOT: the Unified Mechanism of Transport*)报告中提出交通出行预算的双重恒定假设,即一个城市的居民用于交通出行的费用与时间上的预算保持恒定[②]。他通过世界范围内的城市机动性研究,建立了称为"U-MOT"的城市机动性模型[③]。扎哈维在基于人类学的基础上,通过实证研究,提出一个超文化、人种和宗教的重要发现,即全世界的人每天平均大约花费 1 小时在交通出行上,绝大多数的通勤在 1 小时以内。在"扎哈维推断"研究的基础上,马赫蒂在对希腊的农村、柏林和美国 11 个城市进行研究之后发现,这个原则不但在农村有精确的对应关系,而且在人口规模和地理空间扩大,经济政治重要性大幅提高的城市也同样有效,称之为"马赫蒂恒量"(Marchetti,1994)。纽曼在后来的实证研究中,也证实了不论各城市道路系统的效率和车速快慢如何,人们的平均工作出行时间都保持在 30 min 左右。如美国城市的平均车速为 51 km/h,欧洲为 36 km/h,亚洲为 25 km/h,而平均出行时间分别为 26 min、28 min 和 33 min(Newman etual, 2000)。

1.2.2 国内研究

1) 城市空间结构与交通关系研究

由于历史条件和发展水平的限制,中国对城市空间结构和城市交通关系的研究起步较晚。20 世纪 80 年代之前,对此进行研究较少,主要是引介西方的相关理论、方法和研究成果。80 年代以后,开始有学者进行城市土地利用与城市交通关系之间的问题研究。进入 20 世纪 90 年代,随着城市规模的扩张,交通问题日益突出,交通与城市空间之间的关系也因此受到关注。这一阶段的研究主要从地理学的角度,通过交通和土地利用的关系研究城市空间结构。

(1) 城市交通对城市空间结构影响

段进等分别对城市的区位、空间拓展、动力机制与模式、城市形态及空间结构等方面进行研究,认为城市交通是城市空间发展的最重要影响因素[④]。过秀成等专门针对某种

---

① Meier R L. A Communications Theory of Urban Growth [M]. Cambridge: The MIT Press, 1962:79

② 早在 1972 年,A. 斯萨雷(A. Szalai)发现,在不同的城市化地区,人们用于交通出行的时间保持恒定。尽管交通出行速度不同。但不同地区用于交通出行的时间预算彼此接近,斯萨雷因此猜测人们将在交通中节约下来的时间再用于交通出行。

③ Zahavi Y. The "UMOT" Project. US Department of Transportation Report[R]. No. Do T-RSPA-DPD-20-79-3,Washington, DC,1979

④ 段进. 城市空间发展论[M]. 南京:江苏科学技术出版社, 1999:115

武进. 中国城市形态结构特征及其演变[M]. 南京:江苏科学技术出版社, 1990:6

交通方式对城市空间结构产生的影响进行研究(如轴向、团状、组团式等不同形态的大城市空间结构),提出了大城市快速轨道交通线网不同的空间布局模式①。丁成日指出,在城市总人口不变条件下,城市交通的发展将使城市土地地租呈曲线逆时针旋转,这是城市向外进行空间扩张的一个重要动力机制②。

(2) 城市空间结构对交通组织的影响

刘登清、张阿玲认为城市土地利用布局决定了交通源和交通需求量及交通方式,故在宏观上规定了交通的结构。不同的城市用地布局决定不同的城市交通。城市用地布局的调整会引起城市交通的显著变化③。陆化普通过对北京与东京土地利用、交通结构等方面的实证比较研究,探讨特大城市土地利用形态、交通结构和道路交通网构成与城市交通需求特性之间的关系,提出城市空间与交通一体化发展的建议④。丁成日认为"摊大饼"式的城市空间结构将更加恶化城市交通,产生城市环境恶化、住房紧张、交通拥挤,导致城市规模的失控⑤。

(3) 城市空间发展与交通的协调研究

城市交通和城市空间结构的研究方面涉及交通与土地利用关系问题。许多学者对城市交通与土地利用之间的关系进行了定性研究。(李泳,1998;曲大义等,1999;曹小曙等,2002)。他们认为,城市交通与土地使用之间存在循环、互馈的相互作用关系。杨荫凯等对19世纪以来由于交通技术的创新而引起的城市空间结构形态的变化进行研究,建立起城市空间与城市交通的空间布局之间的对应关系。潘海啸等一些学者对二者的关系进行了广泛的研究,他们认为,城市空间结构是城市交通系统发展的基础,而城市交通系统的发展又引导城市的土地利用发展方向(潘海啸等,1999)。

在城市土地利用与城市交通定量研究方面,一些学者通过建立数学模型对交通与土地使用的关系进行了深入研究,对定量研究城市交通与土地利用的相互作用进行了卓有成效的尝试(何宁等,1998;钱林波,2005;刘金玲,2004)。但这些模型大都局限在分析单一因素或极个别因素的影响作用上,缺乏综合性分析⑥。国内关于城市交通与土地使用方面的研究者还有黄建中、阎小培、周素红、毛蒋兴等,著作有《特大城市用地发展与客运交通模式》(黄建中,2006)、《高密度开发城市的交通系统与土地使用——以广州为例》(阎小培等,2006)等。

2) 城市空间结构与交通组织协调发展研究

随着中国城市化进程的加快,国内对城市空间结构与城市交通的关系研究在20世纪90年代成为研究热点,城市地理学者们主要致力于规律研究,而城市规划和交通规划学者们则主要强调开发模式的研究。潘海啸将城市空间的发展模式分为:道路交通优先的发展模式(如美国);以干道来划分城市环境区发展模式的屈普城市环境区概念(如英

---

① 过秀成,吕慎. 大城市快速轨道交通线网空间布局[J]. 城市发展研究, 2001, 8(1):58-61
② 丁成日. 城市"摊大饼"式空间扩张的经济学动力机制[J]. 城市规划学刊, 2005, 29(4):56-60
③ 刘登清,张阿玲. 城市土地使用与可持续发展的城市交通[J]. 中国人口·资源与环境, 1999,9(4):38-41
④ 陆化普,袁虹. 北京交通拥挤对策研究[J]. 清华大学学报(哲学社会科学版), 2000, 6:87-92
⑤ 丁成日. 城市"摊大饼"式空间扩张的经济学动力机制[J]. 城市规划学刊, 2005, 29(4):56-60
⑥ 该段部分内容引自:王春才. 城市交通与城市空间演化相互作用机制研究[D]. 北京:北京交通大学,2007:30

国);结合公共交通发展城镇的模式(如瑞典、法国、日本、新加坡)。管驰明、崔功豪
(2003)提出了公共交通导向的中国大都市空间结构发展的理想模式①。丁成日(2005)提
出城市应沿着主要的公共交通通道向外扩展,就业和住宅的平衡是以交通通道为轴线实
现区域平衡的②。韦亚平、赵民(2006)提出高密度都市区所谓的"舒展的紧凑多中心结
构","快速路导向的产业空间发展+快速轨道导向的高密度人居空间发展"的城市空间
的扩展模式③。

对于 TOD 发展模式而言,国内研究主要集中在对 TOD 模式的消化吸收阶段,对 TOD
模式进行了各方面的分析和评述。但也有学者不赞同简单套用 TOD 的做法,认为 TOD 是
北美等低密度发展模式的国家提出的,在国内使用要慎重;并从轨道交通的研究入手,提出
轨道交通与城市空间具有相互支撑的关系,必须保持两者的高度关联④。马清裕等认为大
城市中心城过分集中给城市交通带来诸多问题,需要调整城市空间结构,疏解大城市中心
城过度集中状况,解决中心城发展空间不足、生态环境恶化问题,也是解决大城市中心城交
通问题的根本措施⑤。朱巍对成都市城市空间结构与城市交通进行了整体优化研究⑥。
潘海啸认为轨道交通与城市空间是相互支撑的耦合关系,从城市公共活动中心与轨道交通
站点之间的空间耦合入手,提出了城市轨道交通与城市空间耦合的方法和"空间耦合一致
度"的计算公式,作为城市空间与城市交通一体化发展模式的发展程度的一个衡量指标⑦。

3) 城市空间层级规模尺度的研究

中国古代城市规模大小在周代就有了等级规定,统治者将城市规模大小、城市形制
纳入"礼制"中。按照规定,天子的城方九里,公侯的城根据其等级可以方七里、方五里、
方三里。在各诸侯国中,卿大夫所建立的都邑,大的不得超过国都的三分之一,中等的不
得超过国都的五分之一,小的不得超过国都的九分之一⑧。《周礼考工记》中具体记载"匠
人营国,方九里,旁三门,国中九经九纬,经涂九轨,左祖右社,面朝后市"这一理想城市的
规模和布局⑨。

中国对城市内部层级空间系统的研究较少,主要侧重于对城市中心体系结构中的商
业中心体系的研究。杨吾扬将交通作为影响城市土地利用和城市空间结构的重要变量
进行研究,探讨北京市商业中心等级结构的形成和演化⑩。韦亚平、赵民等认为交通流在
空间上分布的结构绩效是一个介于经济效率和社会公平之间的问题,是就业的便利。适

① 管驰明,崔功豪. 公共交通导向的中国大都市空间结构模式探析[J]. 城市规划, 2003, 27(10):33-37
② 丁成日. 城市"摊大饼"式空间扩张的经济学动力机制[J]. 城市规划学刊, 2005, 29(4):56-60
③ 韦亚平,赵民. 都市区空间结构与绩效——多中心网络结构的解释与应用分析[J]. 城市规划,2006, 30(4):
9-16
④ 潘海啸,任春洋. 轨道交通与城市公共活动中心体系的空间耦合关系——以上海市为例[J]. 城市规划学刊,
2005, 158(4):76-82
⑤ 马清裕,张文尝,王先文. 大城市内部空间结构对城市交通作用研究[J]. 经济地理, 2004, 24(2):215-220
⑥ 朱巍. 成都市城市交通与城市空间结构整体优化研究[J]. 现代城市研究, 2005, 5:22-28
⑦ 潘海啸,任春洋. 轨道交通与城市公共活动中心体系的空间耦合关系——以上海市为例[J]. 城市规划学刊,
2005, 158(4):76-82
⑧ 左丘明. 左传·隐公元年[M]. 深圳:海天出版社,1995
⑨ 资料引自:陈志华著. 外国建筑史(十九世纪末叶以前) [M]. 北京:中国建筑工业出版社,2004:56-68
⑩ 杨吾扬. 北京市零售商业与服务中心网点的过去、现在和未来[J]. 地理学报, 1994, 1:9-15

宜的空间功能布局应保证在一个比较适宜的时间内(如 30 min)人们能够到达他们的工作场所。因此,要求在用地功能上形成有序的中观层面结构,每个片区能够达到居住和就业较为平衡发展,①。赵莹基于中国特大城市空间结构低绩效的问题,通过对上海和新加坡的两个城市案例分析,提出要注重城市中观层级结构的绩效问题②。

在交通层级系统方面,2003 年徐循初提出,交通对城市的影响主要有三个层级:第一个层级是市际之间交通;第二个层级是市域层面交通;第三个层级是市内层面的交通。并认为城市的各种交通方式都有自己的出行范围,且不同交通方式之间存在一定的争夺区,通过改变某种交通方式的变量可以使城市土地利用向有益的方向发展。

对城市空间层级规模尺度有着比较系统研究的是"倍数原则说"③,陈秉钊通过实践调查,提出了城市规模等级序列的规律,即"倍数原则"的理论观点。各层级规模分别为中心村的层级、集镇的层级、中心镇的层级、区或县中心城市层级、省级中心城市层级、全国中心城市层级。人口规模分别为 1 500 人、8 000 人、4 万人、20 万人、100 万人和 500 万人。其指导思想是使空间层级分明,从而使人类环境的各种功能得到依存,继而各种公共服务设施能得以合理的配置,协同互补,形成有机的人居环境完整系统。并且认为 4 万人的中心镇是小区域的综合性中心城镇,能满足人居环境体系中日常的饮食购物、文教娱乐、医疗保健、交通通讯的需求,具有十分重要的地位和作用,是人居环境基核。"倍数原则"所建构的城镇群落结构模式对实际工作具有理论上的启示。该研究结合上海城镇体系进行实证研究,提出上海大都市的人居环境组成的倍数原则可以具体体现为"人口规模的五倍原则"。

杨贵庆从行政管理体制、工程技术配置、公共设施经营利益、居民社会心理承受等角度对社区人口的"合理规模"进行了讨论,初步提出关于中国当前城市社区人口规模的范围界定,在社区层面提出大型社区、标准社区和基层社区三个层级的社区规模数值,标准社区的居住人口规模尺度定为 4 万~5 万人,并把这类社区称之为在规模尺度上的"标准社区"。与中国城市居住区规划设计规范中所界定的"居住区"级规模较为近似。对于现有的"街道社区"人口规模(如上海平均街道的人口规模要比"标准社区"大 2 倍)超过"标准社区",由于种种原因又必须在行政管理方面以社区的名义开展工作的,称之为"大型社区"(8 万~10 万人)。对居住委员会层级的社区单元称为"基层社区",人口为 7 000~10 000 人。此外,这一人口规模与 2000 年中国小康住区城市居住区规划设计细则中的"居住小区"人口规模比较接近④。

徐观敏从小区管理、公共服务设施配套、小区开发、居民认知、社区建设、社会整合、城市建设等七个方面分析得出居住小区合适规模,认为小区的用地规模宜在 2.5~15 hm²,最佳用地规模为 5~10 hm²;小区人口规模宜在 2 000~12 000 人,最佳人口规模为 4 000~8 000 人⑤。

---

① 韦亚平,赵民. 都市区空间结构与绩效——多中心网络结构的解释与应用分析[J]. 城市规划,2006,30(4):9-16

② 赵莹. 大城市空间结构层级与绩效[D]. 上海:同济大学,2007

③ 陈秉钊. 上海郊区小城镇人居环境可持续发展研究[M]. 北京:科学出版社,2001

④ 杨贵庆. 社区人口合理规模的理论假说[J]. 城市规划,2006(30):50-56

⑤ 徐观敏,邵文鸿. 关于小区规模的探讨[J]. 城市规划,2004,28(8):87-88

2　城市空间与交通层级系统

在城市发展的过程中,城市交通与城市空间结构始终交织在一起,它们相互影响、相互促进,共同发展。城市交通与城市空间结构之间存在着复杂的互馈关系。城市交通与城市空间结构在相互作用中涉及众多的因素,包括交通设施建设、交通方式选择、城市空间规模、城市空间利用强度、城市空间功能布局等。城市交通与城市空间结构之间的这种复杂的互动关系,构成了城市不断发展的动力。

2.1　系统层级性特征与反馈机制

2.1.1　系统层级性的涵义与特征

1）系统的层级性

物质存在层级结构问题是人们经常谈论的一个话题。康德在考察世界的构成方式时,从整体与部分这一基本范畴出发,提出了物质系统的等级结构问题,他认为宇宙是一个由一系列不同层级结构的物质系统组成的普遍联系的整体。随着当代系统科学的发展,系统层级性问题被进一步突显出来。贝塔朗菲指出:"层级序列的理论显然是一般系统论的主要支柱[1]。"一般系统论中是这样,控制论中也是这样,其他种种系统理论中都涉及了层级这一重要概念。从某种意义上讲,系统科学就是研究层级之间相互联系、相互转化的规律。钱学森等认为那些没有层级结构或只有一个层级的事物称为简单系统;有很多子系统种类并有层级结构的系统称为复杂巨系统[2]。系统性质主要由层级性决定,一个系统内是否存在层级结构是这个系统是否复杂的主要标志之一,系统科学中对各种系统的分类也主要依赖它们的层级结构。

"层级"在中文和英文中都早已有之,但它的广泛使用却得益于系统论的传播。中文"层级"是由"层"(表示"重叠")和"级"(表示"次序")两个词组成的复合词,表示"重叠"、"次序"之义,这和英文中的 Level 或 Hierarchy 是相近的。在英文中,一般而言,层级这个词有两个含义,具体的、个别的层级(Level),或是完整的层级结构(Hierarchy)。《中国大百科全书哲学卷Ⅰ》(1987)对"层级"概念的定义是:"表征系统内部结构不同等级的范畴。任何系统内部都具有不同结构水平的部分,如物体可分为分子、原子、原子核、粒子等层级;高级动物可分为系统、器官、组织、细胞、生物大分子等层级。系统内部处于同一结构水平上的诸要素,互相联结成一个层级,而不同的层级则代表不同的结构等级。层级依赖于结构,结构不能脱离层级,没有也不可能有无层级的结构[3]。层级从属于结构,

---

　①　贝塔朗菲.一般系统论[M].林康义,魏宏森,等译.北京:清华大学出版社,1987:25

　②　钱学森,于景元,戴汝为.一个科学新领域——开放的复杂巨系统及其方法论[J].自然杂志,1990,13(1):3-11;颜泽贤.复杂系统演化论[M].北京:人民出版社,1993:29-74;王志康.突变和进化[M].广州:广东高等教育出版社,1993:138-145

　③　中国大百科全书总编辑委员会(哲学)编辑委员会.中国大百科全书哲学卷Ⅰ[M].北京:中国大百科全书出版社,1987:84-85

依赖结构而存在。"

所以,系统的层级性是指由于组成系统的诸要素差异,包括结合方式上的差异,从而使系统组织在地位作用、功能结构上表现出等级秩序性,形成了具有质的差异的系统等级。层级概念就是反映这种有质的差异的系统等级或系统中的等级差异性[①]。系统层级性所揭示的就是系统的层级结构及层级关系。任何系统都是有层级的,其中的子系统还可再分下去,自成系统。在一定范围内是系统,在更大的范围内则是要素;反之,在一定范围内是要素,在更小范围内则是系统。

城市以其巨大的物质积累形式表现为社会的空间载体、社会的组织机构、人流物流、历史文化的积累等诸多要素,这些要素在城市中聚集和相互作用,并产生难以想象的整体涌现性,迸发出巨大的生产力,这一切都源于城市系统的高度复杂性。城市是一个复杂巨系统已为大家所共识。层级性作为系统的一种基本特征也在城市这一复杂巨系统中体现出来。城市空间是城市系统外在物化的具体表现,因此城市空间也具有层级性。周干峙认为城市系统结构具有相互紧密联系的层级和系列,大系统套小系统,既有串行树状结构,也还有网络状结构,各子系统之间既有统一性,又有非均质性和各向异性[②]。在城市中,各层级之间、各个子系统之间不是孤立的,而是一个相互联系、相互包容的整体,城市的每一个子系统(或更小的子系统)、每一个层级、每一种关联都代表着城市的某一个方面[③]。城市作为复杂巨系统可以分为若干个子系统,每一个子系统中又包含着许多子系统,具有明显的层级性特征。每个子系统在相对自由的环境中,具有相对独立的结构、功能与行为。同时,每一层级的系统都是其上一层级系统的组成单元(子系统),不同层级的子系统不仅表现为要素数量和种类的多寡,而且也表现为不同层级的时空规律和系统功能。

2)系统的层级结构特征

系统的层级结构一般具有以下几个特征:

第一,互为因果作用特征。即在复杂系统的层级结构中,层级之间存在着多种复杂的因果关系,形成一个因果网络。如一个系统的低层级的协同作用会影响整个系统的性质和行为,这是上向因果作用;而高层级的层级结构一旦形成,会对低层级产生一种作用,这是下向因果作用。在系统的突现进化中,上向和下向因果作用本身及其相互作用都不是简单的、线性的因果关系。

第二,协同作用特征。任何一个系统,它都起着双重功能。一方面,它需要该系统中的要素联系起来,形成一个协同整合的统一系统,也只有这样,才称其为系统。另一方面,它又是更大系统的子系统,它在这个更大系统中起着要素的作用,它构成了这个更大系统的基础[④]。所以系统和要素、高层系统和低层系统具有相对性,系统的层级区分是相

① 魏宏森,曾国屏.试论系统的层级性原理[J].系统辩证学学报,1995,3(1):21-24

② 周干峙.城市及其区域——一个典型的开放的复杂巨系统[J].城市规划,2002(2):7-8

③ 段汉明.城市学基础[M].西安:陕西科学技术出版社,2000:237

④ 系统哲学家拉兹洛看到了系统的这种双重作用,他把这种双重作用称之为协调界面(Coordinating Interface)作用,并认为:"它们起的作用是把它们自己各部分的行为结合成齐心合力的一种行为,然后又把这种共同的努力同更高一个层级系统内其他组成部分的行为结合在一起。一切自然系统,如果它们要维持自己的存在,就必须起到这样的作用。"引用自:拉兹洛.用系统的观点看世界[M].闵家胤,译.北京:中国社会科学出版社,1985:62-63

对的。相对区分的不同层级之间又是相互联系的。不仅是相邻上下层之间受到相互影响、相互制约，而且是多个层级之间发生着相互联系、相互作用，有时甚至是多个层级之间的协同作用。系统发生自组织时，系统中出现了众多要素、多个不同的部分、多个层级的相互行为，它们一下子全都被动员起来，使得涨落得以响应、得以放大，造成整个系统发生相变，进入新的状态。

第三，网络嵌套特征。即层级空间必然包含于较它更高一级的层级空间之中，且每个层级空间都是相对完整独立地存在于较高一层级的空间之中。高层级系统是由低层级系统构成的，高层级包含着低层级，低层级从属于高层级。高层级和低层级之间的关系，首先是一种整体和部分、系统和要素之间的关系。高层级作为整体制约着低层级，又具有低层级所不具有的性质。低层级构成高层级，就会受制于高层级，但却也会有自己的一定的独立性。

第四，多样性特征。人们可以按照质量来划分系统的层级，可以按照时空尺度来划分系统层级，也可以根据组织化程度来划分系统层级，还可以根据运动状态来划分系统层级，也可以从历史长短的角度来作出划分。一般来说，层级的划分要跟实践联系一起，但这种划分并不意味着是纯粹主观的划分，而是客观世界层级多样性的反映。事实上，系统层级的多样性反映的是系统内要素之间客观纵向联系的差异性之中的共性，是统一性之中的多样性以及多样性之中的统一性，而且统一性也是多层级、多种方面的统一性。

第五，结合度递减特征。系统中的层级结构从低层级到高层级，其要素之间的结合度是递减的。由于系统层级结合度递减的特征，当高层系统解体时，低层系统可以相对稳定，这些低层级系统能在条件成熟时形成新的高层系统。但是层级系统的结合度递减原理是基于不完全归纳而得出的，须有一定的实践背景①。

第六，递归特征。即各层级按产生的时序形成递归的层级结构，相邻层级之间具有相互依存的关系，任何一个层级的存在都是和它的上层与下层紧密相连，但它不可能与比其下层更低的层级或比其上层更高的层级直接相联。

3）系统层级结构的优势

层级组织系统的最主要优点是系统结构的稳定性，这种稳定性来自于"稳定的中间形式"存在。即越是微观的、低层级的子系统，其元素之间结合得就越牢固，而宏观高层级的元素则较松散。层级组织可以分为子系统内部元素之间的相互作用和子系统之间的相互作用，前者就是所谓的"稳定的中间形式"。相对于整个系统，中间形式的内部互动更紧密、更稳定。故即使系统受到干扰，大系统可能被破坏，但低层级的"稳定的中间形式"可能会得以保留，可以迅速重新组合出一个新系统。所以层级性可以确保系统的有序性和有效性，系统要素通过层级加以组织，其绩效要大大高于那种通过自组织的网络组织系统②。

从概率论的角度进行研究也同样表明，对于相同的两个系统，一个按照这样的途径发展——即从原有的层级结构的组成部分向上再发展一个更高层级的系统。另一

---

① 郭因,黄洁斌. 绿色文化与绿色美学通论[M]. 合肥:安徽人民出版社,1995
② 汪国银. 企业组织结构演变趋势:层级制还是网络制[J]. 安徽工业大学学报(社会科学版).2009,26(6):45-47

个系统则采取另外一种的发展途径——从同样要素数目的非层级结构出发来形成系统。那么，前一个系统的发展要比后一个系统快得多。因为具有层级结构的系统在解体为各层级的子系统时，子系统的结构并不会全部解体；而在非层级结构的系统解体时，就会分解为各个基本的要素，结构全部被破坏。任何系统在发展过程中，都会受到许多随机的扰动，只有那些能够迅速弥补损失并加以重建的系统，才能成功地发展起来。事实上，后一种发展方式(即采取非层级途径的发展)由于不稳定因素，稍有扰动就会遭到破坏，很难发展起来，即使有所发展的话，也不可能稳定存在和有大的发展。

2.1.2　城市空间与交通系统互馈机制

1) 反馈机制涵义

把系统末端的某个或某些量用某种方法或途径送回始端，就叫反馈。一般可把反馈分为正反馈和负反馈。

把系统末端的某个或某些量，用某种方法或途径送回始端，从而使系统末端再次输出的量的变化趋势增强，就叫正反馈。正反馈是系统演化的一种非平衡机制，并不具有价值判断的含义。正反馈的作用使系统"强者恒强，弱者恒弱"。引用《新约全书·马太福音》中的话："因为有的，还要加给他，叫他有余；没有的，连他所有的，也要夺过来。"系统的恶性循环同良性循环一样都是正反馈机制在起作用。

负反馈是系统演化的和谐、稳定机制，是一个自稳定的环路。它的作用是不断消除干扰，使系统自动恢复原有状态。负反馈是系统自稳的动力学机制，反映系统的均衡演化。正反馈是一个推动性的环路，它的作用是能自动地推动系统离开原有状态，朝着新的状态加速度变化。正反馈是系统自生的动力学机制，反映系统的非均衡演化。把系统末端的某个或某些量用某种方法或途径送回始端，从而使系统末端再次输出的量的变化趋势减弱，就叫负反馈。它是一个自稳定的环路，它的作用是不断消除干扰，使系统自动恢复原有状态。

2) 城市空间系统与交通系统的互馈机制

城市交通系统和城市空间系统作为城市的子系统都是由正反馈机制和负反馈机制共同作用而形成的多重复杂反馈系统。两者在反馈系统的相互作用下，形成了互馈作用机制。掌握城市空间结构和交通模式相互之间的互动反馈关系，有利于促进城市交通和城市空间之间的一体化发展。

(1) 正反馈发展模式

对于城市交通系统与城市空间系统的正反馈发展模式来说，一方面，城市空间结构系统会对城市交通系统产生决定性的反馈作用。城市空间结构是由不同的城市功能场所按一定的空间分布原则形成的，城市交通的作用实质上就是使人流物流能在不同的功能场所间转换。因而，城市空间结构决定了一定时期内人们出行的流量、流向和方式选择，进而在宏观上要求有相应的城市交通的方式构成和交通空间组织基础。例如城市的干道和公交路线的布置一般是在人们出行的主要方向采用大运量的公共交通方式，在功能场所的集中区位设置公交站点、交通换乘枢纽，进而在此基础上完善公共交通网络系统。站点的空间布局则受到城市空间结构的极大影响，进而影响到公共交通的线路布局。城市功能布局结构一旦发生变化,改变了城市各功能场所的空间布局,也就会改变居民出行的发生点和吸引点、发生强度以及吸引强度等,从而导致出行的流向、流量和方式选择的变化,打破原有的交通平衡而形成新的交通平衡。

如果城市空间结构系统和城市交通系统之间达到一种耦合的状态,那么就是正反馈机制起主导性作用,反之为负反馈机制。如高强度的土地利用将会导致交通的增加,从而需要高运载能力的交通方式与之对应,如公交、地铁、轻轨等,从而达成良性的"强者恒强"正反馈循环作用;反之,低密度土地利用的城市则通常采用私人小汽车交通,形成恶性的"弱者恒弱"正反馈循环。恶性的正反馈作用机制有以美国为代表的"低密度城市空间发展——小汽车交通"城市发展模式,这种模式是系统正反馈机制的典型例子,但所形成的却是一种恶性循环的正反馈。其原因是政府错误地选择了以小汽车和高速公路优先发展的策略,盲目将城际高速公路规划、建设、运行模式引入城市交通,而个人机动交通方式能使人们自由出行,因而人们的出行不再受到站点的限制,导致了城市功能没有临近性的布局要求,极大地促进了城市向类似无中心、低密度、分散化的方向发展,城市空间规模不断扩大,在城市中心等级上形成了集聚力低下的分散式中心(如洛杉矶有着20多个的城市中心)和低密度分散式的居住区和就业区两个层级。而这种城市空间层级结构的发展模式反过来压制公共交通的发展,步行和自行车"无路可走",人们不得不通过小汽车出行,进一步诱发了小汽车的发展,形成了恶性的正反馈循环。

因而,城市空间结构是城市交通组织模式形成的基础,为城市交通组织提供了发展空间及客观必要性,对城市交通系统产生巨大的反馈作用。城市空间结构发生变化,客观上要求先进交通方式的使用及交通空间组织的发展与完善(如公交线路扩展、路网密度增大、基础设施的完善等),从而带动城市交通组织模式的变化,形成良性的正反馈发展循环。

另一方面,城市交通组织会对城市空间结构产生巨大反馈作用。在城市空间的演化过程中,交通虽不是最根本的决定因素,但它作为一个极其重要的影响因素作用于城市空间结构的始终。城市交通对城市空间结构最根本的作用是可以改变空间的交通区位可达性。不同的城市功能对交通区位的要求不同,交通可达性实际上决定了城市区位的优劣势,因而对城市空间的功能区位选择起关键作用,进而引导城市功能在空间上的分布,继而强化或调整原有的城市空间结构。

交通对空间结构的反馈作用主要表现在以下几点:第一,交通技术的变革不断突破原来交通工具的速度限制,促使更多的人能在更大范围内活动,从而促进城市空间规模的变化;第二,通过改变交通方式,如从电车为主的出行方式转换到小汽车为主的出行方式,使城市的空间呈分散化的发展趋势;第三,交通设施的建设改变了相应区位的交通可达性,产生一定的外部经济性,从而引起居民或办公的位址的变化,影响城市空间布局;第四,不同的交通设施建设的时机也会对城市空间的演化产生不同影响,通过选择不同的交通建设时机,可以充分发挥交通对城市空间演化的引导作用。以上的几种方式最终都是通过改变城市空间的区位来改变人们择址、利用强度、规模和空间形态,继而引起城市经济、文化、商业等活动的重新分布组合,引导不同城市功能的空间集聚和扩散,形成正反馈发展循环,最终促使新的城市空间结构形成。

在这种正反馈作用机制下,一方面,城市空间是城市社会经济活动的载体,各种性质的土地利用在空间上的分离引发了交通流,各类用地之间的交通流构成了复杂的城市交通网络。所以城市空间是产生城市交通的源泉,决定城市交通的发生、吸引与方式选择,是出行生成活动的主要决定因素。没有城市空间也就没有城市交通的存在。而城市发展历程中每一次重大结构性变革又往往源于交通系统的变化。交通改变了城市各地区的可达性,而可达性对城市空间利用的属性、利用强度、空间结构及形态布局具有决定性作用。所以两者存在着互存共生的关系,另一方面,城市交通具有塑造城市空间形态的功能,城市空间的演化又有强化交通方式选择的功能,二者之间表现出互塑的趋势,在不断相互作用中形成了不同的城市发展模式。

（2）负反馈发展模式

在城市空间结构与城市交通组织之间正反馈循环互馈的机制的作用下,城市将会向"强者恒强,弱者恒弱"的态势发展,是城市正反馈机制（非平衡机制）在起主导作用。而另一方面,城市自身巨大的平衡能力使系统自动恢复原有状态,这就是负反馈机制在起作用,反映系统的均衡演化。当城市空间结构和城市交通两种组织结构无法取得耦合关系时,系统的"熵"趋大,导致城市发展难以出现新的空间组织结构。例如在中国一个特大城市,有着多层级的空间层级结构,却利用个人交通方式为主导的交通结构体系（单层级的城市交通组织结构）,随着城市规模的扩大,在这种交通组织结构的引导下,新增加的建设用地总是趋向于分布在离最高等级中心最近的地方,以实现最小的交通成本。这样一种择址原则可能会导致:第一,产生大量向心的通勤交通,对其他的城市公共中心造成穿越;第二,如果在各个方向上的交通条件均质化,城市空间结构将呈现出单中心圈层式蔓延格局;第三,新增的开发增加了对中心区用地的需求,使已开发空间范围内的密度增加。故而,中心的密度增加最快,呈现圈层式的连续递减,导致原有的多层级空间结构破碎化,弱化了原有的清晰的层级关系,强化了城市单中心圈层结构,使其他中心地无法发育成新的高等级中心,整个城市空间层级结构的层级变得模糊不清。空间组织结构如城市中心体系,无法按照预定目标实现其功能等级规模。而在城市不断地扩张中,城市交通往往难以满足人们的出行需求,交通系统的设计与实际的客流分布也将产生错位,导致各种交通方式难以尽其效用,形成混杂的交通结构。这样城市空间系统与城市交通系统两种组织结构就是负反馈机制在起主导作用。

综上所述,城市交通系统与城市空间系统之间存在着复杂的动态互馈关系。这种互馈机制包含了正反馈机制和负反馈机制,而在当前的相关研究中往往强调城市空间与城市交通系统之间的正反馈关系,忽视了两者之间的负反馈关系。事实上,中国当前的大城市空间结构形态恰恰是在负反馈机制主导作用下的结果。所以,如何促使城市向有序化发展的问题关键是要摆脱当前负反馈机制为主导作用的发展状态,更重要的是要在城市空间结构与城市交通组织系统之间建立一种彼此适应、相互促进的一体化发展模式。应极力避免如北美城市"低密度城市空间发展——小汽车交通"这种恶性的正反馈循环发展模式;同样也应该避免当前中国单中心圈层式恶性的负反馈循环发展模式。这样才能够使城市经济、社会与环境得到可持续健康发展。世界上绝大多数具有典范性空间发展结构的城市,如哥本哈根、斯德哥尔摩、新加坡、香港等都完美地整合了城市空间和交通两大系统,形成一种良性的正反馈发展循环。所以,有效的交通发展和城市空间发展应该相互结合、相互依托,合理利用城市土地资源,实现城市空间发展和交通的协调统一。

2.2 城市空间系统层级结构

2.2.1 城市空间结构层级性

城市空间的层级结构与城市系统的层级结构存在一一对应的关系,因此通过了解城市系统的层级结构可以获得城市空间的层级结构。在城市的层级系统中,不同的城市空间规模利用不同的"有效规模"(Efficient Sizes)发挥着不同的经济社会功能[1]。房艳刚[2]认为:"城市系统从空间角度来看,存在着人—建筑单体—小区—社区—城市的空间层级结构。它们之间的关系复杂,并且在演化过程中存在极大的易变性和复杂性。"根据核心—边缘理论,城市空间是开放的空间系统,社会经济活动在空间上的集聚必然会形成一些节点,每一集聚节点均有影响区和边缘。核心与边缘存在一种扩散与交流的基本关系,共同组成区域空间系统。集聚机制、扩散机制和产业组织机制使不同层级的空间功能节点通过等级扩散和相互作用,使区域形成一系列有序的空间结构,主要有以下几方面的城市空间等级结构特征[3]:第一,城市要素的聚集构成了城市的各级中心。在现实中的城市空间结构和各种城市空间结构模型中,城市内部的各种功能总是呈现集中发展的特征,都有一个或数个吸引人流、物流、信息流的聚集点,在聚集点形成一个个高密度高能量的极核。而这些极核则根据性能的强弱程度形成等级差别和位置关系。第二,各种职能围绕各级中心呈规律性排列。城市空间结构是由不同等级和位置的中心地组成,同心圆模式可以看成是城市空间结构的基本模式。第三,内涵调整与外延扩张相互作用。城市空间层级结构始终随着经济社会的发展处于变动之中。这种变动有两种方式,即城市内部空间结构调整和城市地域的外向扩展。在这两种方式的作用下,城市空间层级结构逐步由少到多、由单中心向多中心、由简单向复杂演化。

对于城市空间系统产生等级序列的原因,德国经济地理学家 W. 克里斯塔勒(Walter Christaller)于 1933 年在他的博士论文基础上,出版了《德国南部的中心地》一书,从而开创了城市地理学发展的一个新时代。克里斯塔勒在杜能农业区位论和韦伯工业区位论的启发下,把地理学的空间观点和经济学的价值观点结合起来,对城市空间的城镇等级、规模之间的关系及其空间结构的规律性进行了深入的研究,揭示了中心等级体系的中心

① Richardson H W. Optimality in city size, systems of cities and urban policy: a sceptic's view[J]. Urban Studies, 1972, 9 (1):29-48

Capello R, Roberto C. Beyond optimal city size: an evaluation of alternative urban growth patterns [J]. Urban Studies, 2000,37(9):1479-1496.

② 房艳刚. 城市地理空间系统的复杂性研究 [D]. 长春:东北师范大学,2006
③ 侯学钢. 快速干道与城镇体系的区域整合研究[M]. 长沙:湖南大学出版社,2002
祝朋霞. 城市土地利用与城市交通研究[D]. 武汉:华中师范大学,2003

地与腹地的内在结构关系。中心地等级体系是城市空间组织结构中最普遍和最基本的结构关系①。中心地理论认为中心地提供的商品和服务种类有高低等级之别。根据中心商品服务设施服务范围的大小可分为高、低级中心地。高级中心所出售的商品的服务范围比较大,例如高档家用电器、名牌服装、宝石等;而低级中心的商品服务范围比较小,例如日常百货、蔬菜、副食品等。提供高级商品的中心地起到高级中心地的职能作用,反之低级中心地起到较低级的中心地职能作用。具有高级中心地职能布局的中心地为高级中心地,反之为低级中心地。低级中心地的主要特征是:数量多,服务范围小,分布广,所提供的商品和服务档次低、种类少。高级中心地的主要特征是:服务范围广、数量少、提供的商品和服务种类多。如居民的日常生活用品基本在低级中心地就可以满足,但要购买高级商品或高档次服务必须到中级或高级中心地才能满足。

　　所以,根据中心地理论,由于城市功能必须以城市空间为载体,不同的商品和服务因其市场规模的需求门槛不同,就会有不同的销售空间特征,由此产生了由服务范围的腹地规模决定的不同等级中心地系统。在均质的自然地理交通条件下,中心地的等级系统在空间上的分布有以下特征:① 高等级的中心地相距远,低等级的中心地相距近,形成具有层级系统特征的空间序列;② 位于空间几何中心的中心地具有最高的等级(即交通条件最便利的地方),辐射整个区域;③ 各层级的中心地在空间上嵌套叠加,形成相对于最高层级中心地的等级波浪式递减特征;④ 同等级的中心地具有相同的腹地范围。

2.2.2　城市空间层级的协同作用

　　根据系统论的观点,城市空间作为城市的一个子系统,其结构也具有层级特征,即各层级空间依产生的时序而形成递归的层级结构,相邻层级之间具有相互依存的关系,任何一个层级的存在都是和它的上层与下层紧密相连。在中心地理论里,中心地的等级体系按照所提供的功能种类的数量、所服务的人口数量,形成了一个有序的嵌套叠加的空间层级体系②。根据系统的层级协同作用特征,相对区分的不同层级之间是相互联系的,不仅是相邻上下层之间受到相互影响、相互制约,而且是多个层级之间发生着相互联系、相互作用,有时甚至又是多个层级之间的协同作用。系统发生自组织时,系统中出现了众多要素、多个不同的部分、多个层级的相互作用,使得涨落得以响应,使得整个系统发生质变,进入新的状态。所以,城市空间的各个空间层级相互影响、相互制约,共同对整个空间结构绩效发生作用。

　　如果将一个大城市的空间层级大致划分为宏观、中观和微观三个层面,则可发现,三

---

① 市场区位论:廖什(August Losch)也于 1939 年在他的《区位经济学》一书中提出了市场区及市场网的理论模型。他所关心的核心问题是经济活动的区位和经济区的产生,还以公式推导了不同规模的市场区面积。他认为市场区和市场网的排列并不是任意的,而是取决于经济原则。根据这个原则,必然有一个大城市,环绕这个大城市是它的一系列市场区和竞争点。这种市场网系统形成的经济空间分布的等级序列,廖什称之为"经济景观"。该理论突破古典的中心地僵化的理想假设,不再具有层级结构关系的空间结构理论,主张各空间的功能专业化,它的空间体系中的中心地之间是具有连续性而非阶梯式的等级关系。此外他还探讨了商业中心分布、居住、工作岗位、服务与交通系统之间的相互关系,认为交通系统是影响市场区形成的一个重要影响因素。

② 这个空间层级体系的标准主要是中心地所服务的人口规模,以及根据人口密度而形成的空间地理尺度。

者之间具有相互支撑的作用。城市的宏观结构通常可以表现为城市整体空间形态,如团状、带形、星形等等,从而在宏观上决定了整体城市空间结构形态的绩效程度。城市的中观结构通常表现为片区组团及新城等,在任何一种宏观结构下,中观结构对交通组织的效率、人口的空间密度分布、社区结构的组织等直接产生影响,当中观结构完整高效时,宏观结构将能够得到支撑。城市中的微观结构是城市空间低层级结构(如居住区或小区层级)。这些微观结构既可能是由不同功能的适度市场规模导致的,也有可能是人的心理需求层级导致的。微观层面结构的存在使中观层面空间结构的绩效得到一定的保障,如在社区中人们可以就近享受公共设施和绿地的便利,并且形成对一定区域的良好认知,产生社区和邻里归属感。基于系统和元素之间的对应关系,城市宏观空间结构与中、微观空间结构借助系统内部联系进行相互作用,对整体的空间结构绩效发生作用。中、微观层面空间结构的规模尺度的不合理或缺失都将导致城市整体结构与理想目标之间的偏差。

显然,每个城市都不可能简单地划分成宏观、中观、微观层面,城市空间层级的划分要根据各个城市的自身条件建构自己的空间层级体系,特别是根据自身的城市规模、城市密度以及城市交通等因素构建自己特有的空间发展模式。但是,无论多少空间层级都将共同对整个城市的总体空间结构产生作用,城市空间结构绩效不仅表现在城市的整体宏观空间层面,而是所有的空间层面都相互影响、协同作用。所以,要建立一个高绩效的城市空间结构,不但要认真研究城市整体性空间结构,而且要对每个空间层级结构的规模尺度深入探讨。

2.2.3　空间层级结构与规模尺度

1)空间层级规模尺度的确定原理

城市空间中的各个层级规模尺度是如何确定的?根据克里斯泰勒的中心地理论,在一定区域中存在各种中心地,其中心地的等级根据其所执行职能的数量和特征不同而不同,从而形成不同等级的中心地。而中心地的职能和所服务的范围(即市场区)由服务半径所决定,不同等级的中心地具有不同的腹地范围。中心地提供的每一种职能和服务都有一个服务范围。服务范围的上限是消费者愿意去一个中心地得到商品或服务的最远距离(超过这一距离就可能去另一个较近的中心地)。以最远距离 r 为半径,其圆形表示中心地的最大腹地。下限为这一中心地能够存在的最小腹地范围,即为保持一项中心地职能正常运行所必需腹地的最短距离,以 r' 为半径,它表示维持某一级中心地存在所必需的最小腹地, r' 亦称之为需求门槛距离,即最低必需销售距离。所以如果门槛距离大于中心地的最大服务半径,那么该等级的中心地在该地区就不可能存在。如果门槛距离与最大服务半径相等,中心地能够获得生存。如果最大服务半径大于门槛距离,那么该中心地将能够获得超额利润,从而能够建立起强大的中心(图 2-1)。

门槛距离和门槛距离所形成的最小中心地腹地实质上是门槛人口在地理空间上的转换表达,即每一中心的存在有赖于一定的服务范围和门槛人口(起点人口数量)的支持。如果知道了各级中心地所服务的门槛人口规模,那么通过对城市空间密度的了解,可以推导出各等级的中心地所服务的门槛人口规模所需的空间地理尺度,从而能在城市地理空间上形成等级体系。由此可见,空间层级体系的最主要决定因素在于各个层级中

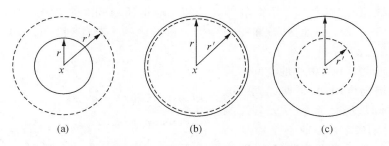

图 2-1　需求门槛和最大销售距离之间的关系比较

心地所能服务的人口门槛规模。门槛人口规模是城市空间各层级规模最重要的决定性因素。那么在一定的城市空间人口密度下，人口规模将决定该空间的层级等级以及地理空间的面积尺度大小①。

2）空间规模尺度推算

克氏在建立理想的空间层级体系时主要提出了四方面的假设条件：第一，均质平原，即空间上的地形地貌、运输条件，人口分布密度是一样的。第二，经济人，即人们的活动都是理性的。对消费者来说，符合距离最小化原则；对提供服务的经营者来说，他会寻找最佳位置，取得最大的市场，使其利润最大化。第三，各级中心地必须达到门槛值。第四，服务区内的所有人口都应得到服务。基于假设性的理想条件基础上，克氏通过理论推导建立起来的中心地模型。根据市场因素、交通因素和行政因素，克氏建立起 K＝3，K＝4，K＝7 三种中心地空间层级体系的模型。

（1）市场原则下的中心地空间层级结构

克里斯塔勒首先按市场原则来建立中心地模型。按市场原则，低一级的中心地位于高等级的三个中心地所形成的等边三角形的几何中心，有利于低级的中心地与高等级的中心地展开竞争，由此形成 K＝3 的系统(图 2-2)。根据均衡模式，每个中心地 B级为周围市场提供的商品和服务是通过 6个次一级 K 级中心地来实现的。因此，每个 K 级中心地同时接受 3 个 B 级中心地提供的商品和服务。所有，每个 B 级中心地提供给周围 6 个 K 级中心地的总服务量为

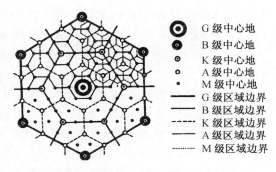

G 级中心地
B 级中心地
K 级中心地
A 级中心地
M 级中心地
—— G 级区域边界
—— B 级区域边界
---- K 级区域边界
—— A 级区域边界
…… M 级区域边界

图 2-2　中心地理论 K＝3 系统模型

$6×1/3＝2$，即 2 个 K 级中心地的服务量，其自身还有 1 个 K 级中心地的服务量。因此，每个 B 级中心地共有 3 个 K 级中心地的服务量。因此，按照市场原则形成不同等级的空

---

　　① 密度也对中心地的等级具有一定的影响作用，如大卫·赫伯特(David Herbert)认为，一个等级较低的中心地，如果其所在区域的人口密度越大、人口越多，那么越容易达到市场消费门槛，其功能单位数量也就越多，同时也更容易形成高等级中心地才具有的新职能。但是本书研究重点在于城市空间规模尺度对层级结构影响关系上，所以将空间人口的分布密度当作一个已存在的背景条件来考虑。引自：David Herbert. Urban Geography：a First Approach [M]. New Jersey：John Wiley & Sons, 1982:114-138

间中心地系统,其排列为 K＝3 序列,即在一级中心地所属的 3 个二级市场内,有 1 个一级中心地,2 个二级中心地,其分布呈三角形。市场区的等级序列为 1,3,9,27,81…,公式为 K＝3^{n-1}。

（2）交通原则下的中心地空间结构

克里斯塔勒认识到,早期建立的道路系统对空间层级体系的形成有深刻影响,这导致 B 级中心地不是以初始的、随机的方式分布在理想化的地表上,而是沿着交通线分布。在交通影响明显的地区,交通原则制约着中心地的等级系统,各级中心地都应位于高一级中心地之间的交通线上。克里斯塔勒认为原有的道路系统对空间聚落体系的形成有深刻影响,这导致二级中心地不是以随机的方式分布在理想化的地表上,一般是沿着交通线分布。次一级中心地的分布也不会像 K＝3 系统那样,居于三个高一级的中心地的中心位置以获取最大的竞争效用,而是位于两个高一级中心地的交通线上的中间位

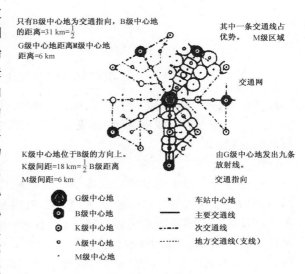

只有B级中心地为交通指向,B级中心地的距离=31 km=$\frac{1}{2}$
G级中心地距离M级中心地距离=6 km

其中一条交通线占优势。　M级区域

交通网

K级中心地位于B级的方向上。
K级间距=18 km=$\frac{1}{2}$ B级距离
M级间距=6 km

由G级中心地发出九条放射线。
交通指向

- ◉ G级中心地
- ◎ B级中心地
- ◉ K级中心地
- □ A级中心地
- ▪ M级中心地

- × 车站中心地
- ── 主要交通线
- ─·─ 次交通线
- ┄┄ 地方交通线(支线)

图 2-3　中心地理论 K＝4 系统模型

置,如图 2-3 所示。从交通联系的便捷程度出发,克氏把六边形 6 个顶点的各级中心地布置在六边形六条边的中间,这样高一级中心地之间的交通线都可以把低一级中心地连接起来,形成 K＝4 系统。每个 B 级中心地提供给周围 6 个 K 级中心地的总服务量为 6 ×1/2＝3,加上自身包括的 1 个,形成 K＝4 的序列,公式为 K＝4^{n-1},其等级序列为 1,4,16,64…。

如果中心地按照交通原则分布,那么为了将某一范围的中心商品供应给该区域,就需要相当多的各种等级类型的中心地。这与市场原则是相矛盾的,市场原则力求在供应全区的条件下,节省对中心地的需要。由于这两种原则在一定意义上都具有最大合理性,因而两者在理论上都是正确的。但是,实际上在整个经济领域内只能有一个最合理的可能性。究竟哪种经济合理性更具有可能性,依具体情况而定。就两种原则所具有的优点而言,要么交通原则的重要性大于市场原则,要么市场原则较交通原则更为优越,或者通过这两种原则的结合,即二者的协调最终获得最为切实可行的体系。

（3）行政原则下的中心地空间结构

在 K＝3 和 K＝4 的模型系统中,除本级中心地自身所辖的一个次级辖区是完整的外,其余的次级辖区都被割裂,这不便于行政管理。为此,克氏提出依照行政管理原则组织的 K＝7 系统。在 K＝7 系统中,中心地的空间单元规模扩大,以便使周围 6 个次级中心地的辖区完全受高级中心地管辖。这样中心地体系的行政从属关系的界线和供求关系的界线相吻合(图 2-4)。根据行政管理原则形成的中心地体系,每七个次级中心地有

一个更高级中心地,任何等级的中心地数目为较高等级的 7 倍(最高等级除外),从而形成 K＝7 序列,公式为 K＝7^{n-1},行政区的等级序列为 1,7,49,343…。

以上三个原则共同导致了城市空间等级体系的形成。克里斯塔勒认为,在开放、便于通行的地区,市场经济的原则可能是主要的;在交通不便地区,客观上与外界隔绝的地区,行政管理更为重要;交通条件占有重要因素,特别是那些沿着交通线路发展的地区,交通原则占优势。

3)中心地学说的评价和借鉴

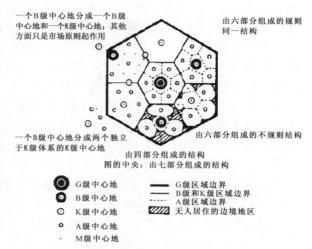

图 2-4　中心地理论 K＝7 系统模型

虽然中心地学说经过贝里(B. J. L. Berry)、加里森(W. L. Garrison)、斯梅尔斯(A. Smailes)、斯金纳(G. W. Skinner)等人的发展和验证,但是中心地学说仍然存在着种种不足,本书对此进行探讨,以便于对该理论能够比较科学地借鉴和运用。相关的问题归纳起来主要有两大方面:

第一,假设条件过于苛刻,甚至不符合客观条件,从而损害了该理论的现实性。例如,在假设的均质平原条件中不考虑空间人口分布密度、地形地貌等的不均衡性,不符合客观的存在条件。确实这种均质平原的假设在现实中是不存在的,虽然廖什地理景观学说,以及后来的诸多学者又提出了在不同空间人口分布密度下所产生的地理学景观符合中心地学说,但是仍然还有很多的假设在现实发展当中难以解释或者不符合现实①。所以本书在论证城市空间层级结构中,将尽量采用实证研究结合逻辑推理的方法来取得较为符合实际的研究结论。

第二,中心地理论难以解释当今城市等级体系的变化。主要是没有考虑城市之间

---

①　对于另外一个重要的假设条件(经济人假设中认为消费者行为遵循"最近中心假设")也有学者提出了质疑,后来的研究发现消费者的行为有多种形式,并不完全受上述假设的支配。例如,在传统社会中,由于空间的摩擦作用大,无论在经济上还是在时间上,交通成本都很高。所以,中心地理论的成立是建立在"最近中心地消费"的假设前提下的。居民们的日常购物以及其他服务消费,都被高度局限在本社区市场,绝大部分人不会为日用品专门到其他地方去购买,从而十分有利于本社区低级中心地的发展。随着交通技术的发展,大大减少了中心地之间的空间摩擦作用,居民越级购买日益普遍。鲁施顿(Rushton)与克拉克(Clark)对美国零售业的一项调查,发现遵守"最近中心地消费"的家庭只占 52％;1975 年,利勃(Lieber)等人调查城市区域居民的食品购物习惯,发现越级到高等级中心地购物的距离在密歇根州高达 19～20 km。由于汽车与冰箱的普及,不少人原来分成几次不同目的的购买活动,现在都集中在一次,开车到更远的大型市场,或者在下班时,顺路把日常生活用品捎带上从而绕过了本社区的低级中心地市场。特别是年轻人为了品牌效应或喜欢在豪华商店购物,而专门到较远的高级中心地购买商品,从而导致不符合中心地原则的新型大众购物文化与行为的出现。在交通越发达的地区,越级购买的现象就越普遍。但这恰恰说明了一个社会所具有的交通水平,在很大程度上影响着区域城市体系的结构比例。慢速与高成本的交通工具,将提高空间的"摩擦作用",从而有利于低级中心地的发育;而在方便、高速与低成本的现代交通工具时代,居民的空间活动范围大大增加,高等级中心地的影响与作用得到进一步的提高,更有利于高等级中心地的发展,同时导致社区性市场重要性的降低,不利于低等级中心地的发展。

的专业化分工①和经济全球化下的城市等级体系发生的变化。如在当代全球经济一体化的情况下,城市的功能等级不再单纯地取决于其人口规模或行政等级,有些小城镇可以有全球性市场②。所以,在世界经济一体化的时代,城市市场范围的大小和市场等级的高低,实际上主要取决于该城市的经济外向度与城市竞争力。这种认识突破了中心地理论中低等级城市只能服务小市场,城市的人口规模等级与市场规模等级一一对应的约束,否定了中心地学说对于空间等级建构所起到的基础性作用。但是,本书是主要针对城市内部空间层级的规模尺度的研究,不存在全球化下的市场不再遵循城市的规模与服务区域对应的问题,也不存在城市之间的分工协作问题。一个城市的内部,各个层级中心仍然遵循不同商品和服务的需求门槛距离与中心等级相对应。如社区中心所提供的商品和服务还是等级较低的日常生活用品;等级较高的商品,如家具、珠宝,需要量少,售价高,购买频率低,需求门槛高,一般还是在高等级的中心当中。

　　虽然中心地理论有着这样或那样的不足,也难以全部解释在当今世界经济一体化时代下,在不同的国家与地区,不同城市化阶段,不同的区域经济发展水平,不同交通条件下,中心地的功能特点与等级结构所发生的变化。但是,我们不可否认空间层级体系的存在,空间层级嵌套叠加以及中心地"金字塔"型等级体系的构建原则。不可否认中心地学说对城市地理学乃至人文地理学的发展起了巨大的推动作用,极大地促进了对空间结构的理解和运用。以假设条件为基础,通过逻辑演绎建立的中心地理论是城市地理学研究对象及运用方法上的重大突破,可以说,正是中心地理论标志了现代城市地理学的形成。

2.2.4　空间层级结构对交通组织的反馈作用

　　无论是从核心—边缘理论,还是中心地理论都可以发现,只要存在集聚效应和功能差别,在均质的用地范围内就会产生单中心、多层级的城市空间层级结构,这种层级结构具有一定的自发性。根据中心地的分布规律,各个等级的中心地承载不同的功能总量,辐射不同范围大小的区域,并且各级中心地在空间上是相互嵌套叠加的,这就导致了中心地体系的最高等级中心地向外围的等级呈现波浪式递减(图2-5)。由于功能等级的成

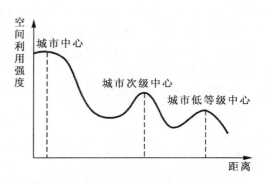

图2-5　城市各个中心等级与区位关系

----

　　① 因为根据中心地理论,城市的主要作用仍是腹地的服务中心,如果腹地内没有其他城市,这种作用就十分明显。当在同一个区域内,有多个规模相当的城市时,城市间的分工就改变了克氏的中心地等级关系。在人口密集、工业化程度高、城市密集的情况下,城市的发展可以不依赖于对腹地提供中心性商品和服务,而是依赖于城市间的分工协作。

　　② 如广东的东莞原来只是个县城,1985年撤县设市,三年后升格为地级市,是我国目前唯一没有县(区)设置的地级市。该市陆域面积只有2 465 km²,人口规模168万,本身的腹地范围十分有限。但是从1996年起,该市出口额连续多年列深圳、上海之后,居我国大中城市的第三位。现在东莞已经成为全球最大的计算机生产基地,目前世界上70%的计算机供货商都与之建立了生产协作关系,其中计算机磁头与机箱占世界市场份额的40%、驱动器占30%、扫描仪和微型马达占20%。

立是以相应的可达性分布为基础的,因此功能上的波浪式递减也要求可达性分布呈现波浪式衰减。

所以城市空间层级的固有特性对交通可达性分布有着其自身的内在要求,这种要求表现在对中心结构而言的可达性衰减速率上,即由于中心地体系在空间上的分布特征,导致各中心地对可达性分布的要求并不是呈单向曲线状衰减,而是呈波浪式衰减,因此,对交通可达性分布的要求亦为波浪式衰减。要满足这种波浪式的可达性分布要求,需要综合考虑各种交通方式的外部性和自身交通时空特性,以符合各层级空间结构中的中心地集聚要求。

世界上公共交通典范性城市都是与城市交通结构形成多层级耦合关系的经典案例,如香港、东京、新加坡等等。这些城市交通结构一般由轨道交通、巴士、步行组成的三层级的组织结构,与城市空间结构中的各级中心节点一一相对应。从日常交通出行的角度看,人们出行的线路组织方式是先集聚到较低等级中心(如社区中心),再从这个中心向更高等级中心集中(如片区中心),经过不同层级的转换,最后达到更高等级中心(如城市中心)。在这个过程中,城市各个等级的中心在人们的交通出行中得到了强化。而每一级的中心通过公共交通连接,尽量降低小汽车的穿越式干扰(随着公共交通的技术发展,公共交通对城市活动的干扰将会越来越低,如一辆火车的噪音在 50 km/h 以内几乎与一辆小汽车相当;轨道交通的上跨或下埋都能减少其对所穿越的城市中心节点的负面影响)。交通可达性分布呈现出波浪式递减,这与城市对层级空间结构取得了一致性,各级中心地就能够得到最适合的交通层级组织的支持,加强了城市的各个层级的中心体系结构。

反过来,这种城市空间层级体系也对交通组织系统产生了正反馈作用。不同的交通方式能够得到充分的利用,如邻里社区一级一般是以步行为主导交通方式达到社区中心;轨道交通线路将相应等级的城市中心串联起来,得到充裕的客流量,起到运送大流量客流的作用。所以,在这种比较良好的城市空间层级结构中,交通系统也能发挥最佳的运营水平,使整个城市空间结构保持有序的发展。这种空间结构与交通之间的结合使两个系统的绩效得到最大化,形成了良性循环的正反馈机制。

2.3 城市交通系统层级结构

城市交通与城市空间之间存在着紧密的互馈关系,交通方式对城市空间的发展模式和规模尺度具有决定性的作用。从交通方式出行范围看,由于不同交通方式的自身特性,如 1 小时的时间可以通过步行到达 5 km 远的城市中心区,通过汽车到达 50 km 以外的办公地点,或者利用飞机去 500 km 外的城市。不同的交通方式有着不同的主导空域,产生不同的交通出行空间层级。城市交通的层级性划分最主要的决定性因素在于两方面:其一是交通工具的速度;其二是交通出行时间。

2.3.1 交通速度

1) 交通速度与规划理念

在城市规划史上,早在 1886 年玛塔(S. Mata)提出的"带形城市",体现了基于交通速度的规划思想。都赛达(I. Cerdà)在 1960 年代将交通速度作为一个重要的城市发展内在要素结合在巴塞罗那市的规划中。然而,在现代主义"功能区划"城市规划思想的影响下,交通速度逐渐从规划师的视野里消失了。《雅典宪章》中曾明确提出:"小汽车的普遍应用……城市需要有一个新的街道系统,以适应现代交通工具的需要。"其目的就是要鼓励小汽车工业的发展。城市规划的主要任务就是合理地分配空间,保证每个功能分区之间"点到点"的交通联系。现代城市规划通过这个"功能化"的过程,割裂了交通空间与其他城市空间原本存在的相互作用关系,对城市交通速度的考虑只是限制在"交通空间"内部,而无视它对其他城市空间产生的反作用。城市交通作为一个城市技术性的支撑系统与其他城市系统分割开来,从属于城市功能活动空间布局。在此基础上,交通工程师利用复杂的交通模型对城市交通规划和管理。这种以技术为核心的思维方式割裂了城市空间功能结构系统和城市交通系统之间的互动关系。

对交通速度的漠不关心,就忽视了交通速度提高背后所导致的城市空间规模无序扩展。人的生命安全受到威胁,人性空间尺度消失,活动自由丧失以及资源消耗、气候变暖、环境污染、交通拥堵等问题的加重,城市逐步被小汽车所吞噬。《英国交通政策白皮书》认为:"现代交通模式的出行方式使得我们的生活越来越不健康。""交通量的增加在恶化了城市的空气质量,损害了人们的健康。""道路和停车场占用了大量的土地资源,而土地资源是有限的。"如北美城市由于长期放任小汽车交通速度的增长,城市的空间发展形成大规模低密度居住区和小面积的高密度市中心区并存的不平衡发展状态。

2)交通速度变化

从人类学的角度,人是一种领域性动物,而领域性动物最基本的本能就是扩张自己的领域,因为更大的活动范围意味着更多的资源和机会,但是更远的出行也意味着更多的体能和时间的消耗[①]。所以,为了能够获取更多的资源和机会,人类总是在不断地提升交通方式的速度,提高单位时间内的出行距离,主要体现在城市中人流、物流和信息流系统的机动性的提高。

在时间的维度上,随着经济和技术的发展,从古代以步行、马车为主的交通方式到自行车、有轨电车的盛行,以及目前的小汽车、公共汽车,轻轨、地铁、飞机等交通方式的发展,每次新交通工具的出现都有着特定的单位交通速度,总会给人类出行带来一次新的解放,拓展人类活动的领域。即使在当代短时间内,城市交通速度仍在不断地提高。法国交通统计数据表明,近年来城市交通速度在整体水平上有明显的提高。在 1982—1994 年期间,全国居民平均出行速度(包括所有交通方式)加快了近 1/3,从 19 km/h 提高到 25 km/h,交通速度的提高程度明显高于同期城市化水平的增长[②]。促成这一变化的原因有这么几方面:技术进步带来更高速度的交通方式;快速交通方式(如小汽车交通)在交通出行中所占的比重增加;交通管理水平的提高,减少候车、停车的时间。其结果是产生了新的交通范围出行层级,城市交通的空域发生了显著的变

---

① Zahavi Y. Travel Characteristics in Cities of Developing and Developed Countries[R]. World Bank Staff Working Paper No. 230, World Bank, Washington DC, 1976

② 卓健. 速度·城市性·城市规划[J]. 城市规划,2004,28 (1):86-92

化,这对人类的生活习惯和城市空间的演化都产生了深远的影响。

城市中交通速度整体上的提高和个体间的分化使得交通对城市发展的影响日益明显,随着社会机动性的迅速发展,交通速度对城市发展的影响显得越来越明显。所以应该将交通速度作为一个城市内在的属性来研究,通过对不同交通方式速度的划分,以便于进行调控进而引导城市的发展。如欧洲的一些国家已经开始重新认识低速度交通可能对城市发展带来的积极影响,在城市地区限制交通速度,并采取鼓励政策发展多方式的城市交通。交通速度也已经成为重要的规划调控工具,如在区域和国土规划中,高速交通已经成为重要的规划调控工具,交通速度越高,调控力度也越强。通过不同速度的交通方式划分运用,来调控不同的城市空间功能活动①。总而言之,关注交通方式速度的变化,有助于制定明确的长远的城市综合发展战略,促进城市空间和交通的一体化发展,对城市空间的宜居性的提高具有重要的意义。

2.3.2 交通出行时间预算

以现阶段人类的发展而言,运输和交通技术成为相互影响的重要媒介。城市提供了许多面对面的交往机会,产生吸引力以促进城市的发展,但同时技术的进步促使面对面接触的必要性降低,而且由于交通负荷过重,也使得面对面交往的机会受到限制。而引入"出行时间预算"能够将居民交通出行时间与空间出行范围建立起关系。因为居民交通行为一般包含出行的起始点、目的、路线、交通时间、活动场所等内容,故只要掌握居民交通出行时间预算,就可以掌握相应的城市空间规模尺度。

1)交通出行时间预算恒定

上文提到人类作为一种领域性动物,在扩张自己的领域,获得更多的资源和机会的同时,也要能够保持体能消耗和尽可能地降低危险。所以,对于一个前科技时代的人来说,这种平衡可以用每天的出行时间来作为参数,衡量人在活动领域里所暴露的时间。人的另外一个本能就是穴居性,花费大部分的时间在居住地方(多达2/3的时间),这是前科技时代的人赖以生存的根基,所以无论白天在哪里捕猎或是其他活动,晚上都要回到居住地,满足人类最基本的需求。而且这种生活或生存方式一直留存至今,大多数的人早晨上班去工作,傍晚下班回家,过着规律性的"朝九晚五"生活。这种从家到就业地点,从就业地点回家所花费的时间(通勤时间)就是人们的"出行时间预算"②。

1979年,扎哈维在《交通联合机制》(*U-MOT:the Unified Mechanism of Transport*)报告中围绕着人们出行时所需要面临的两个限制:经济限制和时间限制,提出交通出行预算恒定的假设,即一个城市的居民用于交通出行的费用预算和交通出行的时间预算都保持恒定③。在这模型中扎哈维首先对交通出行的时间和货币预算作出定

---

① 卓健. 速度·城市性·城市规划[J]. 城市规划,2004,28(1):86-92

② Zahavi. Y. Travel Characteristics in Cities of Developing and Developed Countries[R]. World Bank Staff Working Paper No. 230, World Bank, Washington DC, 1976

③ 其实早在1972年,A. 斯萨雷(A. Szalai)发现,在不同的城市化地区,人们用于交通出行的时间保持恒定。尽管交通出行速度不同,但不同地区用于交通出行的时间预算彼此接近,斯萨雷因此猜测人们将在交通中节约下来的时间再用于交通出行。

义：一个城市地区的平均交通出行费用预算是该城市地区内的发生交通出行的家庭，在一年内用于交通出行的支出费用总和除以该家庭数的平均值；一个城市地区的平均城市交通出行时间预算是该城市地区在一天内，所有发生城市交通出行的人用于出行的时间总和除以该人数的平均值。在这定义的基础上建立起"U-MOT"的城市机动性模型[①]。最终，扎哈维在人类学的基础上，通过实证研究，提出一个超文化、人种和宗教的重要发现，即人类的每天出行的时间大约为每天 1 小时。交通速度的提高并没有减少人们的出行时间，而是会将因速度提高所节省出的时间再投入其他交通出行当中去。而且人们在交通出行上的收入分配，一般会花 13％ 的收入用在出行交通费用上。认为在每个城市，交通出行的这两个平均预算在很长的一段时间里将保持恒定；世界各城市之间，交通出行的这两个平均预算彼此接近。在对加拿大和德国的实证研究之后，证实了不管是 1930 年代，还是 1990 年代，人们的出行花费都是 13％ 左右。利用这些时间和金钱，人们通过可利用的交通方式来最大化自己的活动范围。非常贫穷的人通过每天 5 km 的步行来达到自己的出行目的，而富人则可以通过每小时 500 km 的飞行实现，那些拥有小汽车的人有能力每天出行 50 km 左右。总结起来，扎哈维的贡献主要有：① 研究得出全世界的人平均每天大约花费 1 小时在交通出行上；② 绝大多数的单次通勤都在 1 小时以内；③ 每个家庭大约花费 12％～15％ 的收入在交通费用上。

在"扎哈维推断"研究的基础上，马赫蒂在对希腊的农村、柏林和美国 11 个城市研究之后，发现这个原则不但在农村有精确的对应关系，而且在人口规模和地理空间扩大，经济政治重要性都大幅提高的城市，这一原则也同样有效，称之为"马赫蒂恒量"（Marchetti，1994）。如希腊南部村庄平均面积大约为 22 km²，半径为 2.5 km 左右，这也是古代城墙以内的城市面积的大小，如罗马、维也纳等城市，威尼斯现在的老城区也是这个尺度。从柏林的各个时期的城市看，每日出行半径明显依赖于交通速度。随着交通工具的速度越来越快，现在半径为 20 km 左右，相对应的汽车速度为 40 km/h。

彼得·纽曼在后来的实证研究中，也证实了不论各城市道路系统的效率和车速快慢如何，人们的平均工作通勤出行的时间都保持在 30 min 左右，如美国城市的平均车速为 51 km/h，平均出行时间为 26 min；欧洲为 36 km/h，平均出行时间 28 min；亚洲为 25 km/h，平均出行时间为 33 min（Newman etual，2000）。因此过高车速也就意味着过长的出行距离和过于分散的城市用地布局。

在英国多年的国家出行调查中（British National Travel Survey）也进一步证实了扎哈维关于交通出行预算时间的推断。从 1972 年开始，英国的交通部门每年对人口中随机的 2 万样本进行问卷调查，每人每年出行时间约为 380 h 左右（包括在本国内出行的所有交通出行，并且包括超出 50 码以上的步行），交通出行时间约等于每天每人 1 个小时。而在这 30 年期间，平均收入翻了一番（排除通货膨胀因素之外的实际收入），小汽车拥有量从 1972 年的 1 100 万辆飙升至 2006 年的 2 700 万辆，平均出行距离提高了 60％。但是居民的交通出行时间的发展趋势线几乎是水平的[②]。

---

① Zahavi Y. The "U-MOT" Project. US Department of Transportation Report[R]. No. DOT-RSPA-DPD-20-79-3，Washington DC，1979

② David Metz. The Limits to Travel——How Far Will You Go？[M]. UK：TJ International Ltd，Padstow，Corwall，2008：5-6

2）城市交通出行预算时间恒定影响因素

出行预算时间恒定主要由于两方面的原因：其一，周期时间有限性。根据行为学理论，城市居民的出行主要受到时间的制约。城市居民的生活可以看作是以一天 24 h 为周期的，一天内的生活实际上是一系列按时间排列的活动的组合。其中有些活动是每天或一周内的大多数天内都要发生的，如工作、上学、一日三餐和休息，称之为固定活动。对于生理性的固定活动，如睡觉、就餐的时间长度具有绝对的强制性，但是发生的时间却可以有一定范围的浮动。工作、上学等固定的活动在发生时间上具有强制性，以便能够进行管理安排，让活动更有效率。所以固定活动的时间安排组成了居民一天内生活的基本时间表，其他一些活动如购物、看电影、参加聚会等，是偶发性的，称之为非固定活动，虽然这些非固定的活动有着较为灵活的时间，但是由于人都需要社会交往和精神层面的需求，所以就所需要的时间长度来说，也具有一定的强制性，即不能一味地压缩非固定活动的时间[①]。所以居民的出行时间必须满足三个条件：第一，不能占用对时间长度具有绝对强制性要求的活动。第二，出行时间长度不应造成体能的过度消耗影响到正常的工作、学习和休息。第三，居民出行时间必须在固定活动之间的时间空档内完成。在上面种种的条件限制下，经过漫长岁月的经验习惯堆积，居民的出行最适宜的时间稳定在平均每天 1 小时左右。

其二，时间易度量性。时间有明确的度量和节奏，而且依靠手表等计时器很容易把握，在匀速状态下，人们对交通速度往往缺乏准确的判断，交通速度提高容易在心理上产生空间距离缩小的感觉。如在对关于居民到城市中心区的出行心理感受的研究时，美国规划官员协会在 1995 年通过对居民出行调查得出报告时指出："消费者最为关心的不是他们的住所与工作所在地的距离，而是他们走这段距离所要花费的时间，并由此提出等时间线概念[②]。"

因此，在交通出行中人们更习惯借助时间来度量出行距离的远近。吉普生在《新城设计》中给出了不同出行目的可容忍的时间（表 2-1）。如单程工作通勤的理想出行时间为 10 min，意愿时间为 30 min，可容忍出行时间一般在 45 min 以内，超出 45 min 将超出可以承受的范围，将导致一系列的生理机能、工作效率、健康状况等问题。当然，居民的出行决策是一个非常复杂的过程，由于受不同区域的经济水平、所采用的交通模式、城市空间规模以及城市空间结构形态等因素的影响，所以不同的国家和城市将会有所不同。

表 2-1　不同出行目的的出行时间预算

出行目的	理想出行时间（min）	适宜出行时间（min）	可容忍出行时间（min）
上班	10	25	45
购物	10	30	30
游憩	10	30	85

① 毛海虓. 中国城市居民出行特征研究[D]. 北京：北京工业大学，2005
② 等时间线在交通规划上经常被用来表示城市不同部位到城市中心的出行时间关系，是基于交通出行角度对城市空间结构分析的理论基础。

中国对大城市居民的出行时耗目前暂无明确的目标值,但根据中国的城市规模、居民出行调查统计、居民在市内的平均出行时耗,有些学者建议中国不同规模的城市居民出行时耗的最大限度如表 2-2 所示。

表 2-2　出行时耗最大限度表

城市人口(万人)	>100	100~50	50~20	20~5	<5
出行时间小于(min)	50	50~40	40~30	30~20	20

2.3.3　交通的层级性与空间规模尺度

交通系统掌握城市成长的命运与方向,前者的变化必定促进城市结构改变[①]。从上面的阐述中可以知道不同交通方式有自身特定的速度,显然,出行的距离＝出行时间×速度,因此如果出行时间恒定,各种交通方式的速度就会成为产生交通出行空域层级性的最主要决定因素,进而对城市的空间活动规模尺度产生巨大影响。

从交通方式的历史演化角度看,由于各个时期主导的交通方式的交通速度不同,产生了不同的出行活动范围,这也不断影响着城市空间演化的方式和规模(图 2-6)。

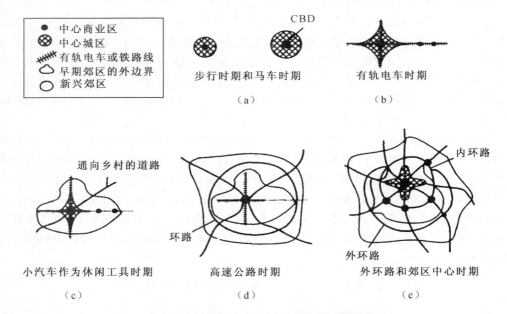

图 2-6　交通方式对城市空间演化的影响

步行交通时代:这一时期,城市内部的交通主要依靠步行,由于受交通工具的限制,人们步行所及的范围有限,因而城市规模较小,土地使用呈高密度集聚状态。城市

---

　　① 1960 年古藤伯格(A. Z. Guttenberg)提出一套城市结构与成长发展的理论。他认为城市结构与成长发展,可用"可达性"来解释,称之为"社区居民用以克服距离的努力"。同时,他把活动的空间使用分为"分散性设施"与"非分散性设施"。如果运输条件不好,则工作场所、消费场所、社区服务设施等倾向于分散的模式;反之,如果运输条件好,则倾向于较集中的模式。因此,他认为城市空间结构与社区居民用以克服距离的努力有密切的关联。

功能活动,如工业、商业活动一般都城市核心区进行。城市规模受到步行交通方式出行距离的制约,城市活动一般局限在城市当量半径约 2.5 km 的范围内,步行 0.5 h 能达到的最大距离,用地规模约为 20 km² 。所以历史学家们把这一时期的城市称为步行城市。

有轨马车时代:1832 年,美国纽约出现了世界上第一辆有轨马车,到 1860 年,至少有 8 个主要城市采用这种方法。有轨马车的引入和发展带来了城市空间结构的第一次显著变化。有轨马车的使用,使人们在城市中的活动距离变大,城市的半径扩大到 8 km 左右的范围。

电车时代:美国弗吉尼亚州在 1888 年首次使用了有轨电车,到 19 世纪 90 年代,有轨电车得以广泛应用,改变了城市居民的出行方式,城市空间规模再次扩大。由于电车的速度达到 24 km/h,这使得原本属于城市外围的土地进入了可达范围,城市的半径达到 12 km 左右。

小汽车时代:1920 年代以来,随着小汽车大规模的发展,公路得到了快速建设。由于交通手段的发展,人们的出行距离可以扩展到十几公里到几十公里的范围,这也使城市半径可以达到 30 km 左右,城市规模大大突破了原有的规模门槛,开始了大规模的地域扩展,空间演化开始以低密度的方式进行空间扩张蔓延。

所以,各种交通方式运输速度的变化对出行的空间规模产生巨大影响。在古代以步行和马车等交通方式为主的时期,城市居民的出行由于受到交通速度的影响,城市功能活动范围被限制在狭小的区域内,城市空间地理尺度较小,人口密集,用地紧凑。这种慢速的交通方式阻碍了城市空间扩张的能力。有轨电车、铁路以及火车的出现,使城市交通的运行速度大为提高,极大地促进了城市化、工业化的发展,对城市空间结构的演化产生了空前的影响。城市空间沿铁路、电车轨道逐步向外扩展。与步行和马车时代相比,城市空间扩张的速度和尺度都表现得十分显著,促进了城市人口和工业向外围扩散,市区急剧向外蔓延,也使城市伸展轴延伸到更远的地区。正是交通技术发展不断突破原来城市交通在速度上的限制,产生新的交通方式和这种交通方式新的主导空域,满足居民更大空间活动的规模尺度需求,给城市空间的快速演化创造了条件,引导着城市空间演化的方式,促进了城市空间规模不断地扩大。

不同的交通方式有各自不同的速度,适合于不同层级的城市空间活动规模①。反过来,不同的空间规模尺度也会对交通方式的选择有着重要的影响作用。某层级空间单元尺度的大小决定了出行距离,而出行距离又是决定采用何种交通方式出行的最重要的因素之一。在较小的城市空间尺度内,如对于出行距离在 500 m 范围以内的交通出行特点是出行距离短,频率高,多是购买生活用品或上学等行为,所以多以步行为主,自行车或常规公交起到补充作用,就能很方便地到达目的地;而对于较大的空间规模来说,出行距离较长,频率较低,出行目的居多为工作或业务出行,如工作通勤距离达到 10 km 以上,非机动车交通方式已难以满足居民的出行需求,一般采取机动车作为主要出行交通方式。所以,出行的空间规模与交通方式之间存在一定的对应关系。

综上所述,对出行空域尺度的研究有利于增加利用绿色交通方式出行的机会,有利

---

① 严格来说,交通方式的速度是影响空间活动范围能力的最重要的原因,其他因素还有运载方式、运载能力、空间占用、方便程度、成本投入、能耗及环境指标等等。

于改善环境质量,节省资源,保持中国的出行传统和特色,塑造一个更加宜人的生活环境。当然,由于出行的距离只是影响出行交通方式的主要原因之一,以上的对应关系并不是绝对的,如步行与自行车之间、公交车与自行车之间、小汽车与公交车之间,甚至在小汽车与自行车之间都会出现交叉现象。当居民有几种交通方式可以选择时,各种交通方式的转化常常发生。

2.3.4 交通层级结构对空间结构的反馈作用

交通系统是由具有本质差异的交通方式所构成的一个连贯体系,借助于不同层级交通环节的连接而完成整个空间转移的过程。如果从出发地到目的地之间能够通过单一的交通方式就可以完成出行需求,该模式定义为单层级的交通结构模式;从出发地到目的地之间需要两种或两种以上的交通方式并通过换乘完成出行需求,该模式定义为多层级的交通结构模式。这样就可以将一个城市主导的交通出行模式分为单层级和多层级两种交通结构模式。

单层级交通结构模式一般表现为大量分散的点对点交通,交通方式一般是个人交通方式,采取步行、自行车、小汽车出行。交通出行决策分散,出行时间和线路自由。所以在条件允许的情况下,人们总是尽可能地选择出发点与终点之间最直接的路径来完成交通出行,因而单层级交通结构模式在最原始的状态下自发形成。城市中最主要的通勤交通出行(居住区与城市中心区就业岗位)在单层级交通结构中的要素流动表现为由外向内的向心运动,假设路网在各个方向上基本相同,那么所消耗的交通成本(主要以时间来衡量)与空间距离成正比,从中心向外围的可达性衰减就呈现出单向衰减,衰减的速率取决于空间移动的速度(如步行速度、自行车行驶速度、小汽车行驶速度)。虽然这种单向衰减并不影响最高等级中心在整个城市空间结构中的中心性,但是这样的可达性分布很难满足嵌套叠加的空间结构形态对区位可达性波浪式递减的要求。也就是说,其他等级的中心地将得不到相对应的交通可达性来支持,这就使得其他等级的中心地在接受最高等级中心地的功能疏解时并不具备可达性优势。与此同时,在要素从边缘向中心聚拢时,由于点对点的直线距离最短,要素必然会穿越其他空间层级结构中的单元组织,将造成交通上的干扰。在现实中可以观察到,当全部采用点对点的直线出行时,城市规模越大,对低级的中心地的交通干扰越大。点对点的直线出行之间的相互干扰还会随着城市规模的上升呈几何级数增长,使出行速度下降和可达性衰减加速。这说明对于单层级出行的交通结构来说,空间规模越小,层级越少,越有利于出行。也要考虑交通方式对城市各种功能活动的干扰程度,如小汽车个人机动交通的外部效应对商业功能活动有极大的干扰作用。

多层级的交通系统一般表现为非机动车交通联合公共交通来达到出行目的,形成集中的、大运量的交通输送方式。多层级的交通组合方式多种多样,如步行—公交、骑车—公交、步行—常规公交—地铁等等。与步行相比,地面巴士具有速度快、容量大的优势,为交通结构的层级增加提供了条件。通过利用公共交通达到某一层级的中心地时,人们一般步行到最近的公交车站,然后换乘巴士到达目的地,在其过程中完成了一次不同层级的交通模式转换,从而形成了多层级的交通结构。这样的组织方式提高了中心交通组织的效率(减少了对空间的单位占用,减少了冲突点),减缓了可达性分布的递减速度,并且在巴士车站上形成可达性峰值区位,形成一次波浪式递减。在其所形成的可达性突起点上,有可能形成一定的功能集聚点,如交通出行方式由步行—巴士—轨道交通组成的多个层级的出行模式结构。在出行过程中存在步行转换巴士、巴士转换轨道交通的组织结构。轨道交通与巴士相比具有更加突出的速度和容量优势,进一步减缓了交通可达性分布的递减速度,并且可在轨道交通站点形成较高等级的可达性峰值,在该等级的站点或线路周边可成为较高层级的城市功能活动空间,在巴士车站形成次高等级的交通可达性峰值,在常规站点或线路周边可成为较低层级的城市功能活动空间,从而空间可达性形成三层级波浪峰值。

由此可见,交通组织结构层级的增加能够改变可达性分布特征,层级越多,形成波浪式空间的可达性衰减越小,可达性峰值与各级中心地的相对应可能性越大,从而使各层级的城市空间层级结构得到加强。与此同时,层级的增加有助于提高总体交通效率,减缓可达性的衰减速率,从而使城市要素的密度分布更趋向均衡。

但是各种不同效率交通方式的存在,只是为多层级出行模式提供了必要而非充分条件。在同样存在步行、巴士、轨道交通三种方式的城市里,不同的组织方式将产生不同的效果。例如,当巴士和轨道交通以相互替代的方式出现时,后者间的层级是不存在的,预计的可达性分布效率也就无法实现,同时,轨道交通站点也就无法作为相对较高系列的可达性突起点形成较高的功能集聚点。因此,只有将不同效率的交通方式以层级接驳的方式进行组织,交通系统结构的上述层级特征才能够得到实现。

3　中国城市交通发展模式的抉择

　　第二次世界大战之后,由于小汽车工业的蓬勃发展,各个国家纷纷对城市交通的发展模式作出了战略抉择。以美国为代表的北美洲和大洋洲的国家选择了以小汽车作为城市的主要出行交通工具,摒弃了公共交通和非机动交通作为其城市的主导交通方式;西欧国家选择了以公共交通、自行车和小汽车并重作为城市主导交通方式;而一些亚洲国家和城市,如日本、新加坡以及中国香港等,选择了大容量的公共交通作为主要交通出行工具。几十年过去了,那些号称"车轮子上国家"为自己当时的选择付出了极大的代价,对小汽车高度依赖导致了城市低密度蔓延、资源大量消耗、交通堵塞严重等一系列问题。现今这些城市纷纷提出各种策略,希望能从以小汽车为主导的交通方式向公共交通以及非机动交通等绿色交通方式转化。

　　改革开放以来,中国经济高速持续增长有力地推动了城市化和机动化的发展,成为交通拥堵、气候变化、噪音干扰、空气污染、环境恶化日趋严重的最主要根源。许多城市为了缓解交通问题,拓宽老道、开辟新路、建设停车场,一定程度上缓解城市交通紧张状况。但往往进行粗暴的大拆大建,街道空间为交通空间所侵蚀,城市的宜居性日趋下降。交通问题已成为制约城市发展的最主要问题之一。徐循初先生认为:中国城市交通问题的恶化固然和中国从本来较低的城市化发展水平向较高的城市化水平突然跃迁大有关系,巨大的发展位势差导致的城市交通势能的突然释放是城市交通急剧恶化的主要原因之一。但是,也不能不清醒地认识到,模糊并且漂移的城市交通发展政策和战略才是主观上影响城市交通系统可持续改善和发展的首要原因,工程性的交通改善措施只不过是某种政策下的表象,城市交通问题的解决之道首先应当分清"因"和"果"、"标"和"本"[①]。那么,今天的中国城市交通发展模式又作何抉择?

3.1　中国城市交通发展现状和约束条件

3.1.1　城市交通发展现状与挑战

　　了解中国城市交通的发展现状和所面临的挑战,有利于正确把握当前城市交通的发展情况以便于提出正确的发展战略和模式。就总体而言,随着中国国民经济快速增长和城市化的跃迁,城市交通发展具有以下几个特点:

　　第一,交通结构处于转型期,私人机动交通所占比重加大。在国民经济快速增长和城市化驱动下,居民对出行方便、快捷与舒适的要求也不断提高,机动车在交通市场中的份额不断增大,非机动车交通出行比重降低,机动化的进程不断加快。在交通结构份额上,私人机动交通方式正在逐渐挤压传统的自行车方式,并与公共交通发生竞争。在某些

---

　　①　马强.走向"精明增长":从"小汽车城市"到"公共交通城市"[M].北京:中国建筑工业出版社,2007:5

城市,私人机动交通的拥有率正在以每年30%~50%的速度增长,个体化机动交通方式的出行比例已经达到10%~30%。而按照国际标准,每百户居民拥有汽车数量达到20辆的地区即进入"汽车社会",北京、深圳、广州、东莞等城市已经跨入了汽车社会的行列。

第二,交通问题突出,城市生活环境恶化。机动车的快速增长使城市的交通拥堵加重、二氧化碳排放、空气污染、噪音干扰等系列环境问题日益恶化;而且还导致社会出行不公、社会分化、破坏社区和谐、割裂城市文脉等问题日益突出①;严重干扰城市正常的功能活动,延缓社会经济的发展。总的来说,随着机动车数量的不断增长,城市的环境、经济、社会等一系列问题接踵而来,成为城市可持续发展的最大阻碍。

第三,城市交通结构没有根本性转变,非机动车交通方式仍占有主体地位。目前中国的大部分城市的主导交通方式依然是步行、自行车和地面公交(三种方式共占80%左右),尽管近几年大连、广州、深圳、青岛、厦门等沿海发达城市自行车出行在大幅度下降,但是,大部分城市的自行车出行占总出行的比重仍接近或超50%;中小城市主要是步行、自行车和摩托车(三种方式累计大约占90%以上),交通结构没有根本转变。由于经济水平、人口密度、空间结构、各自的交通方式特性等因素的共同作用,步行和自行车交通作为城市客运交通的一个重要方式在相当一段时间内仍将发挥作用,非机动车交通仍然是中国交通出行的最重要特征。就世界范围而言,这种高度依赖非机动车交通(特别是自行车)出行是极具中国特色的。

第四,非机动车出行环境恶化。在过去的几十年,城市的交通和土地发展策略往往忽略了行人的需求,其结果是步行环境恶化,导致更多的小汽车出行方式。正如肯沃斯(Ken-worthy)所说:"除了一些特定的步行区和一些步行文化先锋性的欧洲城市,在今天世界上的大多数城市,我们所能看到的就是私人小汽车的交通方式在无情地排挤非机动车的交通。这特别是在北美洲和大洋洲的国家在第二次世界大战之后迅速发展;更令人担忧的是在一些发展中国家,特别是中国,私人小汽车交通方式快速排斥步行和自行车交通。"对于非机动车的排斥已经是侵犯到普通民众的最基本生活权利等人本主义问题上了。

第五,城市公共交通整体发展滞后。虽然早在20世纪80年代就提出了公交优先的发展政策,通过城市公共交通行业的改革,形成了公交服务供给主体的多元化和竞争机制,许多城市公交数量以及公交线路大幅增长。但是公交服务质量不高,公交保护和鼓励政策未落实,导致公交吸引力不强,客运人次增长缓慢,不能满足大部分城市居民快速、经济、安全和舒适的出行要求。

第六,城市道路结构比例颠倒。在过去的几十年中,物质性建设仍被作为提升城市机动性的主要方法。全国城市高等级道路和宽马路继续大规模修建,成为城市建设最重要的部分。城市支路所占的比例小于城市的主干道,道路结构比例呈倒三角状,与理想的正三角完全颠倒。这种强调以道路建设来提高城市机动性以适应机动化浪潮的行为导致了人性关怀的缺失和城市的多样性濒临死亡。宽阔的道路阻断了两侧城市功能区之间互动,城市中人群聚集空间不断减少,本来很具优势的土地价值也会被其消解,街道活力也随之丧失,一旦停车空间不能满足,宽阔道路周边对于有车人群的土地价值也无

---

① 如在城市中心地区和历史传统街区修建宽马路、立交桥的做法,破坏了城市建筑环境的和谐,割裂了社区结构的完整性。

法实现。同时,机动车道的不断拓宽对自行车和行人也造成了一定的威胁,再加上公共交通优先政策得不到真正实施,多方式的城市机动化发展基本上已经很难实现。

总体上,中国城市交通建设仍然处于低水平发展状态,公共交通远远滞后于应有的发展阶段;虽然千人小汽车保有量相对较低,但是已经导致一系列严重的城市交通问题。而且随着汽车产业发展迅猛和城市化率的进一步提升,必然导致城市交通影响面的扩大和升级。在经济持续高速增长、鼓励消费升级和汽车购买、支持汽车产业等政策多重因素的作用下,小汽车保有量必然在迅速增长。这种发展态势给大城市交通发展提出了新的挑战和压力。如何形成一种高效合理、满足可持续发展需要的城市绿色交通结构,是城市交通面临的重大课题。从长远看,必须考虑环境、经济和社会的城市交通综合效益,才能让城市生活更美好!

3.1.2 城市交通发展的硬约束

一个国家的土地能源资源和城市能够给予交通发展的空间资源是城市交通赖以发展的空间物质基础,对一个国家或城市交通发展模式的选择具有决定性因素,如新加坡、中国香港以及东京等城市由于空间资源的匮乏,选择了大容量的公共交通作为交通出行的主要工具。所以有必要对中国城市的交通空间发展资源进行分析研究。

1) 国家土地资源匮乏

土地资源是人类赖以生存的重要资源,是城市发展的空间物质基础,而中国的基本国情用三句话来概括就是:人口多,底子薄,人均资源相对不足。其中人均资源相对不足主要体现在人均土地和能源资源的贫乏上。2004 年中国耕地总面积为 12 244.43 万 km^2,人均耕地面积仅为 0.1 km^2,不足世界平均水平的一半。与世界其他大国相比较而言,存在着巨大的资源不足问题(表 3-1)。而且为数不多的优质耕地在地理空间上分布非常不均,耕地资源与城镇化高速的发展所需的地域空间是高度重合的。中国宜居土地资源只占全部国土的 15% 左右,连同二类宜居土地资源,约占 26%。而这 26% 的土地资源正是中国城镇化发展最快的地区[1]。

表 3-1 世界大国土地资源比较统计表[2]

	俄罗斯	加拿大	中国	美国	巴西	澳大利亚	注 释
人口密度(人/km^2)	8.6	3.2	131	27.5	19.1	2.4	中国居第一,是最小者的 54.6 倍
"成熟土地"占国土面积的百分比[3](%)	12	8	27	45	28	60	中国居中
人均"成熟土地"面积(km^2)	1.39	2.5	0.21	1.64	1.47	25	中国居末,是最大者的 0.84%

① 仇保兴. 紧凑度和多样性——我国城市可持续发展的核心理念[J]. 城市规划, 2006,30(11):18-24
② 国土面积大于 700 万 km^2 者为表中所列之大国。
③ "成熟土地"即所谓的具备生产能力的土地。

另外,中国目前尚处在工业化和城市化高速发展阶段的初期,中国城市化水平自1995年达到30％后,中国的城市化速度和城市建设规模都经历了空前飞速的发展,城市用地更是高速扩张,相伴而生的则是耕地的锐减。城市建设用地(包括交通功能用地)和农业用地之间的矛盾日益尖锐。耕地面积锐减,不仅严重影响了粮食生产和农业发展,也影响了整个国民经济的发展和社会的稳定。在过去的十年中减少了整整1亿 hm^2 耕地,仅2003年全国净减的耕地就达253.74万 hm^2,其中生态退耕223.73万 hm^2,而新增的建设用地42.78万 hm^2,占当年耕地净减少量的7.8％[①]。在经历了20多年的用地粗放式发展后,城市面临可建设用地极大短缺的压力,如深圳市2001—2005年建成区面积年均增长率为10.72％,有关部门预测以此速度,在"十一五"期间深圳市就将耗尽所有城市建设用地[②]。所以,本身人均土地资源相对的缺乏加上城市化高速发展对土地资源需求的增长,将使中国土地资源贫乏的局面更趋严峻,成为城市交通的可持续发展的最重要硬性约束件。在交通方式选择中,清醒认识城市土地严重短缺这一严峻的现实,采用节约土地资源型的交通方式就具有特殊的意义。

2)城市道路空间资源短缺

1980年代以前,由于中国对城市功能和作用的片面认识,城市建设用地一直不足,而且用地结构也不合理,城市生产性建设用地和生活性建设用地比例失调。在城市建设用地整体不足的情况下,公共设施用地和道路交通等基础设施用地严重不足。根据相关资料统计,1990年全国平均道路用地所占比重仅为6.94％,10个特大城市道路所占比重平均为7.93％;2000年城市平均道路用地所占比重为8.48％,10个特大城市所占比重平均为9.83％。1970年、1990年和2000年的人均道路面积全国城市的平均值分别为2.9 m^2、6.0 m^2 和9.1 m^2,而中国10个特大城市的平均值分别为2.8 m^2、4.3 m^2、6.9 m^2[③]。人均拥有道路用地和道路面积仍然处在很低的水平,同发达国家城市相比仍有不小的差距。

像西方发达国家的城市交通用地比例很高,一般城市在30％左右,有些城市高达40％～50％。中国目前的交通用地比例一般小于15％。据统计,2001年中国拥有的道路面积为24 943万 m^2,城市人均道路面积为7.0 m^2,东京人均道路面积15 m^2,美国大城市人均道路面积则达到22 m^2,这足以说明中国城市道路设施的相对不足。所以对于大多数中国城市来说,可以用于道路建设的土地是非常有限的,道路设施的短缺状况将长期伴随着中国的城市发展。更重要的是,城市道路空间资源潜力远远低于西方发达国家,在建成区范围内的道路空间面积经过多年的潜力挖掘,道路面积和道路长度两个指标与城市用地指标一样,不可能有大的增长,特大城市的道路用地依然紧张。

所以,现有城市道路空间严重不足和资源潜力的有限决定了未来的城市交通发展。过低的人均道路面积直接约束了中国大城市不能以小汽车为主要交通方式。解决中国大都市的交通问题必须以用地紧缺,人口密集的国情为约束,建立能源节约型的交通

---

① 仇保兴.紧凑度和多样性——我国城市可持续发展的核心理念[J].城市规划,2006,30(11):18-24

② 詹庆明等.深圳市建设用地潜力研究——基于对深圳建设用地现状调查的分析[C]//2007中国城市规划年会论文集.哈尔滨:黑龙江科学技术出版社,2007:463-466

③ 资料来源:建设部综合财务司.中国城市建设统计年报[R].1970;建设部综合财务司.中国城市建设统计年报[R].1990;建设部综合财务司.中国城市建设统计年报[R].2000

方式。

3）城市土地高强度利用

中国城市土地利用相对来说呈现出高密度集中开发的主要特征,高强度开发带来高密度的人口与交通需求。而国外大城市人均用地一般都达到 200 m²,纽约、伦敦等大城市也达 100 m²,日本特大城市东京也达 71 m²,其他城市均达 100 m² 以上。近十几年来,中国城市建设用地确实有了明显的增长,但与国外一些城市相比还存在很大差距。如上海在 1996 年时,仅按市区非农业人口计算,城市建成区人均用地也就 48 m²,北京为 78 m²,天津为 73 m²,不仅远远低于国外城市用地水平,如上海比国家指标的最低限 60 m² 还低 18.42%。所以要兴建大规模的道路和停车空间的小汽车交通主导发展在高密度的城市环境中是很难实现的。而且以高密度集中土地利用为特征的城市土地开发必将导致大量且集中分布的交通需求,从而要求有高运载能力的交通模式与之相适应,城市土地高密度能够遏制城市扩张及小汽车的发展,促使城市再生并提高城市密度。例如大容量的公共交通体系以及步行等占地较小的交通方式。也只有在高密度的城市环境下,才能使城市的公交系统达到较高的载客率,从而达到商业回报要求。所以在城市土地利用强度与公共交通之间存在相互依存的关系,不同的公共交通方式对城市密度的要求是不同的,一般来说运载量越大的交通工具,对城市密度的要求也就越高。

3.2 城市交通方式外部性以及特性比较

3.2.1 交通方式外部性比较

微观经济学认为:如果某个经济主体的福利(如效用或利润)中包含的某些实变量的值是由他人选定的,而这些经济主体不会特别注意到其行为对于其他主体的福利产生的影响,此时就会产生外部性。该定义是通过效应来认识外部性的特点,一旦某经济主体的生产或消费对其他团体或消费者给予了无需补偿的收入,那么这种外部性就是正的外部性。如发展城市公共交通所带来的城市居民出行时间的节约、有限资源的合理配置、交通事故概率的下降、交通拥挤的缓解和沿线房地产的升值等就是正外部性。相反,一旦某经济主体的生产或消费对其他群体或消费者强征了不可补偿的成本,这种外部性就是负的外部性。如小汽车交通所造成的交通拥堵、环境污染、交通事故等都是负的外部性。外部性的存在导致当事人和其他经济相关利益人所造成的收益或损失没有反映在其私人成本中,从而导致资源配置存在不可避免的低效率[1]。

但是,随着城市社会经济的增长和人们收入的不断增加,人们对出行舒适度的要求也在不断提高。汽车作为最方便、舒适的代步工具和财富的象征,与其他的交通公交相比具有很强的竞争力。由于国家为了刺激经济的发展出台了一系列的鼓励汽车产业政策,导致了小汽车交通所产生的外部性没有充分的内部化,政府也任这种消极外部性产生。各种交通方式的外部性,主要包括环境、社会可持续发展和经济外部效应。如果对各种交通方式所造成的外部性进行分析,将其所造成的可能的外部性反映出来,必将有

---

① 徐永能. 大城市公共客运交通系统结构演化机理与优化方法研究[D]. 南京:东南大学,2006

助于城市交通发展模式的选择。

1) 环境外部性

第一,有害气体排放。汽车尾气所排放废气中具有直接危害的气体有:一氧化碳(CO)、氮氧化合物(NO_x)、碳氢化合物(HC)等。这些有毒气体一方面能损害人体健康,如在美国每年有 3 万人死于机动车排放的有毒气体,12 万人的早死现象也与排放气体有关;另一方面尾气污染也会导致动植物的死亡和绝种,据报道称洛杉矶在光化学烟雾发生期间,郊区的玉米、葡萄等农作物都遭受不同程度的危害,造成非常严重的后果[①]。

机动车辆的废气排放已成为中国大城市环境污染的主要来源。如 2008 年北京市机动车排放氮氧化合物的数量占总量的 51%,排放一氧化碳的数量占排放总量的 88%。预计至 2015 年,机动车造成的污染排放量将比 2005 年上升 1 倍多。另一方面,由于中国所有的城市都属于较高强度开发的密集型城市,空气污染、光污染造成的危害将会比西方国家的城市更加严重[②]。

公交车有害气体的人均排放量仅为小汽车的 1/20 左右,小汽车的人均碳排远远大于公共交通的排放,非机动车的有害气体排放为零(表 3-2)。所以要降低机动车的有害气体排放,最重要就是要减少小汽车的有害气体排放。

表 3-2 不同交通方式的每公里废气排放量

	步行	自行车	小汽车	公共交通
CO(g/km)	0	0	36.09	37.23
NO_x(g/km)	0	0	0.92	16.82
HC(g/km)	0	0	3.17	15.98
总计	0	0	40.18	70.03

第二,温室效应增加。据 IPPC(国际气候变迁小组)的报告预测,按照当前的发展趋势,至 2025 年,全球气温将增加 1 华氏度,到本世纪末将增加 4.5 华氏度,这将引起海平面上升 10 cm,从而各种自然灾难频发。所以气候问题已经成为城市可持续发展的最重要议题。研究表明 CO_2 是引起温室效应的最主要原因。1980 年以来,CO_2 占引起温室效应的气体的 55%,近年来全球每年排放的 CO_2 为 230 亿吨左右,而交通运输是 CO_2 排放的最主要来源之一[③]。据《日本京都议定书》统计,全球交通领域 CO_2 排放量约占总量的 25%,特别是汽车的排放,有些国家汽车排放已经占大气污染的 30%～60%。

由于经济水平不断提高,促使中国城市市民的小汽车购买力上升;人口增长,土地扩张,城市空间距离增大,造成通勤距离增加,交通能耗增加;还有公共交通发展速度滞后于城市土地的扩张速度;以及非机动车交通的市场份额下降等原因造成 CO_2 排放量急剧上升。

第三,交通噪声污染。噪声对人们的身体健康和日常生活工作有着巨大的危害作

① 高谋荣. 城市交通可持续发展中自行车交通研究[D]. 西安:长安大学,2005
② 仇保兴. 我国城镇化中后期的若干挑战与机遇——城市规划变革的新动向[J]. 城市规划,2010,34(1):15-22
③ 高谋荣. 城市交通可持续发展中自行车交通研究[D]. 西安:长安大学,2005

用,除了干扰工作,妨碍听觉之外,还会使人导致失眠、精神紧张等疾病。在各种噪声中,机动车交通噪音占城市噪音的70%以上,研究数据表明中国城市多达3 300多万人受道路交通噪声的影响,其中约有2 700万人生活在高于70dB的噪声严重污染的环境中。相对机动车而言,非机动车是靠人力驱动的,因此是一种不产生噪音的绿色交通工具,有利于减少噪声污染,消除因噪声所引起的各种疾病,增强人们的体质①。

2) 社会外部性

第一,激化社会矛盾。多年的改革开放,给中国带来了经济上的富足和物质上的满足,但是社会阶层的分异也越来越明显,在城市道路这一空间上表现得尤为突出。小汽车是一项贵重的购买物,而且价格差异悬殊,拥有不同品牌的汽车,能够体现拥有者的经济实力和地位。而且由于车辆的流动性和交通空间的公共性,汽车已成为个人或企业最佳"炫耀"的途径。但是呼啸而过的豪华汽车在留下一片喧嚣和有毒气体的同时,也是培育社会矛盾的沃土。小汽车对城市空间上的恣意掠夺和占有已经成了社会不安定的一个重要来源,使社会阶层的分异更加显化,显化弱肉强食的生态链,从而推动社会阶层的分异。如2009年7月份的兰州老人怒砸30辆闯红灯违章车辆经过报道之后,成了社会的公共事件。在这场人与车的争夺战中,可以看出依赖于步行这一弱势群体的无奈抗争②。

另外,对汽车产业基础设施投资和政策的倾斜也产生了新的不平等。《谁来养活中国》的作者莱斯特·布娜指出:政府用全体公民那里所征的税款为汽车产业提供补贴,事实上是用穷人的钱来为富人的交通出行提供补贴并占用耕地。提供补贴就是以看不见的方式重新分配收入,利用穷人的钱为富人服务,埋下更深刻的社会矛盾③。

第二,侵犯公民交通权利。在交通权利方面,城市交通的主要目标应是尽量保证全体市民拥有平等的交通可达能力,减少生活在城市当中的人遭到"社会排斥"④。在现代城市中,通过各种交通方式出行已经成了居民生产、生活的必要条件之一,成为社会一个最基本的价值,也是社会发展进步的前提条件。如在1982年法国颁布了《国内交通组织

① 高谋荣. 城市交通可持续发展中自行车交通研究[D]. 西安:长安大学,2005

② 根据兰州晨报,这位兰州老人由于在该斑马线上多次差点被车撞到,当日也险些发生意外。由于无法使司机做到文明驾驶,他气愤之极就用砖块砸闯红灯的车辆。老人每砸一辆车,人群中就会传来"砸得好"的声音。周围住户普遍认为司机在斑马线上闯红灯的行为非常普遍,尤其是出租车司机对此路段的红绿灯视若无睹,很多人为老人的"壮举"叫好,但也有群众认为老人的行为过激,合情但不合法,不宜提倡。附近住户希望交警部门应在此路段安装电子眼,这样才能解决司机的不文明行为。资料来源:张鹏翔. 兰州晨报[N]. 2009-07-10

③ 马强. 走向"精明增长":从"小汽车城市"到"公共交通城市"[M]. 北京:中国建筑工业出版社,2007:19

④ 社会排斥理论是当今社会政策学界最为流行的理论之一。不过,社会排斥理论是个有争议的概念,这可能是所有社会排斥研究者惟一能达成共识之处。社会排斥在不同的历史时期和不同的国家有不同的涵义,法国的René Lenoir于20世纪70年代最先明确使用了"社会排斥"一词。他估计,在法国"被社会排斥者"的比例高达法国总人口的十分之一。在René Lenoir的语境里,社会排斥主要是指未被国家的社会保障体制所保护的群体。英国社会排斥办公室对社会排斥所作的定义广为流传,"社会排斥是一个简称,指当人们或地区遭受相互联系的诸如失业、技能缺乏、低收入、住房条件恶劣、高犯罪率、健康状况不佳和家庭破裂等诸多问题时所发生的现象。"法国对社会排斥的界定主要是指从个人与社会整体之间关系的断裂,即个人脱离于社会整体之外;而英国则更强调个人的社会参与。欧盟对英法两个传统的调和之后,则侧重于公民权。一般来说,社会排斥概念有两个重要的因素:参与(Participation)和关系(Relation)。而社会排斥作为分析工具的特征体现在:多维度多面向、对动态过程的强调、关注社会排斥中的推动者(Actors)和施动者(Agents)。具体而言,社会排斥提供了思考社会关系中权力与控制的框架、边缘化和排斥的过程,以及这些因素复杂的、多维度的运作方式。

方针法》,法案将城市交通提升到公民的基本权利高度。所以城市交通已经不仅仅是一个交通技术问题,而且还直接与人权、公平相联系。作为人权的机动性表明:其一,机动性权利的实现有助于其他权利(包括受教育、就业、就医等)的实现。其二,城市公民有权获得自由出行的机会。特别是机动交通使人们能更自由选择生活和工作的地点,增加了劳动者与雇主谈判的能力。机动性如此重要,所以在汽车普及的发达国家,很多就业岗位的可达性只适合小汽车交通方式,有一部分人(如贫困家庭),由于负担不起小汽车交通的费用,失去了很多的就业机会,成了"有缺陷的人",进而逐步被排斥到社会边缘。①。

在中国现实情况还是强调"有车优先",而不是以人为本。如在这种机动车交通优先的城市规划中,步行者的活动空间逐渐被吞食,步行者实际上是生活在车辆交通与沿街建筑的夹缝当中。人行空间成了"唐僧肉",谁都想"揩点油",快车道侵占慢车道、人行道。造成人行道空间不足,过街交通难,人行道与公交不配套或者有些地区根本就没有步行道。这些情况不但严重损害了步行者本身应当受到保障的权益,同时也影响了其他类型交通效率的充分发挥。机动车的日益增长使得骑自行车和机动车各方面都存在着矛盾,结果每次解决矛盾都会使得自行车道路变得更窄,而且中间竖起了隔栏,使得骑车人被迫从天桥或地下的隧道通过,增加了这些人不必要的交通负担,造成了不平等现象。

所以,城市交通战略发展模式的选择应该向市民提供能到达市内任何地方的最低可达能力。所谓最低可达能力:首先是能够让市民达到市中心和大就业区及其大部分街区;其次还要求具有宜人的步行和骑自行车出行环境;另外交通权利平等还应是指城市的交通弱势群体,不但要保证行人、骑车人的出行权利平等,还要重视老年人、小孩、学生和低收入阶层的交通保障。

第三,交通事故和交通拥挤。据英国 TRL(交通研究实验室)研究表明:1999 年全世界有 75.88 万人死于交通事故,2 300 万~3 300 万人受伤,交通安全已经成为全球普遍面临的严峻问题。在交通事故方面,各种交通方式之间所承担的伤害是不公平的。通过自行车和步行方式出行相对于机动车来说是弱者,非机动交通出行每年承受大量的交通事故。就整个交通事故来说,受害人因交通事故所损失的部分费用可在保险金中扣除,但是其精神和身体伤害却要由受害者全部来担负。也就是说通过非机动车出行的人除了是交通事故中最直接的受害者之外,还要承担着其他交通工具所造成的交通事故的损失,这是十分不公平的现象。因此,要增加交通的安全性应该减少其他交通工具对非机动车出行所造成的威胁。

交通拥堵是全世界各大城市的通病。第二次世界大战后西方国家的汽车保有量迅速增加,拥堵现象也开始在全世界大城市蔓延。如美国洛杉矶市是世界上最早以汽车为基础发展起来的,但早在 20 世纪 30 年代就出现了交通拥堵现象。中国的汽车发展在 20世纪 90 年代之前进程比较缓慢,但是最近十几年汽车发展迅速,使得中国城市交通拥堵日益突出。如北京在修了二环、三环、四环后道路的拥挤依然如此。交通拥挤不仅使通过个人机动车出行的人,同样也使通过公共交通或非机动车方式出行者的时间损失,而这种由通过个人机动车出行所造成的时间成本以及增加的交通管理等其他资源和费用要全部市民来承担是非常不公平的。

---

① 徐建.机动性:社会排斥的一个新维度[J].兰州学刊,2008,8(179):97-99

总之,城市交通出行应当作一种基本的公民权利给予保证,因为自主、自由地出行,与享受工作、教育和社会福利等其他基本权利一样,是保障城市居民生存的基本前提条件。如果说小汽车交通方式所体现的是现代技术的冷峻和高傲,那么通过现代技术的运用,非机动交通和公共交通方式则会体现出一个温情的生活环境。从城市交通方式的社会外部效应看,发展非机动车和公共交通则有利于和谐社会的创建,在非机动交通和公共交通摒弃了人作为自我个体所固有的一种排他性,能体现一种平等、自由的自身特质和终极的人文关怀①。

3) 经济外部性

绿色交通发展的成本应该包括内部成本和外部成本。内部成本主要是各种交通的成本,包括道路建设费用、车辆维护费用、车辆购置费用等;外部成本主要是城市交通所带来了交通事故、噪声、疾病、空气污染、生态环境破坏等因素所产生的非市场成本,而交通工具的使用者并没有承担这些非市场成本的义务,而且目前这些影响尚未形成市场化机制,因此,它们就被看作是外部成本。

对不同交通方式所产生的外部成本进行准确的计算是困难的,因为它既受到实际数据的影响,又受到计算方法的限制。如果分别从能源利用、环境友善、交通安全等方面定性考虑,大部分的研究认为交通方式的优先顺序是:步行＞自行车＞公共交通＞小汽车交通。有关方面的学者专家还在这方面进行了定量研究,如杰姆(Jem Vivier)在他的博士论文《大巴黎区的城市公交与小汽车交通的外部成本比较》中,结合大巴黎区都市圈的统计数据,进行了城市交通外部成本定量研究,证明了公共客运交通相对于小汽车交通在经济外部性方面具有明显优势。这研究不仅适用于巴黎地区,也可推广至所有其他城市。

3.2.2 交通方式特性比较

1) 土地资源占用和交通效率

城市土地是城市有限资源的最重要发展要素。不同的交通方式所完成的单位运量对城市空间资源的占用大小是不同的。一般来说小汽车对城市空间资源占用量最大,如美国 53 个大城市中 30％的用地是被小汽车占据,洛杉矶、底特律等城市中将近 50％的用地被用作道路和停车。

有学者比较各种交通方式单向通道宽度、容量、运送速度、单位动态占地面积(表3-3),发现不同的交通方式对土地资源的占用程度存在着很大的差异,轻轨地铁等轨道交通可以利用立体空间(高或地下),动态占地面积只有 $0 \sim 0.2 \text{ m}^2$/人,常规公交占用面积为 1 m^2/人,步行占用面积约为 1.2 m^2/人,自行车为 2 m^2/人左右,而小汽车占用道路面积高达 32 m^2,是步行占地的 27 倍、常规公交的 32 倍、地铁的 150 倍。所以,从节约土地资源,降低交通工具所占用的空间来看,公共交通(特别是轨道交通)具有有效利用空间资源的先天的优势,其次为步行和自行车。从有效利用空间资源的角度,在 3.5 m 宽的城市道路空间内,地铁每小时可以运输 3 万～7 万人,而小汽车仅能运输 0.18 万人,轨道交通对城市空间的利用率是小汽车的 15～35 倍。城市轨道交通具有瞬时运量大、占地

---

① 李林波,杨东援,熊文. 大公共交通系统之构建[J]. 城市规划学刊,2005,4:158

少的特点;与常规公共交通方式相比,在占用同等土地面积的情况下,前者能够完成的最大运量为后者的 3~8 倍,并且采用电能驱动的地铁或轻轨可以完全不占用地上空间,而道路则很难完全布置在地下。常规公共交通的最大运量为步行和自行车的 2~4 倍,小汽车的 7~9 倍,人均动态占地面积相当。

表 3-3 各种交通方式通道运输容量以及动态占地面积

交通方式	单通道宽度（m）	标准通道容量（万人/车道·h）	3.5 m 通道容量(万人/车道·h)	运送速度（km/h）	单位动态占地面积(m²/人)
步行	0.8	0.1	0.43	4.5	1.2
自行车	1.0	0.1	0.35	10~12	2.0
摩托车	2.0	0.1	0.18	20~30	22
小汽车	3.25	0.15	0.16	20~30	32
公共汽车	3.5	1.0~1.2	1.0~1.2	15~20	1.0
公交专用道	3.5	1.2~2.5	1.2~2.5	15~25	1.0
BRT（快速公交系统）	3.5	1.8~3.0	1.8~3.0	20~30	1.0
轻轨	3.5	1.0~3.0	1.0~3.0	35	0~0.2
地铁	3.5	3.0~7.0	3.0~7.0	35	0~0.2
市郊铁路	3.5	4.0~8.0	4.0~8.0	50~60	0.2

2）能源的消耗

任何先进的交通工具都是受能源的支持和制约的,到目前为止,用于现代交通工具的能源都是非再生的。随着机动车的不断发展,这种能源与机动车的矛盾也越来越激烈。

尽管中国目前在城市交通系统中消耗的资源与发达国家相比还不算很高,但是随着大量私人小汽车涌现在城市道路时,交通系统的资源消耗比重会逐年增加。再加上中国城市人多地少、能源后备不足等国情,城市客运交通系统对土地、石油等不可再生资源的过度依赖,势必会严重影响中国城市社会经济的健康发展。如何在交通中节省能源已经成为交通领域的重要课题之一了,而各种交通工具的能源消耗不尽相同,因此,对主导交通方式的选择将直接影响着中国能源的消耗。表 3-4 分别是各种交通工具的比较和各种运输方式能源强度。从表中可以知道,与其他交通工具相比较步行与自行车几乎不消耗能源,小汽车的消耗资源量是公共汽车的 8~9 倍,是轨道交通的 18 倍左右。因此,适当地发展非机动车交通将大大减少中国的能源消耗,保证城市交通的可持续发展。这对于像中国这样能源稀少的国家具有重大的意义。

表 3-4　各种交通方式燃油消耗比较①

交通方式	步行	自行车	摩托车	小汽车	公交	BRT	轻轨	地铁
燃油消耗(km)	0	0	5.6	8.1	1	0.8	0.4	0.4

3.3　城市交通发展模式的抉择

3.3.1　绿色交通发展理念

1)"绿色交通"概念与发展

未来交通系统不只是空间转移的工具,也是生活的一部分,而且要建立一个清新宁适的交通环境,塑造城市更美好的未来。在"环保世纪"的 21 世纪,城市生活环境的改善必须首先从城市交通做起,低污染或无污染的"绿色交通"出行应该成为交通发展的主旋律。绿色交通是一个理念,也是一个实践目标,从其发展目标来看,"绿色交通"是和谐交通,即交通与(生态的、心理的)环境的和谐,与未来的和谐(适应未来的发展),与社会的和谐(安全、以人为本),与资源的和谐(以最少的资源或最小的代价维持交通需求)。它与可持续发展密切相连,是基于可持续发展的交通理念所发展出的和谐式城市交通。"绿色交通"不等于生态交通,也不等于环境保护,但它有利于生态环保。发展绿色交通可以减轻交通对城市发展所带来的负面影响。它的目标是追求环境、社会和经济的可持续性。所以,"绿色交通"是解决城市交通所带来的日趋严重问题矛盾的重要途径,是城市发展对未来交通提出的一种更高的要求②。1972 年斯德哥尔摩会议"人类环境宣言"中提出"人类的定居和城市化工作必须加以规划,以避免对环境的不良影响,并取得社会、经济和环境三方面的最大利益"。1992 年里约热内卢世界环境与发展大会也向世界敲响了环境恶化的警钟,保护自然生态环境、实现可持续发展成为奋斗的共同目标。对于交通的可持续发展,欧美等西方发达国家先后推广了"步行交通"、"自行车交通"、"无车日"等活动,并提倡使用轨道公共交通、电动汽车、氢气汽车、太阳能汽车等无污染新能源交通工具。

"绿色交通"发展概念是 20 世纪 90 年代后期从欧美国家引入中国的。建设部、公安部于 2003 年 8 月 15 日颁布了《关于开展创建"绿色交通示范城市"活动的通知》,该通知将"绿色交通"定义为:适应人居环境发展趋势的城市交通系统。即以建设方便、高效、安全、低公害、有利于生态和环境保护的多元化城市交通系统为目标,推动城市交通与城市建设协调发展、提高交通效率、保护城市历史文脉及传统风貌、净化城市环境为目的,运用科学的方法、技术、措施,营造与城市社会经济发展相适应的城市交通环境。其指导思想是在"以人为本"原则的基础上,通过推广应用交通工程设计新技术、交通运营管理新方法,营造与城市社会经济发展相适应的城市交通环境,促进城市的可持续发展。

---

① 公共汽车标准车的系数设定为1。
② 沈添财.可持续发展与绿色交通实施战略[R],2001. http://www.chinautc.com/hot/green/001.asp.6

2)绿色交通模式发展的要求

交通发展模式是城市交通可持续发展的主体,交通工具的使用和使用比例直接影响着城市交通的可持续发展。不同城市具体发展情况不同,发展城市交通的战略模式也不相同,采用何种交通出行模式的发展战略与国家的土地资源、城市空间结构、各种交通方式的外部效应以及本身的特性有着密切关系。所以,在全球发展绿色交通的背景下,合理的城市交通发展模式选择既要有效地利用资源,降低废弃和二氧化碳的排放,又要保证经济的持续发展和社会的和谐发展。具体应满足以下三方面条件:

第一,降低排放与能耗。在保证满足大城市居民出行需求能够快捷、安全、高效、舒适的同时,最大限度地降低所产生的负外部效应,如交通拥堵、空气污染、碳排放量、交通安全等等。将低碳交通理念注入城市交通的规划与发展之中,提升城市交通的能源利用效率,减少城市交通对化石能源的依赖,追求单位资源利用下的高效运输;节约利用土地和不可再生的资源;消除城市交通对自然环境和生态环境的破坏,并积极促进环境的改善;最高限度地提高城市的总体生活质量,塑造一个诗意的栖息环境。

第二,讲求效率与效益。城市交通发展模式的选择必须保证一种持续的能力来满足出行者日益提高的生活水平,而这种持续能力则往往取决于经济和财政的连续性。即城市交通的发展要能够满足高速城市化进程及城市经济发展带来的不断膨胀的交通需求。城市交通一方面应当有效促进城市其他经济部门节能减排,提升城市发展的低碳化水平;另一方面也要通过绿色城市交通的发展带动城市相关产业的发展,加快城市的社会经济发展。

第三,追求公正与公平。交通发展模式的选择应该是在满足社会发展对其需求的同时,保证自身发展和整个社会可持续发展,促进城市交通设施在全社会成员之间公平分配。

总的来说,这三个要求包含环境效益、经济效益和社会效益三方面的内容,是可持续发展理念的延伸和具体化。也就是绿色交通模式发展必须能够满足绝大部分市民出行的需要,绿色交通模式所产生的利益应该被社会各阶层平等共享,适当向一般群众、低收入者倾斜,降低社会阶层分化,促进社会和谐发展①。

3.3.2　城市交通方式的分类和选择

通过对中国当前城市交通发展的资源硬性约束条件、各种交通方式的外部性和交通方式效率和能源的特性比较,可以将城市的常见交通方式分为三大类:

第一类为非机动车交通,包括步行和自行车。其特点是:没有消极的外部性,从环境能源的角度,非机动车交通方式无疑是具有绝对性的优势,几乎不对环境排放有害气体,不产生空气污染和温室效应,对能源的消耗几乎为零,不会造成严重的交通事故;对空间的利用效率较高;对体能以及交通出行环境要求较高,出行距离短,速度较慢。在交通效率上也远远大于小汽车交通,非常有利于城市的宜居性建设。如果单单从环境保护的角度,交通工具按优先级依次分为步行＞自行车＞公共交通＞私人小汽车以及摩托车。

---

① 全球最大的会计专业团体之一(澳洲会计师公会)在 2010 年 8 月 12 日发布的最新调查显示,贫富差距加大将成为中国经济未来面临的最大挑战。

第二类为个人机动交通,包括小汽车和摩托车。其特点是:对个体来说舒适、便捷、出行距离远。但是对整个城市来说产生了极大的消极环境社会经济外部性,造成交通拥堵、严重交通事故、空气污染、高碳排放量状况;占用大面积的城市空间,交通效率低下,这在中国土地资源以及城市的土地空间资源极其匮乏的情况下是难以承受的。而且,西方城市化过程中小汽车过度发展的教训也成为中国城市交通发展的前车之鉴。

第三类为公共交通,包括常规公共交通、BRT、轻轨以及地铁。其特点是交通效率高,出行距离远、占用土地资源的面积少,能够集中运送大量的旅客,能耗低、碳排放量相对较低,这对疏解中国目前集中圈层状发展的城市空间结构向更具可持续的城市空间结构迈进具有非常重要的作用。但投资大,出行受到线路和时间限制,相对于非机动交通,仍然有一定的消极环境外部性。

根据以上的分析,"绿色交通"发展理念无论从环境社会经济外部性,还是中国的城市资源硬性约束客观条件来看,在中国目前整体经济水平较低的语境下,个人机动车交通方式并非理想的值得倡导的城市交通发展模式。即使在中国经济水平大幅度提高后,能源和土地相对稀缺的基本国情也不会改变,资源条件决定了我们不可能像北美国家那样采用个人机动车为主导的交通出行模式。

3.3.3 公共交通与非机动交通方式时空特性比较

在中国的现实国情下,不能采用以个人机动车交通作为城市的主导交通出行方式在学术界已经达成了一定的共识,积极发展绿色城市交通的发展策略也在一定程度上为各界所认同,但如何实现这一共识和认同? 如何处理好非机动交通与机动交通的关系? 是选取其中之一,还是两种能够联合发展? 下面主要通过对非机动车交通和公共交通之间的时空特性关系的研究来确定中国城市未来的交通战略发展模式的发展方向。

1) 交通流态相容

交通流呈现两种形态,即连续流和间续流。在一定的交通密度下,特别在早晚高峰期间,如果没有外在因素打断阻隔,小汽车、自行车或步行等个人交通一般呈连续流的形态,而公共交通由于以一定频率发车,所以呈间续流形态。不同的交通流态能产生时间上的错位发展。假如道路上只有自行车和公共交通两种交通方式,那么,当公共交通达到交叉口时,可以通过信号灯让公共交通先行,其余时间让自行车行驶。当道路上还有其他的连续流交通工具如小汽车,那么自行车交通流和小汽车交通流由于都是连续流,在交叉口必然存在冲突,继而导致机动车道的整体车辆速度下降。这种连续流的不同交通方式之间的冲突会对公共交通的效率造成影响。如果该道路有公共交通专用道,那么公共交通只在交叉口处受到影响;如果没有公交专用道的道路,一般机动交通工具与公共交通工具在机动道上混行,那么公共交通的行驶状况在整条路段都会受到影响,造成速度下降、准点难的问题。

所以,连续流和非连续流的特性决定了公共交通与非机动交通在交叉口上能够通过时间上的错位,从而达到在道路交叉口空间上的共存。在交叉口的冲突上并不存在不可调和的矛盾,解决问题的主要关键在于如何处理自行车与个人机动交通的关系。解决的办法主要有两种,其一是开辟公共交通专用道,降低非机动交通连续流与机动交通连续流之间的冲突对公共交通行驶状况的影响。另外,就是根据不同的交通特性,对个人机动交通作出不同程度的限制。如在城市公共交通走廊上，一般是大力限制小汽车，减少非机动车流与小汽车之间的冲突。如苏黎世在那些有轨电车线的城市道路，通过安宁交通工程，对原有的道路经过技术上的改造，使个人机动车在这些道路上的行驶阻力变大，从而到达提高整体交通效率的作用，形成绿色交通活动廊道。

2）线面交通相依

交通工具是根据人们的需求而建设和发展的。它可分为"点"、"线"、"面"三种交通工具。飞机从一个城市到另一个城市为"点"交通工具。火车、公共汽车、地铁、轮船沿固定的线路行驶，有固定的停靠站，都属于"线"交通工具。而面交通工具可以覆盖整个适当出行距离内的任何出行目的地，提供门到门服务，如小汽车、步行和自行车等个人交通工具。所以"线"交通的这种特性决定了不能满足一次完整的出行需要。无论"线"的交通工具发达到什么程度，都必须通过"面"的交通方式汇聚人流到固定的站点，才能起到运送出行者达到各目的地的作用。特别在中国当前城市空间距离不断扩张，小汽车保有量飙升的背景下，想要满足出行的需要，抑制小汽车的使用，这种"线"、"面"交通方式联合就有着非常重要的意义。

步行是这种"面"交通首选的结合形式，一般来说人们愿意步行 300～500 m 到达站点搭乘公共交通工具。但是对于那些更远距离的公共交通站点，自行车换乘公交，相对于步行换乘，甚至相对公交换乘公交都有省时的优点。方便的自行车近距离出行优势，使自行车比常规公交换乘快速轨道交通更省时，更有利于加强公交的竞争能力，降低小汽车出行量，使道路交通负荷减轻，交通状态改善，而进一步提高公交服务质量。对地铁、轻轨或 BRT 线路的站点来说，通常线路少，站点距离大，大部分的站距为 1 000～2 000 m 以上。这种距离已经远远超出了通过步行换乘的合理距离，因此，为保证发挥主干公共交通的优势，必须扩大站点吸引乘客的范围。通过普通公共交通换乘到轨道交通站点，如果以 1 500 m 距离算，那么我们可以算出所花费的时间是：步行 200～400 m 到站点的时间 5～10 min，候车 3～6 min，公共交通行驶时间 5～8 min，共耗费时间约为 12～25 min。而通过自行车到达轨道交通的站点是 6～10 min。所以通过自行车换乘比公交与公交之间的换乘有巨大的时间优势。另外，中国一般采用按乘车的次数来购票的方式，所以乘车次数的减少也就意味了费用的减少。所以加强非机动交通与城市主要公共交通之间的换乘，是提高公共交通作用的不可或缺的一环。发达国家的经验表明：自行车与公交之间的换乘是切实可行的。如东京有 90% 的职工乘铁路列车上下班，其 30% 的职工是骑自行车往返铁路车站与住宅之间。很多欧洲城市的公交线路上行驶的公共汽车设计为可搭载自行车的形式，以便自行车换乘公交再转乘自行车。这样，更缩短了长距离公交出行的时耗，加强了公交的吸引力。所以，"面"的交通方式是"线"交通方式发挥作用的不可或缺的一环，非机动车这种"面"的交通方式与公共交通的联合，是使整体交通系统效用最大化的最佳方式之一。

3）出行距离互补

各种交通方式的出行"合理"范围很难用某一量化指标来表达，与所在城市的经济发展水平、人口规模、城市道路网络布局、城市形态、城市文化、城市地形气候等多种因素有关。它既具有惯性，又具有可塑性，但是总的来说有一个相对的出行主导空域。

根据"马赫蒂恒量"，人类从古到今的每天通勤时间约为 1 h，每次出行的时间少于 30

min,加上国内众多的出行距离适应范围的研究,那么,步行半小时的出行距离为 2~2.5 km,主导时域空域范围可定为:0~20 min、2 km 以内;自行车的半小时出行距离为 6 km 左右,主导时域空域范围可定为:0~20 min、4 km 以内;而常规公共交通的半小时的出行距离可以达到 10 km 以上,地铁可达到 20 km 以上,自行车和公共交通的争夺区在 4 km 左右,所以公共交通的主导时域、空域范围可确定为一般 0~30 min、4~20 km 以内。

因此,非机动交通的出行距离特性决定了只能短距离出行,而公共交通的出行距离则比较适合于更长的出行距离。对于长距离的出行,步行出行的本身优势相对于小汽车来说相对差。因为一般步行的意愿与步行距离成反比。只有将步行方式与公共交通结合起来才最有可能替代小汽车的出行。如果城市的大多数市民愿意通过步行到达公交车站搭乘公交,这样步行就很自然地成了出行的一部分。公共交通与非机动交通之间在一定交通层级的时空范围内具有相互无法取代的优势和适应性。同时,优质的公共交通服务、公交站良好的可达性以及人行道的环境将大大提升这种联合出行方式的质量。

4)出行空间共生

公共交通要吸引大量的客流量才能满足正常的运营。除了优质的公共交通服务之外,还需要在空间上营造良好的非机动车交通环境来吸引更多的乘客。反过来,如果城市的大多数市民愿意通过步行或骑车到达公交车站搭乘公交,这样非机动交通就很自然成了出行的一部分,公共交通的发展本身就成为提高非机动交通的良好途径。这种空间上互动关系的改善将大大提升这种联合出行方式的质量。所以,公共交通与非机动交通之间不但在同一空间上能够共存,还能够起到相互增强和促进的作用。如步行与公共交通"联合共生"概念在苏黎世是一个深入人心的观念。如果你问任何一个苏黎世居民,最大的步行街在哪里? 每个人都会自豪地告诉你是火车站大街(Banhof-Strasse)。16 条公共交通干线经过这条世界上最贵的购物街,使人们到购物街变得非常便利。就是由于这种依托公共交通上的高可达性,使苏黎世老城区焕发勃勃生机。这种步行与公共交通"共生"是在空间上能够共享、共融,步行区并不代表机动车的禁地。

此外,从城市范围来说,宽度不足 7 m 的支路在中国大城市中的比例占城市道路的一半以上,这些支路的线性曲折,路面强度低,不适合小汽车交通通行。所以在这些支路上可以形成自行车专用道或步行道系统。这样,既可以充分利用现有的道路资源,又形成空间上的机非分离。但是由于多年对非机动交通发展的忽视,这些支路不成系统,环境恶化,导致这些支路的利用程度低下,大多数的自行车还是汇集到城市主干道上行驶,从而造成主干道的交通压力过大。

5)层级结构相合

城市空间结构的各个等级的中心地承载不同的功能总量,辐射不同范围大小的区域,并且各级中心地在空间上是相互嵌套叠加的,这就导致了中心地体系的最高等级中心地向外围等级呈现波浪式递减。由于功能等级的成立是以相应的可达性分布为基础的,因此功能上的波浪式递减也要求可达性分布呈现波浪式衰减。所以城市空间层级嵌套的固有特性对交通可达性分布有着其自身的内在要求,这种要求表现在中心地对交通可达性分布的要求并不是呈单向曲线状衰减,而是呈波浪式衰减。但是,单层级交通结构模式表现为大量分散的点对点交通,从城市最高级中心向外围的可达性衰减就呈现出单向线性衰减,衰减的速率取决于空间移动的速度(如步行速度、自行车行驶速度、小汽车行驶速度)。难以满足城市多层级空间结构的对交通可达性的波浪式曲线衰减要求。这种点对点的交通方式在较长距离出行中必然会穿越其他空间层级结构中的单元组织,故而造成交通上的干扰。

所以,只有多层级的交通结构模式才能够满足多层级空间结构对交通可达性的要求。根据发达国家的经验,由于小汽车交通的门到门优势和舒适度、速度的保证,一旦在出行单中利用小汽车作为出行工具,除非路途遥远,否则很难通过 P+R 换乘方式联合快速公共交通达到出行目的。所以多层级的交通结构模式一般表现为非机动车交通联合公共交通达到出行目的,如步行—公交、骑车—公交、步行—常规公交—地铁等等。通过利用公共交通达到某一层级的中心地时,人们一般步行到最近的公交车站,然后换乘巴士到达目的地,在其过程中完成了不同次数的不同交通模式层级的转换,从而形成了多层级的交通结构。这样的组织方式提高了中心交通组织的效率(减少了对空间的占用,减少了冲突点),减缓了可达性分布的递减速度,并在公交车站周围形成可达性峰值区位,形成一次波浪式递减。在其所形成的可达性突峰值区位上,应该形成一定的功能集聚点。

这样,如果要满足多层级空间的交通可达性要求,就必须形成非机动车和公共交通相联合的多层级出行模式,城市空间层级结构和城市多层级交通出行模式才能形成良性的正反馈循环。

3.3.4 城市交通战略发展模式的抉择

生态学研究表明:"物种在生态系统中竞争,寻求与自己相适应的生态位,通过分化达到共生,从而避免了资源浪费而形成有序结构。"我们可以把城市交通系统看作一个由不同交通方式的子系统之间的相互竞争、相互协同,通过交换与合作以寻求效用最大化而形成的具有一定时空尺度的复杂系统。正是由于这样一种连续不断的运动,就使得城市交通系统出现一种协同性,从而趋向于某种更优化的状态。所以一种单一的交通方式不能孤立地被研究,应该以复杂系统的综合性看待公共交通与非机动交通之间的发展问题。而不能只是"头痛医头,脚痛医脚",单单从交通工程技术角度来解决交通发展问题[①]。

对公共交通和非机动交通关系的五方面基本特性分析可以知道,非机动车交通与公共交通的关系是相互依存、相互促进、错位共生的关系。两者之间也存在一种相互矛盾统一的博弈关系,在当前公共交通与非机动交通发展水平低下的大背景下[②],两者目前的博弈体现出的更多是一种正和博弈。"绿色交通"应该是公共交通和非机动交通之间的"绿色联合交通",公共交通或非交通交通都是发展"绿色交通"的不可或缺的一环。两者之间的协同合作是避免资源浪费,城市交通走上有序结构的重要因素。只有两者之间的协同合作才能使资源的效用得到最大化发展,才能够在降低小汽车的使用中起到作用。

---

① 瑞士苏黎世新闻日报(Neue Zuercher Zeitung)记者 Matthias Daum 在对杭州、上海等城市调查之后得出的结论之一。

② 不争的事实是:"挤公交"仍然是当前市民对乘坐公共交通最贴切描绘,高峰时段超载率常达 $150\% \sim 200\%$,在目前阶段,不存在自行车交通的发展会对公共交通乘客率造成威胁。

在全球环境保护已成为人类发展方向的前提下，非机动交通具有独特的环保优势；也符合中国当前的经济发展水平和城市土地高密度利用的空间发展模式；且非机动交通作为目前以及未来都占有主导出行地位的绿色交通出行方式[①]，在中国目前公共交通发展程度仍然较低下的背景下，我们对其不应简单地加以限制或是将自行车交通仅仅成为高机动化交通的可有可无的补充，而应是一个不可分割的整体。对于公共交通和非机动交通的指导思想是要"两手抓，两手都要硬"，才能发展具有中国特色的绿色交通系统。因此，充分发挥非机动车和公共交通各自的优势，各行其道，各司其职，协调好二者的关系，是解决中国目前城市交通的最有效途径。

---

① 根据周干峙、陈学武的研究，非机动交通不管是当前还是未来我国城市客运交通的重要组成部分，目前占到总体出行的 70%～90%。在未来的交通结构中也占有相当大的比重。以周干峙、陈学武的研究成果来看，未来我国大城市中各种交通方式在城市客运交通系统中的比例如下：步行 20%～35%，自行车 10%～30%，常规公交 20%～30%，非机动交通预测达到 30%～65%。资料来源：周干峙. 发展我国大城市交通的研究[M]. 北京：中国建筑工业出版社，1997；陈学武. 可持续发展的城市交通系统模式研究[D]. 南京：东南大学，2002

4　B级空间基本发展单元的规模尺度和发展策略

本书所提出的城市空间基本发展单元(BDU:Basic Development Unit)概念指在一定的空间地域范围内,社会经济功能结构能够相对独立的城市有机体①。它能够满足日常生活的多样性需要,有相对稳定的社会关系,产生强烈归属感,适宜步行的城市空间发展细胞单元体。空间基本发展单元的规模尺度主要针对城市空间在不断演化过程中的单元的人口规模及其空间地理尺度。对大多数城市居民的出行调查表明,在所有的出行当中基于家的出行占绝大多数,就中国来说,一般占80%左右。基于家的出行意味着出行中至少有一个端点是住宅,因此居住空间的发展模式在决定城市的出行活动中起着关键的作用。另外,中国当前社区发展在社会经济转型期间遭遇到巨大的困境,亟须对这些问题进行梳理研究。为此,本书所提出的城市空间基本发展单元主要针对以居住功能为主的空间基本发展单元规模尺度的相关理论、实践以及所产生的问题矛盾等进行深入探讨,并提出相对合理的城市空间基本发展单元的规模尺度。

4.1　空间基本发展单元的理论、实践及其问题

4.1.1　空间基本发展单元的理论发展

1) 城市空间基本发展单元的理论发展演化

(1) 早期空间基本发展单元理论发展

对空间基本发展单元的规模尺度有明确的限定要从佩里所提出的邻里单位(Neighborhood Unit)理论开始。1929年,美国建筑师佩里(Clarence Perry)为了解决居住与交通之间的矛盾,提出邻里单位的居住空间组织方式,邻里单位以四周的交通道路为边界,形成不被外界交通穿越的、内部设有必要公共服务设施,试图解决机动车交通对于居民生活的干扰。规模尺度以一个小学的合理规模来控制邻里单位的人口规模,服务半径为1/4英里左右。学校、教堂以及其他的邻里服务设施集中布置在中间,商业区布置在邻里边缘的交通节点处。所以他提出必须减少穿越居住区的交通,来避免交通对于住区生

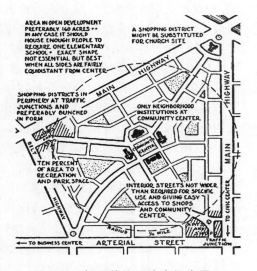

图4-1　邻里单位理论空间发展

---

① 城市空间基本发展单元相对于当前中国城市的空间等级体系来说,相当于社区层面的小区级或是居住区级的规模尺度。

活的影响(图 4-1)。其基本原则包括：

规模：邻里单位的人口和面积,中心到边界的距离为 1/4 英里(约 0.4 km),占地62～120 km²,其中 40％的用地用于街道和开放空间；人口规模由一所小学校所能够承担的家庭数量决定：一般为 750～1 500 户。边界：有一个邻里中心和一个明确的边界,每个邻里中心应该被公共空间所界定；邻里单位的四周将由快速干道围绕,其宽度需满足外部交通的需要,一般为 120 英尺(约 36.5 m)的快速路,以减少穿越邻里中心。

邻里内部街道系统：邻里单位内部的街道系统分级设置来满足内部交通的要求,不鼓励穿越式交通,将建筑和交通建构在一个由相互联系的街道组成的精密网络之上。

开敞空间：在邻里内部建设公园和休闲空间。公共空间应该是完整的而不只是建筑留下的剩余场地,公共空间和公共建筑的安排应予以优先考虑。

服务设施：小学和其他的社区服务设施必须集中设置。

商业：根据邻里单位的人口规模决定商业区数量,商业区布置在边缘的交通节点处,同其他的邻里单位共享。

邻里单位规划思想与当时的英国城市规划先驱雷蒙德·恩温的规划理念是一致的。恩温在 1922 年的纽约区域规划中就提出,交通设施的增加并不能够有效缓解交通拥挤,事实上交通拥挤注定将会伴随着现代生活。

1933 年美国斯泰恩(Clarence Stein),进一步强化了人行交通与车行交通的分流理念。交通规划上机动车交通采用尽端式布局,将公共服务设施及商业中心结合中心绿地布置在住区中央,避免机动车对居民在使用设施时的干扰。斯泰恩和亨利·莱特(Henry Wright)在新泽西州的雷德朋新城的规划中,针对汽车拥有量和交通事故数量的不断上升,提出了"超级街区"发展概念(也称大街坊概念),该发展概念就是以城市中的主要交通干道作为边界来划定居住区的范围,内部设小学和游戏场地,街区中有完整的步行系统,与汽车交通完全分离,通过人行地道下穿干道与相邻的大街区相联系,这种人车分离的做法在后来得以广泛应用,被称为"雷德朋原则"。邻里单位和超级街区的理念揭开了现代城市中大尺度街区的建设的序幕。

后来德国规划师莱肖(Reichow)进一步发挥了这种枝状道路系统理论,并将其运用于英国梅沃山(Haverhill)的一个居住邻里规划中去。在该规划中,人车系统分为两个不同的交通系统,提倡曲线型的道路用于降低车速,入户路被处理成为尽端式。由于这个规划中体现的道路设计原则提高了机动车行驶的安全性,降低了汽车对于居住区生活性的干扰,所以广受欢迎。从 1935 年始美国的联邦住宅委员会(FHA：Federal Housing Administration)明确拒绝方格网道路,主张在居住区道路系统应该采用枝状道路系统。至 1940 年代,这种枝状道路系统逐渐占据了美国郊区道路发展的主导地位。但是枝状道路系统与传统的格网状道路系统比较,居民对于出行路线的选择性减少,出行距离大大增加,大量的交通被引向城市干道,增加了交通拥堵的可能性。其次,由于整个住区被分割为各个分枝居住组团,使整体住区的社区感显得非常淡薄。此外,由于交通方式的选择性降低以及出行线路的增长,日常出行将会更加依赖于小汽车交通[①]。

1940 年代在斯泰恩和佩里的理论基础上,苏格兰屈普(H. Alker Tripp)提出了区划

---

① 费移山. 城市形态与城市交通相关性研究[D]. 南京:东南大学,2003

理论(Precincts),即以不同等级的道路系统代替原来的均质化的道路网,以大街区代替原来的小街坊。他提出将主干道、次干道与支路分开,主、次干道上的非街区的车辆尽量避免进入街区。这样既保证了城市干道的交通畅通、安全,又可使居住区内部不受到外来交通的干扰。并且认为街坊内应有商店和地方性服务设施,以避免人车的相互干扰。

随着第二次世界大战后的各国经济的恢复,为适应各国人民经济社会文化生活水平不断提高的要求,在邻里单位和扩大街坊的理论基础上展开了居住区的规划建设。1944年艾伯克隆比(P. Abercrombie)基于城市干道系统组织所确定的"划区"原则以及克里斯塔勒的中心地理论等相关研究,在大伦敦规划中提出了"居住小区"概念。"居住小区"是由城市道路或自然界线划分,并不为城市交通干道所穿越的完整地段。"居住小区"内设有一整套居民日常生活需要的公共服务设施和商业,规模一般以小学的最小规模为其人口规模的下限,以小区公共服务设施最大的服务半径作为控制用地规模的上限①。

在 1933 年由柯布西耶(Le Corbusier)主持的国际现代建筑协会(CIAM:International Congresses of Modern Architecture)的雅典会议上,正式将"邻里单位"写入《雅典宪章》,如"住宅区应该规划成安全、舒适、方便、宁静的邻里单位";"一切城市规划应该以一幢住宅所代表的细胞作出发点,将这些同类的细胞集合起来以形成一个大小适宜的邻里单位"。这对以后的住区规划产生了世界性的深远影响。特别是随着战后各国经济的恢复和科学技术的迅速发展,为适应人民生活水平不断提高的要求,各国在邻里单位和扩大街坊的理论基础上开展居住区的规划建设。艾伯克隆比(P. Abercrombie)在 1944年的大伦敦规划中提出的基于城市干道系统组织的"划区"原则以及中心地理论,确定了以居住小区为城市空间基本发展单元的空间组织形式②。

邻里单位理论的诞生一方面为现代城市的住宅区规划奠定了坚实的基础,从技术上保证了住宅区规划的合理性。随着邻里单位思想的传播,在住区内设置公共服务设施的做法逐渐得到认同。另一方面,在它的影响下,住宅从沿街展开,转变为内向型的团块状形态,人们的居住生活不再与城市街道发生直接关系,而成为一个个独立的邻里。

(2) 20 世纪 60 年空间基本发展单元理论的转变

20 世纪 60 年代以来,城市规划与设计理论出现了根本性的突破。在对人的活动与场所情感对应的图式研究中,克里斯托弗·亚历山大(Christopher Alexander)在其著作《城市并非树形》(1965)中,对原来的功能主义提出了质疑,他认为借助树形思维时,我们正在以牺牲富有活力的城市的人性和丰富多彩为代价。在同一时代,简·雅各布(Jane Jacobs)在其著作《美国大城市的死与生》(1961)中对功能主义进行深入评判,提出了城市空间应该具有多样性、人性空间尺度等发展方向;唐纳德·阿普莱雅德(Donald Appleyard)将行为研究所获得的城市规划系统方法运用于交通;雷蒙多·斯塔德(Raymond Studer)在《物质形态系统中的偶然行为的动态》中对人的行为作了系统研究;康斯坦斯·佩林(Constance Perin)提出行为循环(Behavior Circuit)的理论,对人在日常生活的行为

① 万旦斐. 城市居住区公共服务设施配套研究——以小学为例[D]. 上海:同济大学, 2008

② 所谓的居住小区是由城市道路或城市道路和自然界线(如河流等)划分,并不为城市交通干道所穿越的完整地段。居住小区内设有一整套居民日常生活需要的公共服务设施和机构,其规模一般以小学的最小规模为其人口规模的下限,以小区公共服务设施最大的服务半径作为控制用地规模的上限。后来的居住小区的发展建设基本上沿用了这一小区概念。

活动进行探讨,进而确定何种资源能够满足人的活动要求。这些利用社会方法所得出的研究成果对当时的城市规划领域带来重大影响,并在 1977 年的《马丘比丘宪章》中得到全面而集中的反映。

在《马丘比丘宪章》发表以前,《雅典宪章》是指引城市规划、建筑设计的纲领性文件。《雅典宪章》认为城市规划的目的在于解决居住、工作、游憩和交通四大功能活动的正常运行,所以,城市应将城市划分成各种功能区。《马丘比丘宪章》认为《雅典宪章》为了追求功能分区清楚却牺牲了城市的有机性。指出:"在今天,不应当把城市当作一系列的组成部分简单拼在一起来考虑,而要努力去创造一个综合的、多功能的环境。"《马丘比丘宪章》认为居住区应该由"纯粹的居住"向"综合的小社会"转变。这样,居住区除了满足居民居住功能的需求外,还被赋予广泛的经济、社会学方面的内涵[①]。

在这一宏大的思潮影响下,学术界纷纷对原先的城市空间发展单元理论提出质疑,如克里斯托弗·亚历山大(C. Alexander)认为邻里单位理论忽视了生活需求的复杂性,将城市生活简化为树形模式,造成了城市街道生活的单调贫乏和城市活力的丧失,不符合社会生活实际存在的多样性要求和选择原则(C. Alexander, 1965)。所以,60 年代以后城市空间的基本发展单元开始借鉴前工业化时期的城市,提倡城市功能混合发展,创造街区活力,以满足人们的多样性需求。较为著名的城市空间基本单元理论有里昂·克里尔(Leon Krier)城中城(Cities into a City)理论和约翰·波特曼(John Portman)的协调单元(Coordinated Unit)理论。

① 协调单元(Coordinated Unit)理论

1960 年代,波特曼(John Portman)认为现代城市规划使汽车在城市交通体系中占主导地位,城市在某种程度上沦为汽车的奴隶。建筑师应当做的是把城市重组,把城市变成人们理想的和尊敬的地方。很明显单个建筑物已经不能满足这种要求,而应以一种整体的观点来进行城市设计,从而营造一个富有人性特征的空间环境。为了解决现代城市存在的问题,实现城市旧中心区的复兴,波特曼提出了协调单元(Coordinated Unit)理论。即将城市中能够满足适宜人的步行距离(通常步行 7~10 min 的范围)的一个城市区域叫做协调单元,每个协调单元是一个功能混合的大型城市建筑综合体。在协调单元中,为了倡导非机动车交通,摆脱汽车交通的干扰,协调单元中把停车场等服务设施置于地下。同时,协调单元强调功能混合发展,汇聚了百货商店、娱乐场所、酒店旅馆、办公及居住单元等功能,满足人们各种需要,既有利于城市的活力创造,也满足了土地开发商的需求;其中布置人们能游憩的开放公共空间,缓解现代城市空间的拥挤与嘈杂。协调单元由于规模大,建设周期长,为了使不同时期建成的建筑在形态、肌理、风格上协调,波特曼提出了编织城市发展理念,使协调单元中不同时期的建筑在尺度、形式、肌理、色彩、材料等方面上都体现出内在的关联性,形成和谐的城市环境[②]。

波特曼协调单元概念是城市多元化思想的体现,从城市更新实践出发,通过城市综合体这样一个载体,实现了城市功能的混合,改善了城市交通,促进了步行,增强了城市

---

① 该段部分观点引用自:万旦斐. 城市居住区公共服务设施配套研究——以小学为例[D]. 上海:同济大学,2008

② 转引自:李志明. 从"协调单元"到"城市编织":约翰·波特曼城市设计理念的评析与启示[J]. 新建筑,2004,5:82

活力,为城市旧中心区的复兴提出了一种积极的模式。

② 城中城(Cities into A City)理论

针对现代功能主义,L. 克里尔(Leon Krier)通过对欧洲早期城市形态的研究,认为城市的生长是一个不断繁殖的过程,一个城市不可能也不应该在规模上无限扩大,应在发展到一定的规模后,通过"繁殖"出新的区域(Quarter)来保持区域规模的相对稳定。所以在此基础上他提出了"城中城"的理论(图 4-2),认为一个城市只能通过城市区域(Urban Quarter)进行重构,无论是大城市还是小城市都要由或多或少的"都市区域"来构成,而且每个城市区域必须要有自己的中心、边界线和限制;面积一般不超过 33 km²,步行距离为 5~10 min(1/4 英里~1/2 英里)左右;一个最大可居住 10 000~15 000 人口的区域;且必须满足日常都市生活的各项功能,包括居住、工作、休息等。

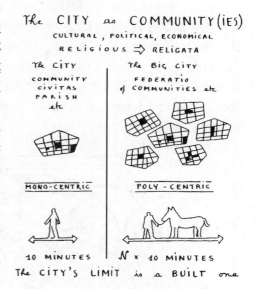

图 4-2 城中城理论空间发展示意

克里尔的理想在卢森堡的改建方案中得到充分的运用。通过对卢森堡前工业城市组团的认真研究,认为卢森堡应被看成是 23 个"区域联邦",提出将卢森堡整个城市划分为 23 个区域。每个区域的大部分人能在 10 min 内徒步上班工作,每个区域各个功能混合,且拥有不同的居住人口,真正成为一个独立的"小城市"。这些区域的划分大多是根据分区以前的传统城市的形态结构而重新建构的。并且能在其工作地的附近找到居住之处。因此,人们不仅节约了化学能源(汽油),也节约了人类的能源和精力,使人们更有精力去做他们应该做的事,社会文化和经济结构将再次被紧密联系,恢复到前工业社会的田园生活中。

克里尔通过对欧洲城市的街区尺寸分析,注意到最小的且类型最复杂的街区是出现在城市的中心。而越远离中心的街区越大,功能越单纯,这种趋势在工业社会和前工业社会的比较中更加明显,于是认为小街区用地开发是为了满足该街区内的高密度活动和城市用地的高价格。所以,克里尔在规划实践中(尤其是在旧城改造中)通常是增加该街区内街道的数目,减小街区规模,使每一个单元都能面临一条街或一个广场。

(3) 空间基本发展单元理论的新发展

1970 年代以后,欧美国家为了应对城市的无序蔓延以及交通所带来的拥堵、污染和安全问题,在 20 世纪八九十年代提出了相应的发展理念。拥有相对紧凑发展和良好公共交通系统的西欧城市,提出"紧凑城市"的发展理念,来改造废弃或低效利用的棕色地带,复兴内城,提高土地利用强度,以此达到城市紧凑发展。相对于欧洲的紧凑城市理念,美国的新城市主义理论的实践战场主要选择在郊区,选择的是一种回归传统的对策。通过对欧洲传统城市的研究,倡导回归步行和公共交通,主张传统城市社区概念的建设。将传统城市空间类型的研究运用到实际的规划设计中,因此新城市主义实践项目的形象也都比较传统。他们认为正是私人汽车的泛滥导致了郊区的无序扩张以及城市生活的异化。

① 传统邻里街区开发模式(TND)

为了满足步行的需要,减少对私人小汽车的依赖,在邻里单位理论的基础上,安德雷斯·杜安伊和伊莉莎白·普雷特兹伯格夫妇(简称 DPZ)提出的传统邻里街区开发模式(TND: Traditional Neighborhood Development),以传统的街区或城镇为单位和基础,在交通站点周边半径为 400 m 范围内发展具有一定规模和密度,功能混合的活动区,活动区之间通过绿化隔离,控制规模。由公共交通组织这些街镇之间的关系,保持街区的历史传统和固有的有机性(图 4-3)。

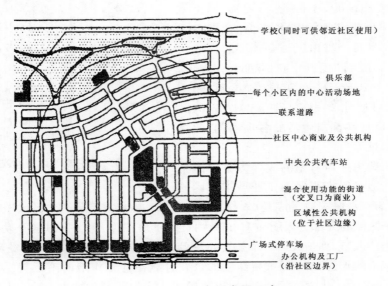

图 4-3　TND 空间发展示意

TND 模式的重点在城市设计而不是城市规划,主张城市建设都统一在紧密联系、步行可达的邻里住区内,邻里社区是主要的研究与开发的对象,TND 对于邻里住区开发有如下主张:

第一,规模上严格控制,邻里空间的活动范围都在距社区中心 5 min 的行走距离内(半径约为 400 m)。在理论上,这个范围可以满足人们的日常生活需要,中心区由公共空间(广场、公园或重要街道节点)和公共建筑(公交车站、超市、百货商店、社区中心和休闲娱乐场所)构成。

第二,交通系统以格网组成相互联系的网格结构。街道间距是 70~100 m,可以有多种路线到达目的地,提高出行交通方式的选择;并且不主张人车分流,街道上可以适当停放车辆,鼓励步行;应使建筑物的入口而不是停车场紧临街道,形成连续界面。

第三,鼓励功能混合发展。发展单元内可包含独立式住宅、公寓住宅、店铺、旅馆、办公楼和商场等互补功能;建设特点是传统高密度的、宜人尺度的建筑空间。

第四,大型开放的公共建筑区位可达性应该较高,并成为该区的标志性建筑物。广场、公园作为社区的开放空间应位于方便到达的位置。

TND 社区单元发展理论从交通与用地角度具有革新性思想的举措是对佩里邻里单位理论的进一步发展。根据邻里中心步行 5 min 路程的半径距离重新定义了邻里。与佩里的邻里不同的是 TND 邻里中心环绕着社区公交车站,边缘临街的地块作办公用途,邻里中心的道路布置混合用途的社区服务设施,学校布置到邻里单位的边缘。

而对于空间地理尺度主要是借鉴克里尔提出的"10 min 步行区"法则[1],在这个理论基础上,新城市主义提出"五分钟步行法",即在进行城市(社区)设计时创造这样一种城市空间,这种空间可以达到闭合或半闭合状态。即生活在这个空间的人可以在一定时间内完全不依赖外界。这个空间的最主要标志是社区内的步行距离不超过 5 min。

② 公共交通引导土地利用开发模式(TOD)

相对于 TND 社区发展模式,同为新城市主义创始人的卡尔索普提出的公共交通引导土地利用开发模式(TOD)具有更为广泛的影响力。它将一个社区的主要区域限定在以公共交通站点为中心的 2 000 英尺(600 m)的步行范围内,次区域限定在 1 英里(1 700 m)以内。在这个范围内发展具有一定规模和密度,保证密度在 25～60 户/hm² 以上[2]。功能混合且紧凑开发的活动区,强调城市功能的混合,在适宜的步行距离的范围内建设各类住宅及公共服务设施、办公、商业等内容的复合功能社区,接近车站的商业用地不少于 10%,中心 1.6 km 范围内限制商业竞争,减少对于小汽车的依赖,培育良好的生活氛围。在区域的层面上,引导城市空间沿区域性公交干线或者公交枢纽呈节点状布局,空间结构形成整体有序的网络状结构;同时结合自然环境要素的保护要求,设置城市"发展边界"(Urban Growth Boundary),防止空间无序的蔓延(图 4-4)。

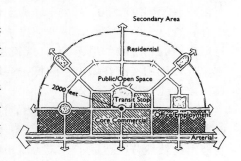

图 4-4　TOD 空间发展示意

TOD 理论强调功能混合发展,将商业、公园、公共设施等各种公共活动中心布置在适宜的步行距离之内,有利于促进步行活动,增强社区的活力与多样性。TOD 模式注重非机动车和公交的出行方式,但同 TND 理论类似,TOD 发展模式倡导各种非机动车和公交等各种出行方式的选择机会,与小汽车的主导地位相平衡。以公共交通的站点为中心,零售、服务、办公、餐饮、健身及文化设施和公用设施等围绕在站点周围,使居民通过公共交通或非机动车交通就可以得到工作、购物及娱乐等各种服务,同时促进了不同年龄和社会背景的人的交流,增加社区的归属感和凝聚力。

TND 和 TOD 侧重有所不同,但在目标上二者却是基本一致的,即在当今城市中建立公共聚集中心,形成以步行距离为度量尺度的居住社区。总之,新城市主义理论在城市发展的形态上主张有边界的紧凑发展,在城市功能结构上强调功能混合,强调城市发展边界,严格控制社区的规模,鼓励非机动车和公共交通出行,从而减少小汽车使用带来

---

① 克里尔根据古代城市规划实践者们提出的相关思想总结而来的。
② 与霍华德的田园城市倡导的每英亩 15 户的标准比较接近。

的环境污染、能源浪费、交通拥挤和土地利用不合理等因素。

2）空间基本发展单元理论发展演化特征

城市空间基本发展单元的理论发展史是一部与小汽车作斗争的发展史。无论是早期的邻里单位理论还是现在被广为推崇的 TOD 理论，其主要目标都是为了解决机动交通对于居民生活的干扰，创造一个良好的人类栖居环境，总的来说有以下几方面特征：

其一，空间地理尺度相似。无论从早期的佩里邻里单位理论还是 60 年代的协调单元理论、城中城理论以及现在所推崇的 TOD 理论，涉及的空间基本发展单元的空间尺度都是根据古代城市规划建设经验以及人的生理体能特性，希望能在步行 5～10 min 的适宜距离范围内实现一个完整的空间基本发展单元，其中以居住为主的基本单元一般都在 400～600 m 服务半径左右，如邻里单位理论、传统邻里街区开发理论以及公共交通导向发展理论等；而综合性的空间基本发展单元则在 800 m 以内，如波特曼的协调单元和克里尔的城中城理论。

其二，人口规模差异悬殊。各种城市空间的基本单元理论有着相似的空间尺度，但是由于各个国家和地区存在不同的土地利用强度，所以各种单元理论的人口规模在实践中存在着巨大的差异。如早期邻里单位的人口规模为 700～1 500 户，而根据邻里单位理论所实践的新加坡邻里，其人口规模达到 4 000～7 000 户。从实践结果看，城市空间基本单元理论的实践在城市空间低密度发展的国家很难达到预期的目的，但是在高密度发展国家却能产生良好的效果①。

其三，从主张功能单一转向功能混合发展。早期的理论强调功能单一化，以解决当时城市的功能混杂、空气污染以及卫生条件差等问题。但是随着社会发展语境的变化，功能上的截然分区造成了更大的城市问题，如出行距离增加、城市空间人的尺度丧失等问题。到 60 年代后，空间基本发展单元理论开始主张在步行尺度内要能够满足多样性需求，创造街区活力，提高土地利用强度，甚至强调居住与就业的平衡。

其四，从内向型的街区邻里向开放型的空间单元模式转化。邻里单位理论的诞生从技术上保证了住区规划的相对合理性。但是造成了人们的居住生活不再与城市街道发生直接关系，转变为内向型的发展特征。通过 TOD 发展理念，以"安宁交通工程"（Traffic Calming）等交通工程措施限制小汽车出行，提倡公共交通优先，鼓励步行和自行车交通，鼓励街道重新成为人们生活的一部分，城市空间单元发展从原来的内向型向开放型发展。

3）空间基本发展单元理论对中国实践的影响

欧美的空间基本发展单元理论对中国的住区发展有着深远的影响，但是很少是直接从西方国家引用，而是通过其他国家引介，间接影响中国的城市居住区空间基本发展单元的建设实践。到目前为止，主要是受到前苏联计划经济下的"小区规划"和新加坡"邻里"理论实践的影响。

（1）前苏联的"小区规划"理论实践影响。在改革开放之前，主要是通过前苏联间接

---

① TOD 空间基本发展单元理论开始注重人口门槛规模问题，在 600 m 服务半径范围之外，又有半径为 1 英里的次区域，使一个完整的开发单元可达到 3 万人左右。

引进相关知识理论,并按照当时苏联计划经济条件下的规划模式制定了一系列的技术规范(如居住区规划设计规范),并一直沿用至今。1950年代中期在借鉴西方邻里单位理论的基础上,前苏联逐渐以"小区规划"取代了传统的街坊式规划格局,公共服务设施,如学校、影院等多种设施被整合进小区配套当中。最终在1958年批准了《城市规划和修建规范》,明确规定了居住小区作为构成城市的基本单位,并对居住小区的规模和密度、公共服务设施的项目内容等都作了相应规定。此后,居住小区在许多国家的城市建设中蓬勃发展。后来前苏联还对扩大街坊的实践和小区规划理论,在一定意义上完善推广了"邻里单位"理论。中国现今实行的居住区规模分级以及小区理论主要是通过前苏联规划理论为中介,从而导入了西方一系列规划理论。

(2)新加坡的"邻里"理论实践影响。改革开放之后,中国学术界开始直接介绍相关城市理论的发展,但主要还是在理论上的引介。实践方面主要是学习新加坡的空间发展模式经验,取得了一些空间基本发展单元理论在中国的实践成果。由于历史等原因,新加坡不仅在经济、社会方面与西方国家存在着千丝万缕的联系,在规划建设方面也长期深受西方的影响,如新镇的建设是依据E.霍华德(Ebenezer Howard)在1898年提出的"田园城市"(Garden City)理论,邻里建设主要遵循了佩里提出的"邻里单位"理论;现今的新镇中心、小区中心商业设施与地铁站、公交站等相结合则突出了TOD发展理念。可以说,西方规划理论基本上构成了新加坡城市空间建设的理论基础。在借鉴与吸收西方经验与教训的基础上,新加坡紧密结合国情与时代要求,逐步形成了与西方大都市迥异的规划建设模式。在1992年底随着中国中新苏州工业园区协议的签订,从1993年起,园区规划建设直接借用了新加坡的城市发展理念。所以苏州工业园区的邻里建设也间接受到了欧美城市空间基本发展单元理论的影响。由于苏州工业园区取得了巨大成功,其他各大城市纷纷学习借鉴园区经验,已有几十个城市的新区借鉴或采用新加坡的邻里发展模式①。

4.1.2   中国居住区规模的等级划分及其问题

1)中国居住区规模等级划分比较

从20世纪50年代开始中国以前苏联规划理论为中介,引入邻里单位以及苏联的居住街坊模式至今,国家对住区规模等级划分标准作了四次调整。20世纪50年代在计划经济体制下模仿邻里单位以及苏联的居住街坊模式,居住区建设开始发展,虽然在20世纪60至70年代受到影响停滞不前,但是到80年代随着国家试点小区的推行和成熟,1993年由国家建设部发布了国家标准《城市居住区规划设计规范》(6850180-93)。居住空间规模逐步形成"居住区—小区—组团"的三级层级结构以及通过对三级结构改良而成的"小区—组团"的二级层级结构,最终形成了城市居住区规划设计的统一技术规范。

从表4-1可知,虽然国家对住区规模等级划分标准做了多次调整,如建设部于2002年根据《关于印发〈一九九八年工程建设标准制定、修订计划(第一批)〉的通知》(建标[1998]94号文)的要求,对《城市居住区规划设计规范》(GB50180-93)进行了局部修订。

---

① 根据笔者不完全调查,大部分大城市的新区规划建设借鉴或者采用新加坡的邻里模式进行开发建设。

调整中最显著的就是小区级的人口规模调整①,从 0.7 万~1.5 万人调整到 1 万~1.5 万人。但是基本上并没有跳出原来前苏联小区规划理论的影响,仍然带有计划经济的影子。

表 4-1　中国历次居住区等级规模

	居住区				小　区				组　团			
	1964	1980	1993	2002	1964	1980	1993	2002	1964	1980	1993	2002
人口规模（人）	—	40 000 ~ 50 000	30 000 ~ 50 000	30 000 ~ 50 000	5 000 ~ 15 000	10 000	7 000 ~ 15 000	10 000 ~ 15 000	—	—	1 000 ~ 3 000	1 000 ~ 3 000

2) 中国居住区规模划分标准的矛盾与问题

任何规范、标准都是一定时期社会经济条件下的产物,都不能脱离当时的经济社会发展水平而独立存在。在中国经济体制改革不断深入和房地产开发制度引入的今天,这种计划经济模式下所制订的住区规模等级划分标准必然产生种种问题和矛盾,主要有以下几个方面:

（1）居民越级出行增加出行距离和时间

居住区规模等级按照"居住区—小区—组团"三个等级划分,居住区和小区之间的规模等级过于接近,居住区中心和小区中心在公共配套设施上相互竞争,造成在空间布局上零散分布,难以形成规模效应,从而难以建设强大的社区中心来满足居民的需求。特别是社区公共服务设施的种类缺乏、效率与质量低下、价格不合理,促使居民经常越级出行,通过向更高一级的片区中心或市级中心的出行来满足自身的需求,产生了对更高一级或者市级公共设施的依赖。如城市中心区往往积聚了高比例的零售商业,如北京中心区的零售商业面积是世界平均面积的 5 倍,城市商业中心往往是购物的首选之地;多数居民选择大型医院看病就医,大医院人满为患,而原先在计划经济条件下设在小区组团的经济效益低、服务人口少的卫生站在市场条件下难以维持等等。不恰当的城市空间规模等级划分导致了城市中心极化严重,城市级中心规模趋大,居民出行向心性特征明显,出行距离和出行时间的增加,加重了本已非常严峻的城市中心区的交通问题。

（2）关键性公共配套设施的服务范围难以衔接

随着社会经济体制的转型,许多公共服务设施,特别是综合性的商业、服务业、街道医院以及中小学,其服务半径已经大大超出小区、居住区的范围。原来意义上的服务半径概念发生了根本性的改变,需要在更大的范围内考虑公共服务设施的服务半径。

以小学为例,受中国计划生育政策的影响和人们生活观念的转变,在就学的选择上不再过多考虑路途远近与交通便捷等因素,而是关注学校的教育质量。因此,适龄儿童

---

① 当时确定人口规模的主要依据是:1) 能满足配套的设置及经营需求,即配套公建的设置对自身规模和服务人口均有一定的要求。分级规模基本与公建设置要求一致,如一所小学服务人口为 1 万人以上,正好与小区级人口相对应;2) 能与现行的城市的行政管理体制相协调。即组团级居住人口规模与居委会的管辖规 1 000~3 000 人一致,居住区级居住人口规模与街道办事处一般的管辖规模 30 000~50 000 人一致,既便于居民生活组织管理,又利于管理设施的设置。

的学校选择将在更广泛的区域内展开。从配套的角度来看,居住小区的规模主要是根据小学的服务半径确定的,修订后执行的 2002 年修订版《城市居住区规划设计规范》(GB50180—93)(下简称《规范》)中小区规模 1 万～1.5 万人,对应小学规模为 12—24 班。随着教育制度改革的深入,教育设施布局的思路更加重视规模化经营。根据教育部门出台的规定,新建小学原则上不得低于 4 轨 24 班。如南京最近新建的小学多在 5 轨 30 班以上,按照当前指标算,服务人口为 2 万人以上。还有一些行业性的规定,如《国家国内贸易局零售业态分类规范意见》(1998 年试行)提出超市服务半径范围为步行 10 min 左右(营业面积为 1 000 m² 左右),便利店的服务半径范围是步行 5 min 左右(营业面积 100 m² 左右)。这些规定同《规范》的指标要求存在相当大的差距[1]。

(3)居民的社区归属感不断淡化

居住区三级规模的分级标准导致了商业和公共服务设施空间布局零散,没有足够的吸引力,难以形成具有归属感和可识别性的强大社区中心。随着计划经济的土崩瓦解,直接导致居民对于居住地域的认同逐渐从单位转向以开发楼盘单元作为家园的象征。形成以收入为标准来划分的聚居集合体(开发楼盘单元),造成聚居集合体内部的同质化和各集合体之间的异质化。加上"铁笼化"的封闭式物业管理模式,在空间上人为加以分隔。最终人们彼此疏远,使得各居住区之间的各种社会联系逐渐减少,邻里间的友好往来越来越少,表现为社区居民对自我隐私和安全空间的关注,而对他人事务的冷漠,出现了地域空间与心理认同空间的非重合,社区归属感淡化,导致社会阶层的分异不断加大。

(4)难以满足居民多元化的需求

根据经济学理论,人们的消费可以分为生存、享乐和发展三个层级。随着经济的发展,居民消费实现了由量向质的转变,由生存型逐步向享受型和发展型转变,表现在吃、穿、用的消费比重逐年减少,文化教育、住房、医疗保健、旅游、交通通信、保险等消费比重不断增加。在对基本的物质需求满足之后,更多的将转向对精神的追求。所以对于各种服务设施的需求也会显著增加。但是目前的居住区中心与小区中心在公共配套设施上相互竞争,一个中心难以提供足够的公共设施种类和规模来满足居民日益多样化的需求。

(5)难以适应开发单元的小规模化建设

自房地产开发制度引入以来,居住区的开发主体由政府转向开发商,居住区开发规模难以达到小区级规模,如南京近年来拍卖的居住用地平均规模都在 10 hm² 以下。重庆市 2005 年拍卖的 5 片地块平均为 7.8 hm²,2006 年拍卖的 5 片地块平均为 5 hm²;2007 年拍卖的 7 片地块平均为 8.5 hm²,也是在 10 hm² 以下[2]。开发建设单元和居住区规模结构的不一致,使公共设施无法像计划经济体制下采用相应的等级安排相应的配套公共设施这一方式(周岚等,2006)。现在社区公共配套设施的建设很大程度上是通过与楼盘捆绑式的方式来开发建设,导致公共配套设施布局散乱,公共设施的内容和种类缺、少、小等一系列的问题。

(6)居住区规模等级划分标准矛盾的根本原因

---

① 周岚,叶斌,徐明尧. 探索住区公共设施配套规划新思路——《南京城市新建地区配套公共设施规划指引》介绍[J]. 城市规划,2006(4):33-37

② 王玲玲. 重庆主城住区公共服务设施分级控制方法研究[D]. 重庆:重庆大学,2008:57

就矛盾发生的原因而言,现行的居住区规模等级划分标准与当前市场经济体制之间所产生的矛盾是以上种种问题的根本性原因。与计划经济条件下的国家投资,公共设施配置不同,在市场经济条件下,开发建设的投资主体已由政府转向开发商,居民也由过去的福利受益人转为商品的消费者,主体与客体不论在角色上还是其消费观念上已发生了巨大变化。社区中心的建设必须讲求社会经济效益,按照市场规律来运作,需要有最低的经济门槛规模作保证。而当前的居住区规模等级划分还基本上停留在计划经济的模式下,不能适应实际的发展。例如在国家提出的医疗体制改革中,医疗服务设施的市场化要求要考虑经济效益,考虑最低的人口门槛值和服务对象,而现行的小区规模往往难以满足其最低的门槛要求。总之,市场经济的发展使得居住区规模等级的划分必须以市场为导向,不仅要从居民的生活需求出发,如何使投资效益最大化也成为居住区规模划分所要考虑的重要因素,必须要有一定的规模经济效应,考虑社会经济效益。

4.1.3 中国居住区规模等级划分的调整和发展

为了适应城市化进程的加速以及城市住宅商品化进程,近年来某些大城市根据自身的实际情况,对城市居住区的规模划分等级进行调整。一种是在国家标准《规范》的基础上,对居住区规模等级划分标准作出一定的修改。另外一种是借鉴新加坡的邻里发展模式,针对城市的新建地区制定了新的居住区规模划分标准。

1) 修改现行的规模等级划分指标

虽然居住区《规范》在居住区规模等级划分上进行了统一的规定,但由于各地区地理气候条件、社会经济的发展程度等各种因素的差异,《规范》在不同城市存在着不同程度的可操作性问题。因而一些经济较为发达的地区在国家规范的基础上对规模等级作出作了相应的调整。

如北京市、上海市、广东省、深圳市以及重庆市都在《规范》修订版的基础上出台了新的居住区规模等级划分标准,以作为公共服务设施配套建设指标出台的基础。各个城市对于居住区和居住小区的人口规模的界定都作了一定的调整,如北京、上海以及深圳对小区的规模指标提高到 2 万,广东仍然保持 1993 年版《规范》所提出的 0.7 万~1.5 万人的小区规模。深圳在公共设施的分级体系中新增了居住地区级(15 万~20 万人),希望这一新增级填补公共服务设施方面服务 4 万~6 万人的居住区级设施到一个几十万人的中等城市的公共设施之间的空白,以利于居民充分使用公共设施,体现公平性。重庆市也在 2004 年底重新编制了《重庆市居住区公共服务设施配建标准》,对居住区的居住规模尺度作了新的划分,分为居住社区、居住区、居住小区三个级别,增设了居住地区级 7 万~12 万人这一规模等级(表 4-2)。

表 4-2　各城市社区人口规模界定比较统计表(万人)

	居住小区级	居住区级	居住地区级
北京	1~2	4~6	—
上海	2	5	—
广东	0.7~1.5	3~5	—
深圳	1~2	4~6	15~20
重庆	1~2	4~6	7~12

通过以上分析可以看出：第一，中国目前在居住区规模等级划分标准上仍然没有一个统一的认识，也就是对在中国国情下合理的城市空间单元规模尺度等级没有深入的研究。如广东省的小区级人口规模又回到1993版的《规范》所规定的0.7万～1.5万人，而其他地区为1万～2万人；增设的居住区级中，深圳为15万～20万人，重庆为7万～12万人等都存在着明显的差异。第二，人口规模总体上呈扩大化趋势，小区级从1万～1.5万人提高到1万～2万人，居住区级从3万～5万人提高到4万～6万人，造成各等级中心的服务半径扩大，特别是居住区级的服务半径远远超出较为合理的400～600 m的步行距离。第三，虽然这四个区是根据自身的具体情况所作出的调整，但是这四个地区所制订的人口规模等级划分的调整总体上是基于原有的规模等级划分标准的基础做出的，仍然按照居住区和居住小区等级规模来划分，并没有根本性或结构性的变动，不能解决上文所提到的矛盾和问题。

2）采用新加坡邻里模式

新加坡居住区规划结构模式的演变轨迹明显受到了西方城市规划和社区规划理论及实践的影响。新加坡根据具体国情，在"邻里单位"理论基础上形成了以400 m左右为服务半径的空间地理尺度，1.5万～2.5万人为人口规模的城市基本空间单元。多年的实践证明，这基本单元规模在高密度发展地区具有高度适应性。

1992年底，中国与新加坡双方签署了合作开发苏州工业园区的协议，标志了新加坡城市空间发展理念开始在中国国情下的初次实践。在70 km²的地段（包括7.2 km²的金鸡湖）采用了新加坡的城市空间发展经验，划分成3个新镇，总人口60万人左右。每个分区（新镇）包括5～9个邻里，苏州工业园区规划结合中国的具体条例和规范，形成了以500 m为半径，人口规模为3万的邻里规模尺度。相比较而言邻里人口规模比新加坡的邻里大[①]，从目前的实践情况来看，新加坡的邻里空间发展模式在中国有着较强的适应能力（表4-3）。

表4-3 苏州与新加坡城市空间等级规模划分标准比较

空间单元规模等级划分		组团	邻里	新镇
新加坡	人口规模	0.1万～0.2万人	1.5万～2.5万人	15万～21万人
	服务半径	—	400 m	—
苏州工业园区	人口规模	0.1万～0.2万人	3万人	24万人
	服务半径	—	500 m	—

由于苏州工业园区在中国的发展建设，不管是经济方面还是社会方面都取得了巨大的成功，特别是社区邻里模式所显示的高度适应性，引起很多其他城市的新区建设到苏州工业园区来"取经"。如上海、天津、南京、西安、昆明、承德、常熟、无锡、南宁、北海、宿迁等几十个城市的新区直接模仿或借鉴了苏州工业园区的邻里社区发展模式。

如从2004年开始，南京市规划局在吸收邻里中心思想的基础上，结合南京实际情况，制定了一套新的公共设施配套标准——《南京市新建地区公共设施配套标准规划指

---

① 在新加坡，一个邻里为4 000～7 000户。在苏州一个邻里约10 000户，是中国规划设计规范中居住区的下限，因为比新加坡的邻区大，所以在邻里一级的公共设施的配置主要是根据中国规划设计规范。

引》。该指引要求按照合理的服务半径,采取集中布置原则,形成各级中心区。对现有的
"居住区—居住小区—居住组团"三级住区模式进行革新,提出居住社区、基层社区两级
体系。社区规模分级与新加坡的规模分级相当。居住社区是以社区中心为核心,服务半
径为 400~500 m,由城市干道或自然地理边界围合的以居住功能为主的片区,人口规模
为 3 万人左右(表 4-4)。

表 4-4 南京新建地区城市空间等级规模划分标准

	基层社区	居住社区	地区级
人口规模(万人)	0.5~1	3	20~30
服务半径(m)	200~250	400~500	—

无锡新的住区模式也是在借鉴新加坡模式的基础上,对原有街道进行了整理和规
范。对公共设施配套指标提出新的要求,强调充分利用公共设施现状资源。将社区分为
三级,一级社区规划人口为 5 万~10 万人,二级社区规模为 2 万~5 万人,三级社区人口
规模为 2 000 人左右。无锡居住区规模等级的调整事实上是取消了原来《规范》规定的小
区一级(表 4-5)。

表 4-5 无锡居住区公共设施配套等级规模划分标准

	三级社区	二级社区	一级社区
人口规模(万人)	0.2	2~5	5~10

中国很多城市所借鉴的新加坡空间等级划分标准与中国原有等级标准有着根本性
的不同。由邻里这一规模级别取代了中国的居住区和小区这两个规模级别,在居住区规
模级别之上又新增加新镇或是地区级等名称的空间规模级别,从多年的实践看具有一定
的合理性,在中国国情下也有很高的适应性。但是,目前在规模等级划分标准上仍然没
有一个统一的标准,如无锡市所采用的二级社区 2 万~5 万人,三级社区 5 万~10 万人
的规模等级划分与原新加坡邻里的 1.5 万~2.5 万人,新镇 15 万人左右的空间规模等级
划分标准也有很大的差异。

4.1.4 空间基本发展单元的规模尺度理论推导

从以上各个时期各个国家的城市空间的发展单元理论和实践可以知道,由于步行是
最环保的出行方式,不会对环境带来污染;人们在步行的同时锻炼了身体,有益于健康;
且步行作为一种个人交通方式,可达性较强,没有时间的限制,可以直接到达目的地;另
外,步行还可以增加人们之间交往的机会,促进城市中各种活动的发生,给城市带来活
力。所以在每个阶段新理论的提出都是建立在适宜的步行距离之上,希望在城市空间基
本单元内塑造一个宜人的步行环境,最大化地降低机动交通对人们日常生活的影响。但
是,步行交通是建立在人体生理机能之上,相对于其他交通方式来说,速度最慢,对人体
力的消耗也最大。

因此,步行受到人类自身的生理机能和时间的限制,在不断的实践和总结之后,以上
的各个时期各个国家的理论对于城市空间基本发展单元的空间地理尺度有比较统一的

认识,即 5～10 min 步行距离(400～800 m)为服务半径是比较理想的基本单元尺度(表 4-6)。对于以居住型为主的城市空间基本发展单元来说,以往的单元理论对于空间单元空间地理尺度的定义一般为半径 400～600 m。其中,5 min 步行范围,400 m 的出行距离是最为理想的一个门槛值。本书认为,400 m 的步行出行距离对那些步速为 3～4 km/h 的老年、小孩、残疾人或者身体较弱者可以在 6～8 min 完成,500 m 对于这些群体来说可以在 7.5～10 min 完成,所以 400～500 m 对于所有人都是非常适宜的范围。600 m 的出行距离对于 4～5 km/h 的正常步速来说,可以在 7～9 min 内完成,但是对于老年、小孩、

表 4-6　城市空间基本发展单元理论与规模尺度归纳总结表

		理论提出或实践时期	主要倡导人	中心到边缘半径(m)	人口(万人)	主要功能
欧美空间基本发展单元理论	邻里单位(Neighborhood Unit)	1920 年代末	佩里(Clarence Perry)	400	0.3～0.5	居住
	协调单元(Coordinated Unit)	1960 年代	波特曼(John Portman)	500～700	—	综合
	城市区域(Urban Quarter)	1960 年代	克里尔(Leon Krier)	400～700	1～1.5	综合
	步行邻里街区(PP: Pedestrian Pocket)	1990 年代	卡尔索普(Peter Calthorpe)	400	—	居住
	传统邻里街区(TND: Traditional Neighborhood Development)	1990 年代	安德雷斯·杜安伊,伊莉莎白·普雷特兹伯格夫妇(Andres Duany, Elizabeth Plater-Zyberk)	40	—	居住
	公共交通导向开发单元(TOD: Transit-Oriented Development)	1990 年代	卡尔索普(Peter Calthorpe)	600	1～3	综合
新加坡社区邻里单元及在中国的实践	新加坡邻里	1965 年	—	400	1.4～2.5	居住
	苏州工业园区邻里	1993 年	—	400～500	3	居住
	南京新建地区社区级	2006 年	—	400～500	3	居住
中国社区发展单元	居住区级	1993 年	—	—	3～5	居住
	居住小区级	2002 年	—	—	1～1.5	居住

残疾人或者身体较弱者可能要在 9～12 min 之内完成,在 10 min 这一出行时间门槛值左右。由于老人、家庭妇女以及儿童等生理机能较弱的群体是基本发展单元中心的主要使用群体,如果超过 600 m 半径范围,单元中心所服务的范围就会超出适宜的步行距离,丧失步行的乐趣,从而导致机动车依赖度的提高,在当前国际社会普遍关注的建设低碳空间,降低碳排放,减少环境污染的今天,是一种十分不利的发展方式。因此,本书认为 400～500 m 应是空间基本发展单元中心的服务半径的理想距离;而 600 m 步行距离是单元中心的最大服务半径的可接受范围。

但是建立在这种空间物理尺度之上的空间基本单元理论由于每个国家或地区的土地利用强度等因素的不同,基本单元的人口规模也相差甚大,如同样为邻里单位理论指导下的新加坡邻里的人口规模为 1.5 万～2.5 万人,与佩里原先提到的 0.3 万～0.5 万人有 5～8 倍的差别。这种不同的人口规模导致了各种城市空间基本单元理论在各个国家或城市中的实践结果经常是大相径庭。从中国当前的居住区规模分级发展趋势来看,也存在着各种不同的规模划分标准,如北京、深圳居住小区级为 1 万～2 万人,居住区级为 4 万～6 万人;广东小区级人口为 0.7 万～1.5 万人,居住区级为 3 万～5 万人;上海小区级人口为 2 万人,居住区级为 5 万人。同是借鉴新加坡模式,各城市对城市发展单元的规模划分也不尽相同,如无锡将新建地区的住区分为三级,一级社区规划人口为 5 万～10 万人,二级社区规模为 2 万～5 万人,三级社区人口规模为 0.2 万人左右;南京基本上与苏州工业园区的规模等级类似,地区级为 20 万～30 万人,社区级为 3 万人左右,基层社区级为 0.5 万～1 万人,各个城市在居住区的规模划分上仍存在着巨大的差异。

4.2 城市空间基本发展单元的规模尺度以及作用机制

根据克里斯泰勒的中心地理论以及商圈理论,在一定区域中存在不同等级的中心地,其职能和所服务的范围即市场区由服务半径所决定,不同等级的中心地职能具有不同的市场区,其上限是人们愿意去得到某物品和服务的最大距离,下限为这一中心地能够存在的最小范围,其半径为门槛距离。而门槛距离取决于门槛人口,即每一中心的存在有赖于一定的服务范围和门槛人口(起点人口数量)的支持。所以在低密度国家如美国,在 400～600 m 为中心服务半径的地理空间范围内的人口规模难以达到最基本的门槛数,大部分的基本单元理论到目前为止尚没有乐观的实践结果;而在高密度发展的国家如新加坡却显现出比较强大的生命力。所以,基本的门槛人口规模成为一个基本单元成功的决定性的因素。但是,至今为止对于城市空间基本发展单元的人口规模却缺乏深入的研究与探讨。

那么一个能够满足日常生活的多样性需要,有相对稳定的社会关系,能产生强烈归属感,适宜步行的城市空间发展细胞单元的人口门槛规模究竟要多大? 基本发展单元的规模尺度受到哪些因子影响? 这些影响因子与城市之间又有怎样的关系? 在中国当前的国情下有没有可能在比较理想的空间地理尺度内实现这一人口门槛规模?

4.2.1 研究对象概况

苏黎世州面积为 1 728 km^2,是瑞士第七大州。划分为 12 个区,下设 171 个乡镇。全州人口约 110 万。苏黎世市坐落于瑞士北部、苏黎世湖畔,既是瑞士的最大金融和商业中心,也是苏黎世州的首府。城市总面积为 92 km²,人口为 37 万左右[①]。

1) 研究对象选择

苏黎世自 2000 至 2008 年,连续被全球著名咨询机构美世(Mercer)评为世界宜居城市的第一名[②],并被评为瑞士节能环保冠军城市。在城市空间发展上,采用公共交通与土地利用高度一体化发展模式,成为世界性公共交通发展的典范城市。除此之外,选择苏黎世作为研究对象还有以下几个原因:其一,与其他国家相比较而言,中国当前的土地利用强度较高。某些典型的高密度发展城市,如新加坡和中国香港,对中国的城市发展具有很高的借鉴价值。但是,由于超高开发利用强度的城市,不论在市区还是郊区,建筑群体往往由高层组成,在理想的空间尺度内人口数量能轻易到达空间基本发展单元的门槛人口规模,缺乏明显的梯度特征。所以对于新加坡或中国香港这类城市的研究难以发现人口门槛规模的阈值。其二,目前中国很多区域的土地利用强度往往还只能达到以多层为主的中等开发强度,难以采用超高强度的开发模式。环顾其他国家,北美低密度蔓延式的开发模式与中国国情有相当大的差距,而欧洲城市相对紧凑的空间发展方式,与中国以中等强度开发的城市或地区较为相似。其三,苏黎世市整个空间发展是一种在市场规律作用下,自下而上的,较为缓慢的演化过程,具有清晰的空间发展梯度特征,所以更易于把握空间发展规律,且瑞士为一个市场自由度很高的国家,市场经济规律在空间发展的过程中起到主导性作用,对于当前处于政治经济体制转型期的中国具有很高的借鉴作用。其四,目前新加坡邻里发展模式的实践大多在新建地区进行,而苏黎世的空间基本单元的发展是在原有建成区的基础上,通过渐进式的更新改造发展而来的,所以对于中国城市建成区来说具有很大的参考价值。

2) 城市空间基本发展单元演化发展

苏黎世市城市空间与公共交通高度一体化发展并不是某个时期通过某种全新的发展思路或理念来达成,而是不断对城市优良发展传统的一种继承。早在工业化之前,苏黎世城市建设如同欧洲的中世纪城市一样,将教堂、广场、商业与主要的交通要道相结合,进行统筹考虑。在上个世纪苏黎世城市空间不断扩张的过程中,各个城市空间发展单元基本上遵循了这一传统,将教堂、邮局、银行以及商业等设施集中布置在有轨电车线的重要站点周边;同时公共交通线路(特别是有轨电车线路)的布置也充分考虑了城市的各个空间功能节点。公共交通与城市空间发展之间形成了一种不断相互作用的动态演化过程(Franz et al,2010[③])。

随着 60 年代城市规划思潮的变化,苏黎世市与其他西方国家的城市一样,开始将解决住区内的社会问题提高到重要位置,社区不再局限于住宅和基本配套设施的物质环境,而是希望在同一空间中多种功能并置,形成更加浓郁的生活氛围。所以,在 70 年代初期,苏黎世的各个分区开始建设强大的社区中心,早期公共交通和城市空间一体化的传统发展方式的巨大优势在这时得以充分体现,为强大的城市空间基本发展单元中心的

---

① 相关数据引用自 2009 年苏黎世市统计年鉴。
② 2009 年、2010 年、2011 年的最新排名苏黎世排在第二,维也纳排在第一。
③ 本段内容主要是根据对苏黎世原规划局局长弗朗兹·爱伯海德(Franz Eberhard)先生的访谈中总结而来。

发展建设打下了坚实基础。

现在,每个社区将社区中心作为社区最重要的生活平台,承载社区公共生活,成为关系社区归属感的重要场所。单元中心成了一个商业经济功能、社会文化功能、交通集散功能以及公益功能的有机结合体;不仅包括商业服务、社会服务设施以及文化、卫生、教育、体育等功能性设施,更成为社区活动的平台,具有了宽泛的生活内涵。如斯瓦门丁根社区的单元中心围绕公共交通站点展开布局,空间形态上形成一种自由的沿街式布局形态。由于提倡公交优先,鼓励非机动交通,限制小汽车交通,所以这种布局并没有形成人与车之间争夺空间的混乱局面,呈现出的是行人在富有古韵的有轨电车铃声中悠然漫步的和谐画面。斯瓦门丁根中心广场(Schwamendingen Platz)也已成为社区生活的舞台,利用广场和绿化空间举办各种各样的社区活动。应该说在很大程度上,这种城市空间基本发展单元模式无论从规模、发展密度、空间布局还是与公共交通的关系似乎都是时下颇受推崇的 TOD 理论的原型①。

3）研究范围

具体研究范围主要包括苏黎世市的 12 个行政分区(Kreis)(图 4-5)。由于第 1 区(Kreis1)为苏黎世的中心区,有 6 万多个工作岗位,但只有不到 6 千的人口在第 1 区居住,功能上以金融、办公、商业、文化娱乐为主,居住功能只占很少一部分。奥利孔(Oerlikon)位于城市北部的第 11 区(Kreis11)和第 12 区(Kreis12)的 115、119 以及 123 分区内,在城市发展过程中逐渐从一个综合性的交通枢纽发展为城市主要发展片区,在未来的规划中将与苏黎世机场区整合为新的城市发展核,成为苏黎世的副中心,现有的空间形态和功能作用也类似于城市副中心。所以在此不将这两个片区作为研究对象。

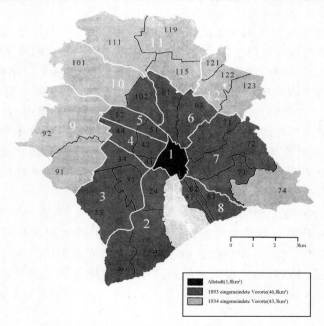

图 4-5　苏黎世行政分区划分图

---

①　该观点只是根据新城市主义的理论根源以及 TOD 发展单元的各方面的特征所作出的一种可能性推导。

　　排除城市中心区和奥利孔城市副中心区之后,苏黎世市共有 22 个具有居住功能的城市空间基本发展单元作为本书的研究对象。但是在研究空间基本发展单元的人口规模时,由于第 7 区(Kreis7)在苏黎世湖东边的山安德里斯山(Adlisberg)南侧,地形复杂,高差变化大,只能采用低密度发展模式;此外,优美的山景和湖景,低税收高房价也促使该区成为富人的集聚区。所以该区的基本单元体现出的特征与其他一般性单元的特征有很大的差异,所以本书也将第 7 区排除在外。

4.2.2　空间基本发展单元人口门槛规模研究

1)空间基本发展单元范围划分和归纳

　　基于克里斯泰勒的中心地理论和雷利(W. J. Reilly)的零售引力法则和康维斯(P. D. Converse)的断裂点理论①,综合考虑行政区划、交通、地形以及商业辐射范围等方面因素,通过计算两个空间基本单元之间分界点确定每个单元的范围以及整个城市空间基本发展单元的网络结构(图 4-6,图 4-7)。

　　在确定各个基本单元的中心以及范围之后,归纳统计各单元之间的人口、岗位、面积以及至城市中心的距离等影响空间基本发展单元规模尺度的数据。根据表 4-7,苏黎世的空间基本发展单元人口规模在 0.8 万～2.9 万人,85% 的置信区间分布在 1.3 万～2.9 万人,平均人口规模约为 1.75 万人;工作岗位数在 0.1 万～2.7 万个,平均为 0.9 万个左右;面积在 70～330 hm²,平均为 169 hm²;单元的平均人口密度为 113 人/hm²,基本单元中心服务半径约为 900 m。从归纳统计的结果来看,各个单元的居住人口规模、就业岗

---

　　①　雷利零售引力定律:美国学者威廉·J. 雷利(W. J. Reilly)在 1931 年根据牛顿力学的万有引力的理论,通过对美国 150 个城市的研究,提出了“零售引力规律”。总结出都市人口与零售引力的相互关系,被称为雷利法则或雷利零售引力法则。他认为一个城市对周围地区的吸引力,与它的规模成正比,与它们之间的距离成反比。用以解释根据城市规模建立的商品零售区。雷利指出,两个城市区域对其分歧点内(顾客在此点可能前往任何一个区域购买,这个点位于对顾客具有同等吸引力的位置上)的零售易吸引力,与城市区域的规模成正比,而与两个城市到分歧点距离的平方成反比。于是导出下列公式:

$$D_{ab}=\frac{d}{\left(1+\sqrt{\dfrac{P_b}{P_a}}\right)}$$

　　D_{ab}＝A 贸易区的销售范围,向 B 贸易区,以英里计算;d＝在 A 和 B 城市间主要路段的英里距离;P_a＝城市 A 的人口;P_b＝城市 B 的人口。

　　断裂点理论:是康维斯(P. D. Converse)1949 年对雷利的“零售引力规律”加以发展而得。该理论认为城市的吸引范围是由城市的规模和相邻城市间的距离决定的。相邻两城市吸引力达到的平衡点即为断裂点。即一个城市对周围地区的吸引力,与它的规模成正比,与距它的距离的平方成反比。故两个城市影响区域的分界点(即断裂点)公式如右图。式中 d_A 为从断裂点到 A 城的距离;D_{AB} 为 A、B 两城间的距离,P_A 为较大城市 A 的人口,P_B 为较小城市 B 的人口。

$$d_A=\frac{D_{AB}}{1+\sqrt{\dfrac{P_B}{P_A}}}$$

　　以上两个理论都存在着局限性:(1) 只考虑距离,未考虑其他交通状况(如不同交通工具、交通障碍等),若以顾客前往商店所花费的交通时间来衡量会更适合。(2) 顾客的“认知距离”会受购物经验的影响,如品牌、服务态度、设施等,通常会使顾客愿意走更远的路。(3) 因消费水准的不同,人口数有时并不具代表性,改以销售额来判断更能反映其吸引力。商圈分析须配合常识综合研判,有时须结合多项技术合用,研判才较准确。利用雷利定律研判商圈虽较粗略,但在资料不足时仍可适用。

位、空间尺度以及人口密度等差异较大,并随着所在区位的不同存在着明显的梯度特征。

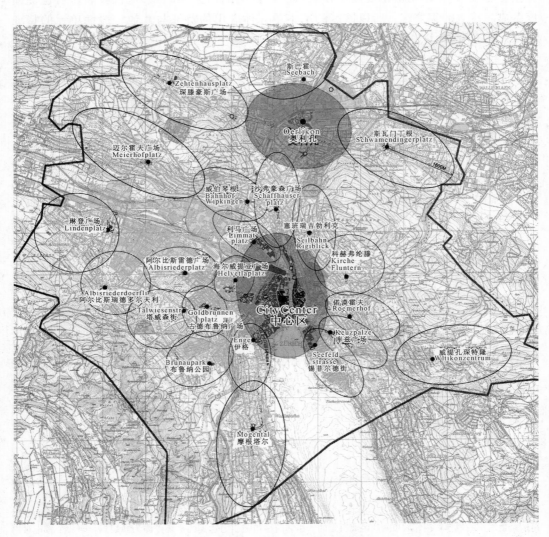

图 4-6　苏黎世空间基本发展单元范围

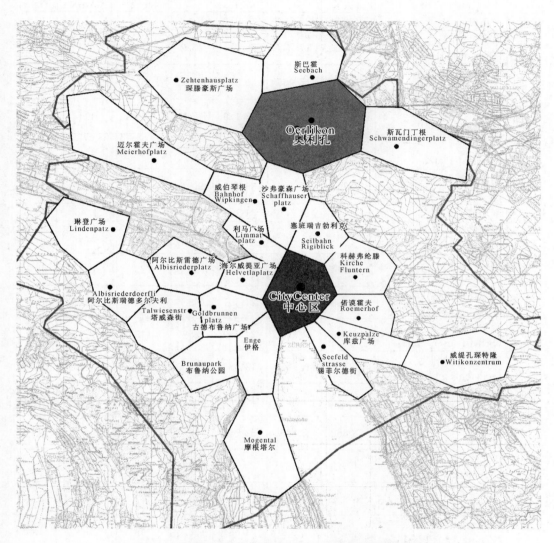

图 4-7　苏黎世空间基本发展单元范围和网络结构图

表 4-7　苏黎世城市空间基本发展单元规模尺度归纳统计表

	单元名称	居住人口（人）	就业岗位（个）	人口与就业数之和	面积（hm²）	人口密度（人/hm²）	至城市中心距离①（km）	服务半径（km）
混合型BDU	尹格(Enge)	8 367	26 549	34 916	94.3	89	1	0.6
	布鲁纳公园(Brunau Park)	10 342	17 775	28 117	73.2	141	2.4	0.7
	古德布鲁纳广场(Goldbrunen Platz)	15 231	15 085	30 316	96.2	158	1.7	0.5
	海尔威提亚广场(Helvetia Platz)	14 197	17 922	32 119	87.6	162	1.1	0.5
	利马广场(Limmat Platz)	12 722	18 356	31 078	74.8	170	1.3	0.7
	锡菲尔德街(Seefeldstra)	15 207	15 290	30 497	90.6	116	1.2	0.9
	平均值	12 678	18 500	31 174	86	140	1.45	0.65
社区型BDU	摩根塔尔(Mogental)	20 531	5 950	26 481	303.5	68	3.4	1.3
	塔威森街(Talwiesentra)	20 314	3 836	24 150	165.8	123	2.1	0.9
	阿尔比斯雷德广场(Albisrieder Plaze)	16 508	4 993	21 501	108.6	152	2.2	0.7
	沙弗豪森广场(Schaffhausen Platz)	19 959	4 890	24 849	175.9	113	2.1	1
	塞班瑞吉勃利克(seibahnRigiblick)	9 698	3 685	13 383	115.6	84	1.6	0.8
	阿尔比斯瑞德多尔夫利(Albisriederdoerfli)	17 275	1 298	18 573	198.6	87	4.1	0.9
	琳登广场(Linden Platz)	28 868	3 869	32 737	247.8	116	4.3	0.8
	迈尔霍夫广场(Meierhof Platz)	21 017	2 689	23 706	332.6	63	4.6	1.5
	威伯琴根(Wipkingen)	15 392	6 235	21 627	126.3	122	2.4	0.8
	琛滕豪斯广场(Zehntenhaus Plaz)	18 793	2 551	21 344	196.6	96	5.8	1.6
	斯巴霍(Seebach)	20 757	1 460	22 217	258.7	80	5.4	1.1
	斯瓦门丁根(Schwamendingen)	28 537	4 616	33 153	297.3	96	4.4	1.5
	平均值	19 804	3 839	23 643	211	100	3.53	1.1
总平均值		17 428	8 725	26 154	169	113	2.8	0.9

①　距城市中心距离：指的是从空间基本单元的中心至城市核心区的 Parade Platz 广场的距离；单元中心服务半径为该单元内的主要空间发展轴线长度的一半，在此基础上，综合考虑交通、地形、单元几何形态以及单元界限等其他因素后做出的修正距离。

2) 空间基本发展单元类型划分与人口规模

为了能够更深入探讨城市空间基本发展单元的内在特性,本书将空间基本发展单元分成混合型空间基本单元和社区型空间基本单元两种。混合型空间基本单元指的是该单元内不但具有居住功能,而且办公、酒店宾馆、商业等其他城市功能占有很大比重的单元。而社区型空间基本单元是指除了为本单元服务的商业、办公以及公共设施以外,该单元主要以居住功能为主。在本研究中对混合型和社区型的划分标准是根据混合度①来确定,当混合度大于1时,该单元被划分为混合型空间基本发展单元;当混合度小于1时,该单元被划分为社区型空间基本发展单元。从苏黎世的统计结果来看,混合型单元的平均混合度为1.5,而社区型单元的混合度为0.2;这两种类型在现状土地利用调研中也非常易于识别。

通过现状调研以及归纳统计的数据,混合型单元共6个,主要分布在城市中心区周边,混合型单元的人口规模约为8 000~15 000人,平均12 000人左右,85%的置信区间分布在1万~1.5万人;每个单元的就业岗位数为1.5万~2.6万个,平均1.85万个;居住人口数量和就业岗位数量之和为2.5万~3.5万人,平均在3万人左右;单元的面积为73~96 hm²,平均86 hm²左右;人口密度为89~170人/hm²,平均139人/hm²,距离中心区的平均距离1.5 km,单元中心的平均服务半径为630 m。

社区型单元总共12个,所在位置一般离城市中心区较远,从单元中心到老城中心平均距离为3.5 km左右;人口规模为1万~2.9万,平均为2万人,85%的置信区间分布在1.5万~2.9万人;平均工作岗位数量只为3 800个左右,其中居住人口的数量大约是工作岗位数量的5倍左右,居住人口与就业岗位之和大约为2.3万人。单元的平均面积为2 km²左右,居住人口密度100人/hm²。相比较之下,混合型单元的人口规模、面积、到达城市中心的距离比社区型都要低,而空间利用密度则比社区型空间基本单元要高。

3) 空间基本发展单元人口门槛规模建议

如果以苏黎世空间基本发展单元的人口规模作为衡量标准,那么一个城市的混合型空间基本发展单元的人口规模应包括居住人口规模和工作岗位规模两个方面,建议居住人口规模为1万~1.5万,工作岗位规模为1.5万~2.5万个为宜。社区型空间基本发展单元推荐人口规模为1.5万~3万为宜②。

在文艺复兴时期,一些思想家受希腊人的影响,认为如果不想破坏生活质量就要保持一定的人口规模。如达·芬奇曾设想把米兰分成几个3万人以下的小城市。托马斯·莫尔设想的乌托邦的首都也是仅有3万居民以下的小城镇(J. C. Moughtin, 1996)。E. 霍华德的花园城市也将卫星城的规模人口定义在3.2万人。再看现今备受推崇的TOD发展单元规模尺度(图4-8),一个完整TOD发展单元的地理空间规模并不单单只是600 m步行距离内的区域,还包括有次级区域(Second Area)。次级区域范围内的密度较低,对小汽车的依赖程度也更高,但是次级区域的主要作用是为TOD核心区的商务商

---

① 混合度指的是单元内的商务办公、商业、宾馆酒店、行政办公等就业岗位的人口数与本单元内居住人口的比值,公式如下:混合度=单元总就业岗位数/单元总居住人口数。

② 社区型城市空间基本发展单元的工作岗位所占的数量比重以及重要性低,而且工作岗位大多服务于本单元,所以不计入考虑。

业以及其他公共服务设施和公共交通设施吸引更多的使用群体。也就是说一个完整的 TOD 发展单元的服务半径达 1 英里左右,而不仅仅是 600 m。TOD 内最低密度为 18 du/ac(约 88 人/hm²),面积为 1.13 km²,那么人口数约为 9 950 人。如果包括次级区域在内,一个完整 TOD 单元面积为 8.14 km² 左右,次级区域的最低密度为 6 du/ac(约 29 人/hm²),那么整个 TOD 的门槛人口规模达到 3 万人左右①。从实践来看,新加坡的邻里单元在半径为 400 m 的理想步行范围内的人口规模一般为 1.5 万~2.5 万人;苏州工业园区邻里为 2 万~3 万人。多年的实践证明这样的人口规模能为塑造一个强大的社区中心作出保证。

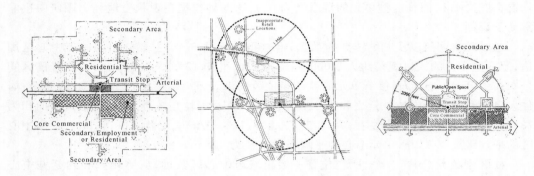

图 4-8 TOD 单元规模尺度

虽然在以往的相关理论和各国的实践模式中并没有区分混合型和社区型两种类型,也没有对混合型单元的工作岗位数给予数值上的建议,但从以上分析来看,在人口规模门槛值上表现出惊人的相似之处,即 3 万人是一个值得注意的门槛值。综合苏黎世、新加坡、苏州工业园等各地的实践经验,也证明了混合型城市基本空间发展单元的居住人口数为 1 万~1.5 万,工作岗位数为 1.5 万~2.5 万个,总数为 3 万人左右;社区型城市基本空间发展单元这一门槛人口规模居住人口数为 1.5 万~3 万人的合理性。

4.2.3 空间基本发展单元人口规模在中国语境下的适应性探讨

1)服务半径与实际的土地利用面积

在研究理想的空间基本发展单元人口规模在中国语境下的适应性问题之前,先探讨一下适宜的步行服务半径与实际的土地利用面积之间的关系。对于城市空间基本发展单元的空间地理尺度来说,400~500 m 为服务半径是最理想的空间基本发展单元的空间尺度,600 m 为可接受的单元空间尺度。如果确定 400~500 m 为服务半径,那么理想的用地是 400~500 m 为半径的圆,面积应为 50.2~78.5 hm²;如果半径为 600 m,那么面积将达到 113 hm²。但是,在现实中几乎不可能存在服务半径所覆盖的圆形范围面积恰好等于实际服务用地面积的情况。考虑到用地的几何形状、地形地貌以及单元中心的偏

---

① 次区域的设定主要是考虑到维护 TOD 中心的良好发展,要求在次级区域内要尽量减少零售商业设施,不允许布置与 TOD 中心相竞争的商业,以利于建立强大的单元中心,即使次级区域的服务半径已远远超出了适宜的步行距离,还是要保证最低的人口门槛规模。

离度等因素[①],实际用地的面积往往远小于理想的圆形面积。根据苏黎世的研究结果,各个单元的平均实际土地利用面积为 169 hm²,各个单元中心平均服务半径为 900 m,那么实际土地利用面积与单元中心服务半径所覆盖面积的比值为 0.67,偏离率为 0.18。以此类推,400～500 m 服务半径,实际利用面积应为 33.6～52.6 hm²;而 600 m 服务半径的实际利用面积约为 75.7 hm²。

2) 当前居住区规模等级划分与理想服务半径

如果按照中国当前的居住区规模等级人均所需土地面积指标折中计算,在多层加高层这种开发类型下,居住区级 3 万～5 万人口所需的土地面积在 66～110 hm²,4 万～6 万人口所需的土地面积在 88～132 hm²。如果考虑到用地的几何形状、地形地貌以及单元中心的偏离度等因素,居住区中心的服务半径将超出 700 m。这与理想的步行范围 400～500 m 相差甚远,这对于居住区中心主要使用群体的老人和小孩来说已经丧失了适宜的步行尺度。也就是说,当前居住区的空间尺度远远大于理想的空间基本发展单元的空间尺度。小区级 1 万～1.5 万人口规模又难以达到建设一个强大基本发展单元中心的人口门槛规模要求,所以,当前中国的居住区规模等级划分亟须进行改正和调整。

3) 理想单元人口门槛规模的适应性研究

下面以中国建筑Ⅲ、Ⅴ气候划区的人均居住用地控制指标为例,探讨在中国现有土地利用强度下,理想的城市基本空间单元的人口规模和空间地理尺度在中国语境下的适应性。

假设忽略就业岗位所需的土地空间,混合型城市空间基本发展单元采用人口上限 1.5 万人,社区型城市空间基本发展单元采用人口上限 3 万人计算,按目前中国居住区和小区级的人均所需土地面积的指标折中计算。那么从表 4-8 可以看出,除了低层开发强度类型所需要的空间面积将会超出 700 m 的服务范围,其他开发强度类型的住区可以在600 m 半径内实现。

表 4-8　人口规模与实际服务半径

利用强度 单元类型		居住区级人均用地(m²/人)			小区级人均用地(m²/人)			
		低层 38	多层 23	多层、高层 22	低层 34	多层 23	中高层 18	高层 13
混合 型单元	1.5 万人	57 hm²	34.5 hm²	33 hm²	51 hm²	34.5 hm²	27 hm²	19.5 hm²
	服务半径	520 m	400 m	400 m	420 m	400 m	360 m	300 m
社区 型单元	3 万人	114 hm²	69 hm²	66 hm²	102 hm²	69 hm²	54 hm²	39 hm²
	服务半径	740 m	570 m	560 m	700 m	570 m	510 m	430 m

注:表中用地标准根据 GB 50180—93《城市居住区规划设计规范》(2002 年版),表 3.0.3 用地标准折中计算。

---

① 本书将这种单元中心区位偏离几何中心的现象用空间单元中心的偏离率来描述偏离程度,即偏离率是以特定单元中心到其几何中心(形心)的距离与单元中心的服务半径距离之比,公式如下:

单元中心偏离率=单元中心到几何中心的偏差距离 / 单元中心的服务半径

其中:城市几何中心是指空间单元几何形状的形心,也是数理统计上的抽象概念,反映了空间地理上的中心位置。几何中心是一个几何形状的形心,对于点状分布而言,是所有点的平均中心。计算公式如下:$X = \sum [X_i A_i / \sum A_i] Y = \sum [Y_i A_i / \sum A_i]$ (A 为面积,X、Y 为坐标,$i = 0, \cdots, n$)

以中国目前的土地利用强度来看,由于土地资源稀缺,经济建设飞快发展,国家对低密度住宅严格控制,城市中已经越来越少有低层的居住区。对于混合型城市空间基本发展单元来说,即使在中小城市,也大多是多层或中高层的开发强度,很少采取低层利用强度的模式。所以在当前国情下,混合型城市空间基本发展单元如采用多层土地利用强度建设,可以在400 m服务半径内达到1.5万人左右的人口门槛规模。但是需要注意的是混合型单元还需要有相当数量的就业岗位来补充由于居住人口规模减小所带来的居住人口规模不足。

再分析社区型基本空间单元:以3万人口为例,在多层利用强度下单元中心服务半径将会达到570 m,3.5万人将会达到620 m左右。所以,对于多层利用强度的地区来说,如果要控制在比较理想的步行空间尺度下,3.5万人的人口门槛规模应是基本空间单元居住人口规模的上限,比较理想的人口门槛规模应在1.5万~2.5万人。在确定单元中心的服务半径时,如果该单元全部为多层开发,那么建议服务半径为500~600 m,单元人口控制在3.5万人以内为宜。在中高层或高层利用强度情况下,根据中国实际情况,在大城市高密度区域常见的多层、小高层与高层相结合的开发模式,人均用地按照15~20 m²/人算,那么3万人的单元中心服务半径需达到460~540 m,4万人的单元中心服务半径需达到540~620 m。考虑到过大的人口规模又会导致过大的单元中心,结果将造成对居民生活的干扰,偏离塑造宜居生活社区环境的根本目标,所以4万人应是单元人口规模的上限,理想的规模应在1.5万~3万人。在确定这类单元中心的服务半径时,建议服务半径为500 m,不超过600 m,人口限制在4万人以内较为适宜。

综上所述,假如将苏黎世的城市空间基本发展单元的人口门槛规模作为衡量标准,那么在中国当前空间利用强度下,完全有可能在理想步行尺度距离内实现该门槛值。即混合型空间基本发展单元的人口门槛规模应为1万~1.5万人,工作岗位数量约为1.5万~2.5万,建议服务半径为400~500 m。社区型空间基本发展单元的人口门槛规模在多层利用强度下建议为1.5万~2.5万人,上限为3.5万人,建议服务半径为600 m;在中高层和高层混合开发利用强度下规模建议为1.5万~3万人,上限为4万人左右,建议服务半径为500 m(表4-9)。

表4-9　空间基本发展单元人口规模与空间尺度推荐表

		人口规模(万人)		服务半径(m)
		居住人口	就业岗位	
混合型 DBU		1~1.5	1.5~2.5	400~500
社区型 DBU	多层利用强度	1.5~2.5	—	500~600
	中高层利用强度	1.5~3	—	500

4.2.4　规模尺度的影响因子与作用机制

中心地理论的中心层级嵌套关系以及中心地的人口门槛规模等一些基本原则在城市的空间规模尺度体系中是真实存在的。这是后来学者确定城市空间规模研究的最直接的依据和理论根源。但是,克里斯塔勒的中心地理论是在理想条件下推导出来的,在现实中几乎不可能实现。空间基本发展单元的社会背景、地理环境、人口密度、就业岗位、交通条件、心理行为以及距离城市中心区的远近等影响因子都会制约一个空间基本发展单元的规模尺度。

1) 区位

城市基本发展单元的规模尺度与城市区位之间的关系包括两方面的内容。一方面是基本单元的空间地理尺度与区位的关系;另一方面是基本单元的人口规模与区位的关系。

空间基本单元的空间地理尺度的变化与所处的城市区位密切相关,就苏黎世的单元空间尺度来说,最小的地理空间单元面积仅 73 hm² 左右,最大单元面积为 333 hm²。随着空间单元的空间尺度离城市中心的距离发生变化,他们之间的面积差异就逐渐悬殊。通过归纳分析,基本发展单元的空间尺度与空间单元至城市中心的距离呈正相关关系(图 4-9)。也就是社区单元至城市中心的距离越大,社区基本单元的空间地理尺度也就越大。

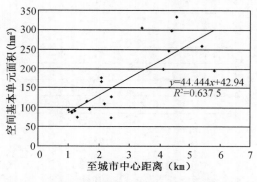

图 4-9　发展单元空间地理尺度与区位关系　　图 4-10　发展单元人口规模与区位关系

空间基本发展单元的人口规模与区位的关系也紧密相连。从收集的统计资料表明,各空间单元的人口规模在 0.8 万～2.9 万人,存在较大的差异。从图 4-9 的分析可知,基本单元的人口规模与社区单元至城市中心的距离也呈正相关关系。也就是社区单元至城市中心的距离越大,社区基本单元的人口规模也就越大(图 4-10)。

2) 密度

城市空间的发展密度对空间单元的规模尺度也起到重要的作用。关于密度与中心地的关系,邦吉(Bunge,1966)给予很大的关注,他认为中心地理论的正六边形服务范围只是一种假想的模式,它是现实生活的一种抽象。实际上,由于多种原因,中心地的服务范围只是或多或少类似于六边形形态。他提出了一个转换处理的方式,即"以人口密度而非单纯地域面积进行标准化处理后,中心地理论仍将有效"(图 4-11)。在克里斯塔勒的中心地理论基础上叠加了人口密度的概念,有效地解决了现实社会中人口分布不均的情况下中心地理论应用的可行性问题。

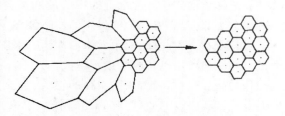

图 4-11　人口密度作用下的地理景观

邦吉的理论学说在苏黎世空间基本发展单元的布局中再次得到验证。总的来说，苏黎世城市空间的利用强度与欧洲其他的中等规模城市较为类似，核心区为老城保护区，中心区周围的混合型单元除了少数的高层以外，大多数为 4～6 层的办公楼或公寓楼。社区型单元大多数为 4～5 层的公寓楼，或是由 2～3 层的联排和独栋式别墅组成。人口密度最高的单元达到 170 人 /hm²，人口密度最低的单元仅为 68 人 /hm²。所有单元的平均人口密度为 110 人 /hm² 左右，其中混合型单元的人口密度为 140 人 /hm² 左右，社区型单元的人口密度为 100 人 /hm² 左右。图 4-12 分析表明，就空间基本发展单元的密度与区位的关系来说，空间单元离城市中心区的距离与单元的密度呈负相关关系。靠近城市中心区的单元密度较高，越向外延伸，单元的密度逐渐减低。在城市中心附近的人口密度较高，所以只要较小的面积范围就能达到单元的门槛人口；随着单元距城市中心的距离增加，土地利用强度也随之下降，同样的人口规模需要更大的土地面积才能达到。

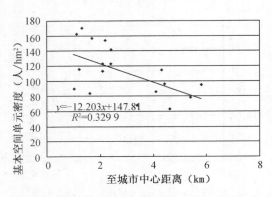

图 4-12　发展单元人口密度与区位分析

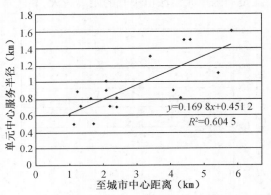

图 4-13　发展单元中心服务半径与区位分析

3）服务半径

单元距离城市中心越远，单元面积越大，中心的服务半径随之增加。在所有基本单元中心的服务半径中，最小的为靠近城市中心区两个混合型单元中心，服务半径为 500 m 左右；半径最大的为处在城市边缘区的斯瓦门丁根社区单元中心，服务半径为 1 500 m 左右。全部单元的平均半径为 900 m 左右，其中混合型基本发展单元的平均半径为 650 m 左右，社区型平均半径为 1 100 m 左右。图 4-13 分析表明，空间单元距离城市中心越远，那么单元中心的服务半径也就越大，呈线性正相关关系。

单元中心服务半径的增大，会导致单元的人口门槛规模提高。因为单元内的消费者一般选择离他们居住地最近的中心地购买商品或接受单元中心所提供的相关服务。以单元中心的商品来说，他们付出的实际价格等于货物的销售价格加上往来的交通费用以及时间成本。因此，距离单元中心越近，需求量越大；消费者距离单元中心越远，路程所带来的交通费用以及时间成本越大，对该商品的需求量越小。单元中心提供的其他服务设施与商品一样，随着服务半径的增大，那么到单元中心购买商品或接受服务的出行阻力也就越大，转移到更便利的其他中心或更高级中心的可能性也就越大。如通过顺带出行的方式，在其他地方购买商品或接受该中心类似的服务，则导致提高单元人口数量的边际效用将会随着单元中心服务半径的增大而降低。那么，随着单元与城市中心的距离拉长,为了维持单元中心的自身发展,一方面要继续扩大面积,吸引更多人口;另一方面要提高单元中心自身的规模和影响力,扩大中心的服务能力。这解释了为什么空间发展单元距离城市中心越远,单元中心的中心特征和可识别性就会越明显,单元中心的规模和功能辐射能力就会越强。

4)混合程度

空间基本发展单元的混合度也对单元的规模尺度有着深刻的影响。一般来说,混合度越高的单元越靠近城市的中心。在距离苏黎世城市中心 2.5 km 以内,混合度随着与城市中心的距离缩短而迅速提高;在 2.5 km 以外,至城市中心的距离对于混合度的影响降低,混合度与单元区位为乘幂负相关关系(图4-14)。

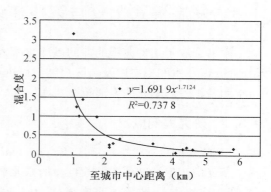

图 4-14 发展单元混合度与区位分析

无论商圈理论还是中心地理论都认为,维持某个中心得以存在的顾客数就是该层级中心的人口门槛规模。也就是说,在该人口门槛值一定的情况下,如果有两种的顾客群体以支持该中心得以存在,那么一种顾客群体数量增加,另外一种顾客群体数量就可以减少。由于功能混合度较高的空间单元相对于功能混合度低的单元来说,一般距离中心区较近,也就意味着在交通区位上有着更好的可达性,所以在其他单元居住的居民有可能通过“顺便”式出行,在该单元内达到购买商品或享受其提供的服务设施的目的,促使该单元的人口规模门槛降低。此外,由于混合型空间基本发展单元中有大量的就业人员、顾客、办事人员以及其他来访者等,会形成该基本发展单元中心的潜在消费群体,这必然就会降低单元的居住人口门槛规模。如苏黎世的 6 个混合型基本发展单元的平均就业岗位为 1.8 万左右,平均居住人口才 1.2 万左右,而社区型基本单元的平均居住人口达到 2 万左右。

5)单元中心规模

临近更高级中心的空间发展单元,不管是混合型或是社区型单元,受到更高级中心地的影响都会更强。根据中心地理论,高等级的中心地能提供高层级的商品和服务,如苏黎世市中心区能够提供面向全苏黎世州的商品和服务;但是,同时也能够提供低等级的商品和服务,如苏黎世市中心区内也提供日用品的超市、便利设施等。而低等级的中心地只能提供低层级的商品和服务,服务半径较小。根据商圈的饱和理论效应和商业种群的生态位理论,在一定区域内,商业规模达到一定饱和程度后,对同类商业具有竞争排斥作用。所以靠近城市中心的消费群体有更多机会和更便利条件享受更高等级中心所提供各种设施服务的机会,导致单元中心的重要性和规模下降。而单元中心所提供各种服务设施规模的下降,必然只需要更小的人口规模来满足其门槛规模;距离城市中心远的单元由于受到高级中心地的影响低,单元中心的规模和重要性上升,需要更多的人口来满足门槛规模。这种影响特征可以从超市的分布数量上体现出来,如苏黎世靠近城市中心的那些单元,经常只有三大品牌超市米古罗斯(Migros)、库伯(Cooper)和登诺(Denner)的其中之一,而位于城市边缘区的单元都是三大超市积聚在同一个中心之内。

所以说影响各城市基本空间单元规模尺度的各因子之间是一个相互作用的一因多果或是一果多因的动态过程。空间单元的区位、土地利用强度、服务半径以及功能的混合程度不但影响单元的人口规模和空间尺度,同时也作用于其他的影响因子,进而间接作用于单元的规模尺度,而单元的规模尺度反过来又作用于各个影响因子。

4.3 发展模式比较与策略建议

本书选取了几种典型的空间基本发展单元作为研究对象,对他们的功能布局、单元中心的区位、空间形态以及街区尺度方面进行比较,分析不同发展模式的优劣,并提出城市空间基本发展单元的发展策略。

4.3.1 研究案例概况

1) 苏黎世斯瓦门丁根社区(Schwamendingen)

斯瓦门丁根社区位于苏黎世市的东北部,单元中心距离城市中心的路程约为 5.8 km(直线距离 4.4 km 左右),现有居住人口 2.85 万。主要居民为蓝领阶层以及外国人,所以相对于其他的社区来说,整体教育程度和经济收入水平较低(图 4-15)。

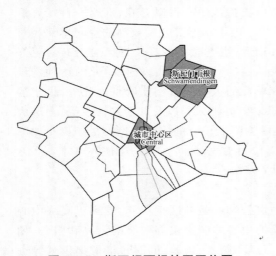

图 4-15　斯瓦门丁根社区区位图

图 4-16　Schwamendingen 社区 1948 年规划

社区的大规模建设始于 1940 年代初,在 1942—1962 年,为了解决当时蓝领阶层的居住问题,选择在该区进行了大规模的规划建设,形成了现有的空间布局结构(图4-16)。应该说该区的建设代表了 20 世纪 40 至 60 年代苏黎世城市空间扩张时期的最具代表性的城市规划成就。主要负责该区规划的是苏黎世的城市建筑师(Municipal Architect)阿尔伯·海恩瑞克·斯台诺(Alber Heinrich Steiner)。斯台诺对城市新区发展的最重要观点是遵循当时雅典宪章所提倡的功能分区原则。所以整个区域与工业区在空间上是分割开来的,成为一个单纯城郊居住区,孤立于城市的整体结构之外。斯瓦门丁根社区的规划表达了一种对花园城市的理想追求,最大的特点就是低密度、高绿化率,绿化带将居住区整个社区划分成清晰的单元结构,同时这些绿化空间也是一个富有活力的社区公共空间。邻里之间通过各个生活中心来连接,如中小学以及购物场所等。

2）苏州新城邻里

苏州工业园区规划是在充分借鉴新加坡空间发展经验而建设起来的。所以苏州工业园区邻里建设除了在规模上为了能够适应中国居住区规划设计规范中所规定的居住区3万~5万人规模这一等级有所调整以外,苏州邻里的建设无论从理念上还是实施过程都按照新加坡的邻里模式理念进行建设[①]。

按照苏州工业园区总体规划,在70 km^{2}的整个工业园区内按住宅区的分布形成17个邻里,邻里的四周为干道、主次干道路和天然河流,每个邻里有一个邻里中心,服务范围400~500 m,不能被400 m服务范围所覆盖的地方将设一个邻里小中心,总共有23个邻里中心。其中金鸡湖东边17个(三个为小邻里中心),湖西5个。500 m左右的半径辐射范围拥有一个邻里中心,每个邻里中心建设成一个综合性商贸大厦,包含12项必备功能:超市、银行、邮政、餐饮店、洗衣店、美容美发店、药店、文化用品店、维修店、文体活动中心、生鲜连锁和卫生所,服务6 000~8 000户,2万~3万人口。至今已建成了新城、贵都、玲珑、湖东、师惠、沁苑、翰林七个邻里中心[②]。邻里中心建设依据"基本功能完善、个性功能突出"的原则,除具备以上12项必备功能外,各个邻里中心根据自身特征,突出个性功能。例如贵都邻里中心依靠区位优势,强化了商务办公这一功能。从已建的邻里中心来看,社区商业服务在基本功能完善的基础上,更加注意突出个性功能,拓展中高档服务项目,提高消费与交往丰富度,通过软、硬环境的更新改造,努力提升形象,美化、优化公共环境。

新城邻里位于苏州工业园区北侧,现代大道横贯而过,整个邻里用地为52 hm^2,人口为2.4万左右,用地主要有高、中密度两种利用强度的类型(图4-17)。现代大道北侧主要为高密度住宅区(普通住宅),邻近工业区,为工业提供便利的住宿空间。现代大道南侧主要为中密度住宅,是高密度住宅区和商业中心区之间的过渡,同时配合商业中心的活动和形象。新城大厦为新城邻里的城市空间单元中心,位于现代大道北侧,1998年5月正式建成开业,是苏州邻里中心平台开发的第一座集商业、文化、娱乐、体育、卫生、服务于一体的综合性邻里中心。功能上设有12项必备功能,并结合现代人休闲和消费需要,设立了多层级、多品种的配套设施。新城大厦的建成标志着苏州工业园区借鉴新加坡邻里单元模式经验走出实践的第一步。

3）南京南湖居住区

南京现状社区组织从行政角度,由街道和社区居委会两级构成;从技术角度,主要由居住区和小区组成。老城内五个行政区由20个街道、193个社区居委会组成,平均每个

---

①　之所以以苏州工业园区新城邻里作为案例,一方面是由于苏州工业园区的邻里很大程度上代表了新加坡的邻里特征;另一方面,采用苏州邻里单元作为案例对中国空间基本单元的发展也更具有直接的指导意义。

②　苏州工业园区管理部门对邻里中心建设的原则是:配套先行,政府出资,建立苏州工业园区邻里中心管理平台。1997年11月苏州工业园区邻里中心管理有限公司正式成立。在开发、运营等方面逐步形成了中国式"邻里中心"的开发理念,将商业和公益项目有机结合,成为苏州工业园区借鉴新加坡公共管理经验的成功典范之一。目前对已建的7个邻里中心总投入近4.5亿元,总建筑面积超过12万 m^2。经过多年努力,邻里中心逐渐确立了在国内社区商业的领先优势。"邻里中心"自2000年成功商标注册以来,2005年、2006年先后被评为江苏省著名商标、江苏省服务名牌。2006年2月,邻里中心管理平台获得国家商务部认定的首批"全国社区商业示范"称号。

街道管辖面积 221 hm²,服务人口 62 258 人。在近几年新编制的控制性详细规划当中,规划借鉴新加坡邻里中心做法以及《南京新建地区公共设施配套标准规划指引》,通常采用的居住社区、基层社区两级的社区组织配置模式基层居住社区级公共设施设置内容及标准。居住社区的服务半径为 700 m 左右,以中学、小学、大型超市、社区文体卫设施、老人活动中心和社区绿地为配套标准,人口在 5 万人左右。基层社区以幼儿园、小型超市、小区绿地为配套标准,人口规模为 0.5 万～1 万人。

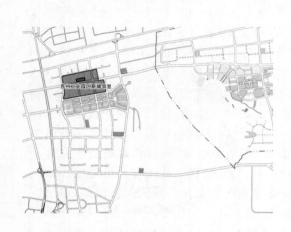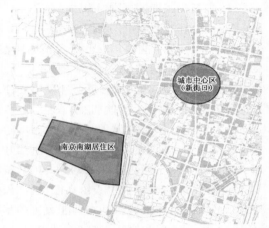

图 4-17　苏州工业园区新城邻里区位图　　　　图 4-18　南京南湖居住区区位图

　　南湖居住区为南京典型的传统居住区,隶属于建邺区南湖街道,位于建邺区东北角。用地东至秦淮河,西到湖西街,北临水西门大街,南至集庆门大街,面积 1.9 km²(图 4-18),为上世纪 80 年代全国主体配套工程一次性配套,同期建成的全国最大最典型居住区。居住区始于 1983 年 12 月开工,1985 年 12 月基本建成,共有四至七层住宅楼 350 幢,公共配套设施 117 项,建筑面积 7 万 m²,总用地面积为 62 hm²,东西长为 1 800 m,南北为 850 m 左右,总建筑面积为 58 万 m²,规划人口为 1 万多户,4 万人左右,现南湖居住区的居住人口 5.5 万人左右①。

4.3.2　发展模式比较

1)功能布局

　　斯瓦门丁根社区的配套设施主要是集中在 7、9 号有轨电车线路与 62、78 号无轨电车交汇点的公交站点周围,社区中心形成以公共交通为导向的土地利用空间形态。整体布局上主要以有轨电车站点为核心,选址上遵循公共交通可达性原则。由于社区中心是在原有的城市建设的基础上不断更新改造而来。早在 19 世纪,斯瓦门丁根社区广场就聚集了教堂、邮局、广场、商业店铺等。到 1940 年代,虽然进行了大规模的建设,但是空间的重心并没有发生变化,而是依循这一建设传统,将教堂、银行以及商业等日常生活功

---

　　①　据南京市地名网统计数据,2004 年南湖居住区的人口为 55 938 人,辖 8 个社区(分别为文体、康福、沿河、蓓蕾、长虹路、水西门大街、茶亭、电站),平均每个居委会的人口为 7 000 人左右。近年来随着东南侧的新开发的楼盘的开发,整个南湖街道所辖区域的人口达到 6.3 万左右。

能集聚于中心之内,并且通过有轨电车连接城市中心区,形成了以有轨电车线站点为中心的空间布局形态。60年代城市规划思潮的变革导致了苏黎世市开始将解决住区内的社会问题提高到重要位置。社区不再局限于住宅和配套设施等物质环境,而是注重同一空间中多种功能并置所形成的浓郁的生活气氛。

在空间功能布局上,靠近公共交通站台的是活动集散广场,广场上有雕塑、饮水池、花坛等,形成半径为30 m左右的交通集散功能区域。该广场已成为社区生活的舞台,每到节假日经常举办各种社区活动。在距离站台100 m左右范围内,根据客流量的大小,居民对该功能的需求频度以及该功能的重要程度等因素,布置大型超市、银行、邮电、药店、便利店、咖啡吧、餐馆等客流量大、日常生活需求频度高的功能,形成核心商业区。在商业区之外,沿公交线路会形成餐饮、服装、休闲SPA、健身、专卖店等非日常生活必需的沿街式商业。其他的公共设施,如体育馆、游泳馆也一般靠近公共活动中心,但相对环境比较幽静(图4-19,图4-20)。中心的混合土地开发模式使社区

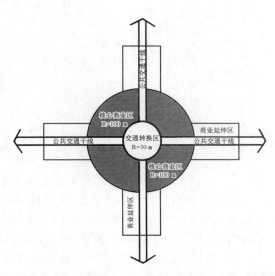

图4-19 斯瓦门丁根社区中心土地利用模式

居民和就业者在社区中心即可解决购物、娱乐等出行目的,从而可以削减不必要的出行。使商业经济功能、社会文化功能、集散活动功能、公益功能与交通功能有机结合,不仅包括商业服务、社会服务设施以及文化、卫生、教育、体育等多种内容,而且成为社区活动的生活平台,承载社区公共生活的场所,形成具有归属感的场所。同时也使公交站点成为一个多种功能的目的地,从而增强它的吸引力。

新加坡模式的邻里中心将日常生活所需要的,如超市、银行、邮政、餐饮功能服务集中在一栋楼或完整的街区内,紧邻轻轨、地铁站或公共交通干线的一侧,有清晰的空间界限。新城大厦作为苏州工业园区的第一个邻里中心与新加坡邻里中心一样,在借鉴其经验的基础上,制定了12项配套基本功能作为必备功能:超市、银行、邮政、餐饮店、洗衣房、美容美发店、药店、书店、维修店、邻里生鲜、卫生所等集中在4层楼的大厦内,与周边建筑形成高低错落的建筑景观界面。这种功能上超强度集中与常规的居住区或小区超市、银行、烟杂店、水果店、小吃店、理发店等零散、杂乱的布局形成了极大的对比(图4-20)。这种布局有以下两个特点:其一,将生活必备的功能高度集中在一栋大厦或一个完整的街区中[①];其二,位于轨道线或城市主次干道一侧集中布置。这样不仅方便居民高效使用,增加交往空间,且集中建设可节约用地,减少费用并利于经营管理。此外,这种超强集中式的空间布局便于严格控制及管理,防止其他功能侵占;有利于促进安静的居

---

① 一般是低层布置菜场、超市、餐饮等,二层为邮局、银行,三层为服装、健身休闲、美容美发、书店等,将购物、饮食、娱乐、文化、健身、休憩等多种功能综合配置。

住环境的形成;也有利于政府的集中投资建设,成立统一的管理平台;功能混合有利于形成规模效益;对未来可能新增的公共设施功能具有较大的规划包容性。但是相对于一层来说,在三、四层以上的店铺不能让顾客便于到达。

斯瓦门丁根社区公共设施分布图　　　　新城邻里公共设施分布图　　　　南湖居住区公共设施分布图

图 4-20　BDU 公共设施分布图

(注:图示公共设施不包含教育设施)

南湖居住区公共设施分布主要沿城市主次干道布置,分散在道路四周,而被控制性详细规划所确定的社区中心却成为 13 路公交线路的首末站站场,并没有超市、零售商业、银行等社区公共设施的布置,其结果是社区中心人气萧条、环境脏乱(图 4-20)。这种散乱的布局方式造成了假性的功能混合利用,并不能真正减少人们的出行距离。因为空间功能布局没有根据人们的出行行为习惯,在近距离的范围内达到多重的出行目的,反而增加了人们的出行距离。另外,分散化布局导致居住区的公共设施难以达到规模效应,如住区商业水平的经营范围和商品种类满足不了居民的需求。功能布局缺乏对经营者及其效益的充分考虑,住区配套设施重复建设,不能充分发挥应有的效率和效益,造成对资源的浪费。

案例分析表明无论是苏黎世的斯瓦门丁根广场还是苏州的新城大厦都强调功能的混合发展,形成功能之间的错位发展和协同复合利用。而中国当前的小区模式在功能布局上却是一种零散混乱的布局状态。单一功能的土地开发使得人们在完成不同目的出行时,必须通过几次相对独立的出行才能完成。出行的不便导致小汽车使用的增加。而功能混合发展是一种有序的发展模式,是建立在临近性和多样性原则上,通过互补性的功能在空间上的集中布置,从而缩短了出行的必要性,使一部分出行成为一种"顺便"的出行,从而增加出行的便利性,减少出行次数,降低对小汽车的依赖。

2) 空间形态

斯瓦门丁根社区中心是在原有建成基础上,通过渐进式自下而上发展起来。基本模式是以站点为中心,沿着公共交通干线两侧发展成沿街式空间形态。所以虽然也提倡集中式发展,但是在空间形态上往往表现出一种更为自由的沿街式的空间布局形态。这种沿街自由式布局给社区带来亮丽的街道景观,同时也塑造了一种安全的可防卫的积极生活空间。由于整个社区的中心是围绕公共交通站点展开布局,鼓励非机动车交通,所以沿街式的布局并没有形成人与车之间争夺空间的混乱局面,而是行人在富有古韵的有轨电车铃声中悠然漫步的和谐画面。而且也易于形成错落有致的建筑群体。由于这种沿街式的布局大多是在地面层展开,缩小了行人、骑车人与各种设施之间的距离,从而产生各种方式的对话。在三维空间轮廓上与新加坡的空间形态控制相反,由于周边都是多层或低层住宅,所以在社区中心提高土地利用强度,建设中高层建筑,形成高低错落的建筑群体。另外,还能够充分利用街面经济效益。从经济学的角度,沿街铺面商业网点分割独立,顾客出入也比较方便,经营者可自由灵活确定经营项目和营业时间。底层或二层住宅售价一般较低,作商业用房后无论售价或租金收益均数倍于住宅。底商符合房地产估价中的最佳使用原则。沿街式模式具有更强的适应性,整体式的布局方式要有完整的大地块来实现,所以对于建成区来说很难在恰当的地方提供适合的地块用来建设,一般只能在新区建设或城市的棕色地带的更新改造的规划中预留。最后,这种空间布局形态还能缩小出行距离,沿街式布局一般是商店或其他公共设施在底楼或二楼,可以通过次级站点或步行、骑车,更方便地到达,但是独栋集中式往往有 3 层或 4 层,布局类似于商业中心的大商场布局,一般要花更多的时间达到目标地。

苏州新城大厦作为苏州工业园区的第一个邻里中心是在强力规划控制下建设的,体现的是一种自上而下的发展方式,规划摒弃了原有居住区中心各种配套设施零散混乱的布局特征,在空间布局上将社区功能设施集中在一栋大厦中。由于建筑规模显著较大,又是经过精心设计施工,空间布局建筑空间形态明确,与周边的居住或其他功能的土地利用在空间上有明显的区别。其优点是更容易形成可识别性的单元中心;集中在一栋大厦或整体式街区内对于商业来说容易形成商业氛围和规模效应;也便于实施和管理,如对于一些易受市场侵蚀的公共设施,包括教育、医疗卫生、文化、体育、社区服务、行政管理、社会福利等,容易通过刚性指标特别规定;此外对居民的干扰小,特别是餐馆以及卡拉 OK 等娱乐设施,这有利于保证居民拥有一个安静的居住环境,实现住区的动静分离和各得其所。但是,这种强力的集中方式也易于导致种种问题。首先,这种集中布局容易形成"铁笼"式的社区商业空间。现代超强的技术控制能力,使消费空间过度技术化和巨型化,造成了消费者心理上的压抑。而社区商业空间是不同于大型商业如购物中心、大卖场式的消费空间,社区商业不仅承载了经济交换和消费的功能,并在一定程度上承载了社会交换和公共福利功能,创造了一种新型的消费亚文化。社区中的公共设施应增加居民的交往深度和频率,强化对社区认同感;追求在消费空间中的社会交往功能,以消除人际隔阂,真正提高居民的生活质量。其次,这种集中式的布局往往位于主次干道的一侧,所以与单元中心同一侧的居民能够方便享受中心所提供的公共设施,而另一侧却是难以方便利用,不能使公共设施的效用最大化。再次,难以形成亲切宜人的街道景观。由于社区功能设施集中在一栋大厦之内,形成庞大的建筑体量,容易产生非人的尺度,如新城大厦位于现代大道主干道北侧,现代达到的道路红线为 60 m,再加上建筑红线后退约为 20 m,大厦周边为停车场所包围,所以整个大厦并没有与其他建筑有一个连续的街道街面,而是孤零零地矗立于宽大的街道一侧,难以形成亲切宜人的街道景观,进而丧失其活动的多样性。

南湖新村这种典型的居住区将配套公共设施沿周边城市主次干道布置。这种空间形态有着明显的缺点:第一,造成购物娱乐等各种社区活动与个人机动车交通的矛盾激化,导致功能上的混杂化、空间上的碎片化。如沿主干道的铺面商店的经营者任意占用非机动车道,把行人赶到了城市的主次干道上,影响交通安全;反过来,私人小汽车也对人的活动的安全造成了巨大的威胁。第二,公共设施的分散化布局也导致建立强大的社区中心的可能性为零,必然失去社区的场所感和归属感。第三,社区商业的杂乱布局影响居民居住环境。尤其是一些特殊行业如餐饮、汽修、卡拉 OK 厅等,其产生的废水、油烟气、噪声等污染严重影响周围居民的居住质量。第四,危害建筑物质量。一些经营者为营业需要进行装修,肆意破坏建筑结构,使楼房变成了危房,给楼上居民的生命财产安全带来了隐患。

相比较而言,苏黎世与新加坡模式的单元中心都是建立在功能布局集中的基础上,达到多重互补功能的复合发展,形成一种建立在临近性原则上的空间布局模式,以满足社区居民的多样化需求。但是这两种模式中又有形态上的区别,苏黎世的单元中心空间形态能够最大化经济效益,易于塑造宜人的小尺度的社区中心,而且对于中国的建成区的单元中心建设具有非常大的借鉴意义。新加坡这种强集中式的中心空间形态在目前中国单元中心布局零散杂乱的背景下具有很强的实践意义。但是,这种强集中模式同时也将带来一系列的问题,如宜人社区空间尺度的建设问题、社区商业"铁笼"化的发展趋势问题,以及在建成区内适应性的问题,等等。自由沿街式的布局形态最主要的矛盾在于人的活动与小汽车机动交通之间的矛盾,如果将该层级空间单元的规模尺度控制在适宜的步行距离内,并以公共交通发展为导向,限制小汽车的出行,那么将解决沿街式发展的最大问题;另外随着居民卫生意识和卫生技术的改善,建筑质量的提高,底商所产生的负面作用将会弱化。总之,这种自由集中式的空间形态应该成为所提倡的单元中心发展模式。

3) 中心选址

从商业地理学角度,人流量大的地段节点中心的服务对象存在的几率和数量也较高,所以通行能力越高的城市干道或公共交通干道站点就越容易形成中心活动节点。在市场经济环境下,社区中心为了能在竞争环境中存活下来,达到自身利益的最大化,在选址上都把交通可达性放在首要的位置来考虑。所以在单元中心的区位选址上,苏黎世斯瓦门丁根社区、苏州的新城邻里和南京南湖居住区的单元中心都选择交通可达性比较高的区位,但仍然存在重大的差别(图 4-21)。

图 4-21 三种空间发展单元中心与交通关系比较

苏黎世各个社区中心的位址几乎都选择在有轨电车线路的重要站点或交汇点上,中心位址是根据公共交通可达性的高低来选择决定。苏黎世斯瓦门丁根社区是由一个小聚落不断发展而来的,单元中心的位址几乎没有发生过变化,是在原有的聚落节点上渐进式的更新改造而来(图4-22),形成一种开放式的城市单元结构模式。在公共交通规划中,也是将社区中心作为重要的交通节点枢纽来考虑,7 号、9 号有轨电车线和 63 号巴士线汇聚在社区中心的广场上,从而不断加强单元中心的地位和作用。但是由于社区中心是通过漫长渐进的方式演化而来,所以中心一般不在地理几何中心位置,而是与公共交通的主要线路与站点相结合,形成了公共交通与土地利用高度一体化的发展模式。将中心与公共交通结合,这样既保证中心的可达性和顾客门槛规模,又最大限度解决了人与车之间的矛盾。

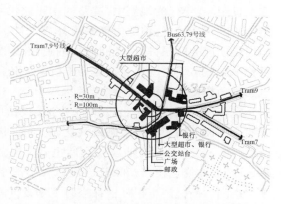

图 4-22 斯瓦门丁根社区中心功能布局图

90 年代在新加坡所建设的社区邻里中心由于是先规划后开发,所以中心的位址往往与邻里的地理中心相重合,形成了较为完美的中心区位。但是在 90 年代初仿照新加坡邻里模式发展的苏州工业园区的各个邻里中心在区位选择上却不尽如人意。由于当时的 TOD 发展模式还未在理论上提出,所以当时在制定苏州工业园区的总体规划时并没有结合公共交通来选择中心的位置。邻里的位置大多位于城市干道旁边,造成了以下的几种情况:其一,邻里中心紧挨城市交通干道,整个邻里社区被城市干道所分割;第二,邻里中心临近干道或轨道交通站点,但邻里中心位于邻里的边缘,服务半径达到 800~1 000 m;第三,在单元的几何中心位置,往往只是临近城市支路,到达公共交通站点较难,只能通过常规公共交通线路连接。新城邻里正属于第一种典型布局方式。新城邻里被现代大道一分为二,邻里中心位于城市主干道的北侧,现代大道南侧居民达到邻里中心要横穿 60 m 的主干道,从而产生各种问题。如新城邻里中心将社区的公共设施集中在新城大厦内,靠城市最主要的干道——现代大道北侧布置,这虽然在邻里中心的建设早期提供了交通上的便利,但是随着园区的建设,现代大道的车流量激增,造成了较大的人车矛盾。南京的一般性居住区仍然采用类似"邻里单位"所提出的内向式发展模式,主要道路在居住区以外,将公共配套设施分散布置在四周的城市主干道上。但是这种模式现在由于小汽车的迅速发展导致了人车之间不可调和的矛盾。

而南京南湖居住区的中心名义上在 13 路公交车首末站周围,实际上大部分的社区公共设施却分布在水西门大街、集庆门大街、南湖西路以及长虹路等城市主次干道上,特别是商业办公几乎全部集中在这几条路上,社区公共服务设施分散。由于社区单元中心的公共设施布局分散,规模过小,缺乏建立在临近性基础上的必要规模效应。另外,这种布局模式也导致了机动车与城市功能活动产生了很大的矛盾,呈现出一种杂乱无章的低水平交通状态。如沿街铺面商店的经营者任意占用人行道的现象也比较普遍,把行人赶到了马路上,影响交通安全;有的商业网点由于布局不合理人为阻塞交通,例如居住区北侧的水西门大街两侧布置农贸市场、超市,在高峰时段两边人群川流不息,严重妨碍了过往车辆的运行速度。

4)道路交通

斯瓦门丁根社区的道路路网特征在结构上采用"放射状十环路十方格型路网"结构。

在上世纪 40 年代的规划中,道路的主干路沿用了现状的放射型道路①,路网密度相对于市中心区来说较低,但是由于采用开放式社区形式,网络道路系统形式为各个功能区之间提供便捷的联系,避免迂回曲折的道路线形,而且不鼓励采用树枝状道路系统将车流量集中到城市干道的做法。这为步行者和骑自行车者提供了短捷线路的良好环境,同时也为机动车使用者创造多种选择的路线。

在 20 世纪 60 年代之后,由于交通问题的凸显,开始逐步改善非机动交通环境,主要有四个方面策略:其一,鼓励公共交通出行。因为通过公共交通出行本身就包括了步行,所以,在一定意义上鼓励公共交通也就是鼓励步行。而且超过适宜的步行距离范围之外,鼓励公共交通出行意味着通过私人小汽车出行的比率减低。其二,积极利用原有的绿化空间。斯瓦门丁根社区在当时规划设计就是建立在花园城市理念之上,各个组团之间都有绿化带相连,这些生态网络自然而然成了步行和骑车的物质空间基础(图 4-23)。其三,限制小汽车交通。该方面主要是通过安宁交通工程、社区内的车速限定以及步行区建设,提高小汽车的出行阻力,达到减低小汽车出行的频率。其四,改善步行和自行车基础设施建设,主要是对自行车道和步行道的地面铺砖的整饬和改善。此外还利用公共绿地与广场强化公交站点与商业区的核心地位,保证自行车与人行通道与之便捷的联系。

苏黎世斯瓦门丁根社区中心街景照　苏州工业园新城邻里中心街景照　南京南湖居住区临城市主干道街景照

图 4-23　BDU 空间层级单元街景图

苏州工业园区的新城邻里在交通结构上采用常见的方格型路网形式,但是仍然没有塑造成一个良好的交通环境来鼓励公共交通和非机动交通出行,并造成了种种问题:其一,由于 60 m 宽现代大道将整个邻里一分为二,所以邻里南侧的居民难以便利地到达邻里中心购物以及享受其他的公共服务设施。其二,中心的选址并没有与公共交通线路相结合,也没有在中心区域范围内限制机动车交通,停车场布满了邻里中心大厦的周围,难以形成宜人的空间场所。其三,没有较为完善的步行和自行车基础设施系统建设,居住区与邻里中心之间没有形成网路系统,保证自行车与人行通道与之便捷地联系。其四,最重要原因是由于采取封闭式小区的做法,造成迂回曲折的出行线路,车流汇集于主干道路,造成了一系列的交通问题,如主要的出入口,如小区大门口、小学等形成常规性的交通堵塞。

南湖居住区的交通有以下的几个特征:第一,交通出行依赖城市的主次干道。南湖

---

①　在有意或无意之间吻合了现今"新城市主义"所提倡的"社区设计中多采用放射性道路,以便居民能以最短的距离到达社区中心"。

居住区的用地由水西门大街、集庆门大街、南湖西路以及长虹路等城市主次干道围合,无论是公交还是私家车全部依赖于周边的主次干道;第二,居住区内支路网稀少,而且尽端路居多,难以形成有效的交通等级网络系统;第三,没有形成强有力的社区中心,所以难以建设结构清晰的步行和自行车网络系统,造成居住区内机非混合,整个社区逐步沦为巨大的停车场;第四,居住区内道路不畅,迂回曲折的出行线路逼使车流汇集于主干道路,整个社区的交通依赖周边的城市主次干道而得以出行,为了追求经济效益,商业等设施布置又在主次干道周边,造成了一系列的交通问题(表4-10)。

表4-10　不同模式城市单元基本发展特征比较

空间基本 发展单元	苏黎世 斯瓦门丁根社区	苏州 新城邻里	南京 南湖居住区
人口(万人)	2.88	2.38	6.3
面积(km²)	3	0.52	1.8
主要功能	居住	居住	居住
中心位址	围绕有轨电车7、9线路以及63路交汇处的站点形成单元中心;偏离单元用地的几何中心位置	邻里中心沿现代大道布置,邻里社区为城市干道所分割	配套设施沿四周城市主次干道分散布局
中心布局	集中	集中	分散
功能布局	有机混合	有机混合	混杂
空间形态	围绕公共交通枢纽站点,形成自由沿街式集中空间布局形态	以独栋大厦来容纳社区配套设施,形成超集中的空间布局	社区配套设施沿四周主次干道分散分布
交通方式	依赖公共交通,鼓励非机动车交通,中心以及居住区实施安宁交通工程	以小汽车为主,公共巴士为辅	以小汽车为主,公共巴士为辅

4.3.3　发展模式创新与策略建议

基于案例的比较分析,B级空间发展基本单元在中国语境下的适应性重构应具有以下几方面特征:

1）适宜规模尺度

B级空间发展单元的人口规模在1.5万～2.5万人,单元中心的服务半径为400～600 m。这种适度的社区规模满足塑造一个强大的社区中心所需的理想人口门槛规模,使单元中心能够成为一个商业经济功能、社会文化功能、交通集散功能以及公益功能的有机结合体。这种单元中心不仅包括商业服务、社会服务设施以及文化、卫生、教育、体育等功能性设施,更是一个社区的活动平台,具有了宽泛的生活内涵。而且,400～600 m的服务半径是一个非常宜人的步行距离,能够激发步行的意愿和乐趣,极大地降低交通出行对机动车的依赖,在本单元以内的出行可以采用步行的方式;对外交通可以采用步行和公共交通相结合的方式达到出行目的。这对降低碳排放,减少环境污染,促进低碳空间发展十分有益。

2）联合交通导向发展

在市场经济环境下,社区中心为了能在竞争环境中存活,达到自身利益的最大化,在选址上都把交通可达性放在首要的位置来考虑。但是,由于商业活动、人的活动与小汽车所产生的交通安全、环境污染、空间占用的外部效应具有不可调和矛盾,所以无论是将单元中心的区位如新城邻里那样选择在主要交通干道上,还是像传统的内向型小区那样将社区中心布置在小区内部(通常在城市支路或小区内部道路上),都难以创造令人舒适的活动空间。

构建具有活力的社区中心需要有大量潜在目标顾客群。公共交通能为社区中心的商业或社区集会等功能活动运送大量客流量的能力,又可以化解小汽车对商业活动空间的干扰和侵占,使人们在生活、购物时能方便到达。在新的发展模式中,公共交通的线路和站点在单元空间功能布局中起到了骨架作用。公共交通可达性最高的公交线路交汇处或重要站点为单元中心的位址,单元公共设施围绕公交站点和线路分布特征。所以在单元中心择址上,公共交通的可达性高低应该是最重要的考量因素。整个基本单元的空间布局以公共交通为导向、以行人为基本尺度的道路系统来构成社区空间结构。

3）单元中心功能有序混合

混合发展并不是将众多的功能混杂在一起就可以,而是在对各种城市空间功能特性深入考虑之后,将各种功能有序布置在"应在"空间位置上,达到各种功能之间的互补,以形成最大规模效应。居住与城市其他功能的混合利用对交通出行的作用分为两种类型:一类是减少非通勤交通距离为特征的混合发展类型,一般是将公共服务设施、商业设施、居住的混合,该类混合类型能够显著减少基于家的各类交通出行,如日常购物、就学、部分就业及娱乐的交通出行距离。另一类是以减少工作通勤交通距离为特征的混合发展类型,即居住用地和办公就业用地混合,该类混合能够显著地减少就业通勤的交通出行距离。就 B 级空间发展基本单元功能混合利用的作用而言还是以减少非通勤交通为目的,目的是提供各种基础设施为居民提供一系列的短距离出行目的地并将其集聚,强调生活必需品的采购、上学、娱乐以及社区居民之间的能够通过功能之间的复合化利用促进交流,提高社区的社会和谐。在高可达性交通区位形成社区公共中心(这些中心一般依托重要的公共交通干线的站点而建),集中提供商业以及公共设施,以满足他们的日常需要,提高居民避免远距离、分散化出行的可能性,利于减少机动车交通出行。

4）建立生活中心模式的社区商业中心

中国前所未有的城市更新改造与扩张,产生了从乡村到城市或城市内部的大规模人口迁移,从而促使传统的城市社区解构与重组,原有的邻里功能被社会化的服务体系所取代,社区邻里之间的互助关系被社会化的经济利益关系所取代。其中最大的问题就是社区商业的铁笼化、利益化和大型化。人们在居住迁徙过程中也许可以获得更好的住房和环境,但并不意味着同时获得了更加珍贵的东西——成熟而有活力的传统社区邻里关系。所以增强邻里交往、满足人性的多样化需求、可持续发展、尊重历史、自然和谐共存等城市规划思想也应是城市微观单元发展所追求的目标。

社区商业不仅要承载经济交换和消费的功能,并在一定程度上承载了社会交换和公共福利功能,创造一种新型的消费亚文化。社区商业空间的发展应围绕社区生活为中心进行发展建设。这种以生活为核心概念的商业形式将与社区联系更紧密,文化内涵和交流场所的感觉更强。它的可达性、商业业态形式多样性将很好地满足社区居民的需要,还可以缓解城市中心商业区的压力。社区的商业活动中心应如同社区的多功能厅,在这里小餐馆、小店铺连成片,购物、攀谈、用餐、玩乐等不同年龄不同活动行为交错或同时发生,体现出社区的活力。社区商业还可以在正常商业经营活动的基础上,利用节假日、纪念日等时机,创造条件开展丰富多彩的社区活动,使社区居民以"社区"为家,增强居民的社区归属感和认同感。

　　5) 集中自由式布局

　　一个强大的社区中心是塑造居民对社区的归属感和认同感的必要基础。因此公共设施分散布局的中国式居住区中心已被实践证明难以建立起一个富有活力的社区中心。通过建立在临近性原则上的功能集中布局,如苏黎世与新加坡的社区单元中心,能够达到多重互补功能的复合发展,以满足多样化的需求。但是这两种模式中又有形态上的区别。苏黎世的单元中心空间形态能够最大化经济效益,易于塑造宜人尺度的社区中心;新加坡强集中式的中心空间形态在目前中国单元中心布局零散杂乱的背景下具有很强的实践意义。但是,这种强集中模式同时也将带来一系列的问题,如宜人社区空间尺度的建设问题,社区商业"铁笼"化的发展趋势问题,以及在建成区内的适应性等问题。自由沿街式布局形态的优点是能够塑造出更为亲切宜人的街道景观,以及更为经济合理的空间利用,具有更强的适应性。整体式的强集中布局方式要有完整的街区来实现,所以对于建成区来说很难在恰当的地方提供完整的地块用来建设社区中心,一般只能在新区建设或城市的棕地的更新改造的规划中预留。沿街自由式的集中布局方式缺点在于人的活动与小汽车机动交通之间的矛盾,但是如果将单元的空间规模尺度控制在适宜的步行距离内,以公共交通发展为导向,限制小汽车的出行,那么将解决沿街式发展的最大问题。另外,随着居民卫生意识和卫生技术的改善,建筑质量的提高,自由集中式的发展应该是未来所提倡的单元中心发展模式。

　　6) 塑造宜人的非机动车出行环境

　　早在上世纪60年代,柯林·布南在《城镇交通》中谈到:"一个人可以四处走走看看的自由是判断一个城市文明质量的极有用的指针"(Traffic in Towns,1963)。创建具有宜人非机动车出行的空间环境在城市空间基本单元尺度内会帮助我们恢复车辆开始支配城市以来所失去的许多良好的城市特征,在家中享受安宁和宁静;重构我们的社会交往体系;提供丰富的体验;增加安全感和归属感;等等。

　　所以在居住区的规划建设中应该充分考虑步行、自行车使用,创造步行距离为尺度的日常生活环境。主要策略有提高土地利用强度,单元中心的功能混合开发,减少出行的距离和时间;整个单元内,特别是单元中心内在政策的制定上给予步行者法律地位,形成步行者优先权利;为公众在步行或骑车范围内提供多样化的公共设施和基础设施,满足日常生活需要。非机动车线路网络应该与核心商业区和公交站点保持便捷、明晰的联系;主要步行通道和自行车道连接公园、广场、居住区,应当避免步行通道穿越停车场。不宜设置自行车、行人地道或天桥。重要的起讫点,如核心商业区、公交站点、就业中心、学校及其他公共设施应当通过步行道连接。

7）构筑开放社区

社区不应该是独立于城市空间的"城中城"，而是作为城市整体功能和空间构成的有机组成部分。不论从居住功能，还是各种生活的配套设施，都应该是城市有机组成的一部分。而最重要的是社区道路系统要成为城市道路系统的一部分，这是决定住区的生活空间与城市一体化交流互动的前提条件。因为住区道路不仅承担交通功能，同时承载着社区的生活功能，社区内的道路往往是最具活力的活动场所，是居民交往、聚会、休憩等活动的空间承载。相对于城市道路系统而言，社区道路网络是城市微观层面的交通网络系统。因此，构筑开放的社区道路网络系统就是要将微观层面与宏观层面的道路形成城市道路与社区道路共同构成格网状的道路网，将更多的城市支路渗透到住区内部。

而当前中国所采用的是大规模封闭式的小区管理模式，使公共交通被挡在社区之外，给居民出行带来了极大不便；主要交通流汇集在城市主干道路也增加了道路的负荷，不利于交通疏解，同时也不利于步行及自行车交通和区域内不同地点之间便捷的联系。这在一定程度上鼓励了利用个人机动车交通而减少了步行和自行车出行的可能性，导致交通拥堵，增加了能源的消耗与尾气的排放。从规划设计方面可采用以下几方面措施：第一，加大道路网密度，降低封闭式管理单元的规模尺度，从而加强居住区路网的开放度，塑造一个相对开放型的社区。采用格网与反射状的短捷直接的联系道路的形式为各个功能区之间提供便捷的联系，这样增加了街道的吸引力，使得居住区内部道路的作用增大，从而提高了居民步行或骑车的愿望，增加了人们在社区中步行尽享公共空间的乐趣，也增大了社区的凝聚力。每个街道的间距不应该超过 250 m，居住性质为主的区块面积为 4～6 hm² 为宜①。第二，对于已建成住区，应该根据小区大小，缩小封闭管理规模，开放小区公共资源。例如将"四菜一汤"的典型小区规划布局中的"汤"（一般是小区的公共绿化和配套设施等）以及相应的小区主路开放出来，以作为城市的公共性资源，小区主路可以成为城市的支路，让人们可以自由进出，各个相应的"菜"（居住组团）可以作为每个封闭式管理单元。第三，各个封闭式单元的围墙应该能透绿、观景，形成较为宜人的住区街道，增加步行、骑车的乐趣；减少在道路上各种活动的被排斥感，利于社会的和谐稳定。

---

① 在 TND 的发展模式中，整个单元的大小为 16～80 hm² 不等，半径不超过 400 m，街道间距 70～100 m。根据我国目前的居住区开发模式，居住开发用地的街道间距 70～100 m 很难做到。

5 城市 T、C 级空间发展单元的规模尺度和发展策略

城市空间系统是由多个层级的城市空间单元相互嵌套叠加而成的,除了上文所研究的 B 级空间发展单元之外,一个城市应该还包含有更多的空间层级,各个层级的空间单元共同对整个城市的空间结构绩效起作用。社区邻里层面的空间单元(BDU)是城市空间结构中的微观空间结构,这些结构是组成城市总体空间结构的基本单元①。那么,BDU 之上的更高层级的空间单元又是什么? 这有可能是一个完整的中小城市,在一个特大或大城市当中则往往表现为新城或是功能片区等中观层级空间单元。

5.1 城市 T、C 级空间发展单元的理论发展和实践

1998 年彼得·霍尔(Peter Hall)爵士与社会和环境规划事务评论家科林·沃德(Colin Ward)博士合作完成《社会城市——埃比尼泽·霍华德的遗产》一书,以纪念霍华德"田园城市"思想发表 100 周年。书中系统地评价了霍华德"田园城市"思想在 20 世纪的成败,及其"社会城市"思想在 21 世纪应用的可能性。

5.1.1 "田园城市"与"社会城市"

埃比尼泽·霍华德(Ebenezer Howard)总结了城市美化运动、公共卫生运动和环境保护运动三大运动正反两方面的教训,同时受到当时空想社会主义者的影响,对城市进行了大量的调查和研究后,于 1898 年 10 月发表了革命性的《明日! 通往真正改革的和平之路》(*Tomorrow: A Peaceful Path to Real Reform*),1902 年再版时更名为《明日的田园城市》(*Garden Cities of Tomorrow*)。

在《明日的田园城市》一书中,霍华德把古希腊关于任何组织的生长发展都有其天然限制这一概念介绍到城市规划中来,并在他设想的城市发展概念中得以体现,他提出了建设田园城市概念并给予理论论证,在该论述中通过著名的三种磁力图示进行图解和阐述,认为现在的乡村和城市都具有有利因素和不利因素,所以他认为建设理想城市应兼有城市与乡村二者的优点,并使两者像磁体那样相互吸引、融合,这种城乡结合体被称为"田园城市",是一种新的城市形态。"田园城市"既具有高效的城市生活,又可兼有美丽如画的乡村景色,能够产生人类新的生活和新的文化。

1) 田园城市

在书中霍华德以一个"田园城市"的规划图解方案具体地阐述了其理论(图 5-1):城市人口规模 3.2 万,占地面积 404.7 hm²,外部围绕 2 023.4 hm² 的土地为永久性绿地,城

---

① 城市空间是一个具有分性特性的系统,所以 BDU 并不是城市空间当中最小或最低等级的空间层级,往下再细分可以分成社区组团、庭院等层级。但是因为 BDU 与下面的层面相比,对整个城市的结构绩效具有重要的影响,同时又具有更丰富的内涵,所以对城市空间层级的研究始于 BDU 层级。

市平面为圆形,内部一系列功能区由同心圆组成,可分为中心区、居住区、工业仓库地带等。6 条宽 36m 的放射形大道从市中心放射出去,将城市划分为 6 个等分面积。中心为花园,周围是市政厅、剧院、图书馆等公共建筑,外围是占地约 58 hm² 的公园,公园外围是一些商店、展览馆,再外一圈为住宅,再外面为宽 128 m 的林荫道,林荫道上有学校、儿童游戏场及教堂,大道另一面是一圈花园住宅[1]。其基本要点是:一个混合用途、中等密度、固定规模的开发;工作岗位、学校、商店、公园、乡村都在步行距离之内。霍华德的规划忠实地遵循了一个世纪以后好的规划原则:步行尺度的定居地,因而不需要小汽车出行;现代的高密度标准,因而在土地上是经济的;保持开放的空间,因而维持了一个自然的居住环境。

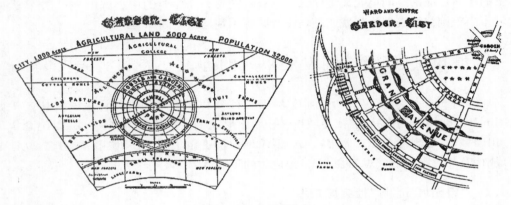

图 5-1 田园城市

2) 社会城市

对于霍华德来说,"田园城市"并不是他的奋斗目标,而只是实现他所追求的目标——"社会城市"的一个局部试验和示范[2]。"社会城市",就如彼得·霍尔(Peter Hall)爵士与社会和环境评论家科林·沃德(Colin Ward)博士所称的那样,才是霍华德真正的思想遗产和核心,也是现代规划史上第一次将城市空间层级的规模尺度具体化的论著。

霍华德对"田园城市"发展作出了进一步阐述:当"田园城市"的人口达到 3.2 万人,它将怎样继续发展? 是否要在环绕它的绿带上进行建设,从而损坏它被称为"田园城市"的理想? 继续发展的策略是在不远的地方,建设另一座城市来疏解过多的人口,因而新城镇也会有自己的乡村地带。也就是当城市基本空间单元规模达到 3.2 万人的极限后,在不远处将另建"田园城市"(空间单元),随着时间的延续,形成了 6 个面积为 9 000 英亩,人口为 3.2 万人的一般单元和 1 个面积为 12 000 英亩,人口为 5.8 万人的中心城市。共同组成了一个由农业地带分割的总面积为 66 000 英亩,总人口为 25 万的更高一级的城市空间单元,即社会城市。从中心基本单元的中心到一般基本单元的中心约 4 英里,从中心单元边缘到各"田园城市"边缘约 2 英里。各基本单元之间放射交织的道路、环形

① 埃比尼泽·霍华德. 明日的田园城市[M]. 金经元,译. 北京:商务印书馆,2000

② Peter H, Colin W. Sociable Cities: The Legecy of Ebenezer Howard[M]. New Yorks: John Whey&Sons. Ltd, 1998

的市际铁路,从中心城市向"田园城市"辐射。在交通、供水和排水上,把社会城市联成一体。这样,即使是身处两个单元中,由于交通的快速发展,人们也将会很快地从一个单元到达另一个单元(图5-2)。

从"田园城市"到"社会城市",霍华德突破了单层级的城市空间尺度,扩展到了"社会城市"多层级空间结构概念。遵循着这一独特的研究路径,按照21世纪可持续发展的原则来理解霍华德的工作,证明霍华德思想生命力的同时,也在当代新的现实条件下延伸了他的思想①。

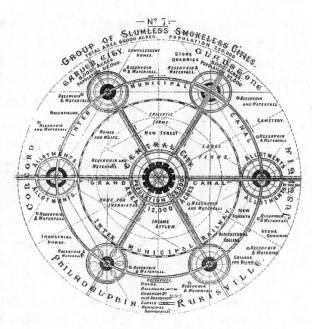

图 5-2 社会城市

5.1.2 霍氏理论实践和影响

1) 英国新城运动

在 1946—1950 年期间开始的第一阶段新城建设,都是从最初霍华德"田园城市"发展起来的。按"邻里单位"规划原则建设的新城,有住宅围绕着社区公共设施布置的哈罗(Harlow)新城、为战后"婴儿潮"提供理想居住环境的巴西尔登(Basildon)新城和第一座新城斯蒂文尼奇(Stevenage)新城。这些新城的特点是规模小、距主城的距离近、以居住为主。

与第一阶段的新城相比,1960年代的第二代新城在概念上开始削弱对邻里单位理论的坚持,在规划设计中更注重私人汽车所产生问题的解决。新城距离主城更远,规模更大,这样就能提供更多的工作和服务机会。当然也意味着步行至工作地点的距离进一步扩大。如第二代新城的典型代表坎伯诺尔德(Cumbernauld)新城与邻里单位原则决裂,通过步行道连接住宅区和中心,把汽车转移到绕行交通干道上。

1960年代后期建立的第三阶段新城为了需求独立和自我平衡,在新城规模和离母城的距离上都有巨大变化,典型的新城规模人口范围为17万～25万,低密度发展又造成用地规模的尺度变大,采用小汽车导向发展方式,而且远离母城中心。如伦敦周边的第三代新城都远离伦敦,彼得伯勒(Peterborough)离伦敦130 km,北安普敦(Northampton)离伦敦113 km,密尔顿·凯恩斯(Milton Keynes)离伦敦96 km,意图也是让霍华德思想适应于战后英国的新现实。

第二次世界大战以后至80年代初,英国先后设立了33个新城(爱尔兰22个,威尔士2个,苏格兰5个,北爱尔兰4个)。直至进入20世纪70年代中期以后,由于深层结构性原因导致内城问题的存在,城市郊区化和"逆城市化"现象日益严重,使得政府把资源从

---

① 黄怡. 从田园城市到可持续的明日社会城市——读霍尔(Peter Hall)与沃德(Colin Ward)的《社会城市》[J]. 城市规划学刊,2009(4):113-116

新城和扩张城镇的计划转到了城市更新重建上,迫使英国城市政策发生了改变,1977年开始出现政策转折点①,1978年工党政府通过了《1978年内城地区法》(*Inner Urban Areas Act 1978*)是这一政策转折的重要标志。到了1990年代,自1946年开始的英国著名的"新城运动"在英国已正式成为历史②。

新城的发展虽然源于霍华德的"田园城市"理论,但相对于霍氏的理论精髓"社会城市"而言,除了霍华德亲自发起建设的伦敦北面60 km处的第一座"田园城市"莱奇沃(Letchworth),与离伦敦更近的第二座"田园城市"韦林(Welwyn),以及后来第一阶段的哈特菲尔德(Hatfield)和斯蒂温尼奇(Stevenage)新城,构成了霍华德所谓的"社会城市",成为今日一个标志性范例,其他的新城都没有"社会城市"层级空间体系建设。而且更重要的是"社会城市"的层级思想并没有被深刻地认识,新城与主城之间所追求的是一种绝对性的隔绝,表现在它们之间越来越远的距离,以及越来越强调自身的独立和就业与居住的平衡,而没有考虑将新城纳入整个城市空间结构中的某一有机部分。

2)新加坡新镇建设

纵观新加坡新镇规划体系的由来,新镇在新加坡城市空间发展中占据着非常重要的地位。在新加坡独立前,约80%的人口居住在市中心,形成了拥挤、恶劣的生活环境。在英、美规划师的帮助下,新加坡采用"新镇"的发展模式,将市中心的大量人口进行有效疏散。1960年代以来新加坡已开发了23个高密度新镇,约90%的人口居住在离市中心10~15 km的新镇。

(1)理论发展与实践

新加坡新镇建设的核心理论基础主要是基于E.霍华德1898年提出的"花园城市"(Garden City)以及"社会城市"(Social City),并在实践中结合自身国情创造性地发展完善起来。其中新镇的规模和空间结构组织主要是参照"社会城市"的规模和空间结构建设,每个新镇的人口规模为16万~21万人,由5~7个邻里组成;邻里主要参照"田园城市"的规模以及空间结构,具体建设上根据佩里的"邻里单位"理论,规划每个邻里人口规模为1.5万~2.5万人,邻里中心的服务范围为

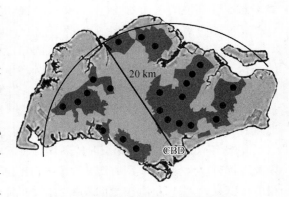

图5-3　新加坡新镇分布区位图

400 m左右的空间单元。在70年代末期至90年代初期新镇发展过程中,结合人文精神,依循"社会城市"空间层级理念,邻里组团概念也被引入新镇建设中,形成了比较稳定的"三级空间结构"单元式开发理念,即"新镇—邻里—组团"(图5-3)。

当然新镇的发展也受其他西方理论的影响。例如,建筑高层发展、底层架空、人车分

---

① 也有人认为它是战后英国规划历史的转折点。
② 迈克尔·布鲁顿,希拉·布鲁顿.英国新城发展与建设[J].于立,胡伶倩,译.国外规划研究,2003,27:78-81

流借鉴了 L. 柯布西耶(Le Corbusier)于 1922 年提出的"明日城市"(The City of Tomor-row)的构想;城市道路系统沿自 A. 屈普(Alker Tripp)于 1942 年提出的道路分级原则;网格状快速道路、主要道路沿新镇周边布局;新镇中心、小区中心商业设施与地铁站、公交站等公共交通站点结合突出 TOD 发展模式理念;在混合发展、高密度开发、快速交通、人性化尺度方面体现了 TND 发展理念;在空间形态上也拥有 R. 罗杰斯(Richard Rogers)在 1997 年的"串联社区"模式的长处。虽然这些西方城市规划发展理论与霍华德的"花园城市"和"社会城市"一起构成了新加坡新镇的理论基础,但"社会城市"的层级、集中、簇群发展的理念从未改变,成为"新加坡发展模式"最根本性的空间发展理念。事实证明在"社会城市"的层级发展理念下,新加坡通过上推下沿,构建了"城市—区域—新镇—邻里—组团"的空间层级体系,成为世界上空间层级结构最清晰的城市之一。

新加坡之所以能够在规划实践当中遵循"社会城市"的理念精华有着其自身的客观因素:其一,国土面积狭小。由于新加坡国土面积狭小,新镇只能布置在距离城市中心 5～20 km 处,客观上不可能成为类似于追求独立和工居平衡,从功能到空间距离都要完全隔绝的卫星城。新镇成了整体城市空间系统中的不可或缺的、高效的中观层级结构,使新加坡整体城市的宏观空间结构能够得到高效有序的支撑。其二,城市的高密度发展背景。由于城市发展空间有限,只能通过高层高密度的方式来挖掘空间发展潜力。高密度的开发方式提供了城市建设大容量公共交通发展的有利前提条件,客观上促进了"社会城市"中各个空间层级的功能场所得以紧密联系,成为一个具有高绩效的城市空间结构。

(2) 中观空间层级结构发展演化

新镇的空间层级结构的演化,可以分成三个发展阶段:即从起初 1960 年代的"新镇—邻里"二级结构;1970 年代后期出现的"新镇—邻里—组团"三级结构;到现在的 21 世纪"新镇—区块"结构模式。

"新镇—邻里"二级空间结构:1965 年,新加坡开始通过建设新城来发展组屋。第一座在郊区规划建设的大巴窑(Toa Payoh)新镇标志了新加坡大规模组屋建设全面开始。住区结构主要运用了邻里单位的模式。1973 年开始建设的宏茂桥(Ang Mo Kio)新镇依然沿用了"新镇—邻里"结构模式,但在结构上较 Toa Payoh 新镇更加成熟了。新镇的服务设施体系由镇中心、邻里中心构成。镇中心配置规模较大的服务设施,周围的六个邻里单位围绕,每个邻里单位又有邻里中心(Neighborhood Center)作为次中心。每个邻里单位有 4 000～6 000 户居民。邻里中心内配有学校、商店、社区文往空间等设施,用于满足邻里内居民的基本生活需求。邻里中心的服务半径约 400 m。此时新镇的空间结构基本上就是霍华德理想的"社会城市"空间结构在新加坡的直接应用。

"新镇—邻里—组团(Precinct)"三级结构:为了营造社区归属感和提供足够的交流空间,能够在更适宜的空间规模内促进人与人之间的交往,1970 年代后期开始尝试新的空间结构。结构特征就是把区块(Precinct)作为规划的单元,区块的用地规模一般为 4 hm^2 或 2 hm^2。每个区块内有 4～8 栋公寓楼,可容纳 400～800 户住户。区块内有一个含有活动场地或者公园的区块中心。区块作为新城规划结构的构成元素,通过区块的组合形成了"新镇—邻里—组团"三级结构。道路网被整合到结构中并通过节点与城市相连形成具有强烈几何形式的新城。这种模式的主要理念可以概括为以下三条:整合交通与土地利用;优化土地利用;实现和谐的社区生活。位于新加坡东部地区的淡滨尼(Tampines)新镇是首个采用这种结构规划的新城。

"新镇—街坊(Estate)"两级结构模式:从上个世纪 90 年代,由于受到新城市主义TOD、TND 发展理念的影响,以及轨道交通的不断完善发达,新加坡开始实施新的新镇空间发展结构模式,即所谓的"21 世纪模式"。这种空间结构体现为更紧凑的发展,更高的容积率(住宅地块 3.0~3.5),更高的高度(住宅约 18 层)。在更高密度的情况下,新镇结构简化为"新镇——街坊(Estate)"两级。"街坊"是小区与邻里的变体,成为基本规划单元,规模为 1 200~2 800 户,并有 0.4~0.7 hm² 左右的开放绿地作为居住单元的公共空间。每个住区单元通过建筑限定出适宜步行的街道空间。学校、图书馆、教堂等公共设施集中布置,学校操场等活动设施开放给社区居民共享使用。这种模式采用较以前更小的但具有明确边界的居住单元以回归"聚落"居住模式的社区精神。

5.1.3 中国特大城市空间中观层级结构发展特征和问题

城市空间的中观层级结构介于宏观结构和微观结构之间,根据城市规模的大小,形成多层级的空间系统结构。由于城市的各种矛盾在特大城市中表现得尤为突出,而中观结构建构的成功与否对特大城市的各类问题具有关键性的影响,所以本书对特大城市中的中观结构进行重点阐述。就结构构成来说,中观结构具有与宏观结构和微观结构不同的特征,借助于城市要素对宏观结构和微观结构产生影响。就城市影响来说,中观结构对交通组织效率、人口密度分布、社区结构组织、绿地安排等直接发生作用。当中观结构完整高效时,整体城市的宏观空间结构将能够得到高效有序的支撑。

1) 中国城市中观层级空间结构发展特征

在目前的规划实践中,由于城市的整体宏观空间结构直接作用城市高端功能(如CBD)的用地供给,因而其结构及绩效常常受到绝对重视,而对中观层级结构的系统组织往往缺乏足够的关注和深刻的认识,导致中观结构在中国特大城市中呈现以下几个特征:

第一,中观层级结构的缺失。由于采用小城市的空间发展策略来应对大城市或特大城市的空间发展,所以城市整体空间结构由无数的居住区或者小区空间单元等微观结构从外围向中心堆积形成,没有层级分明的城市内部空间等级体系,没有强有力的城市 2、3级中心,空间系统结构呈现出无序状态。

第二,缺乏相对应的规划技术指标引导,中观层面的空间结构呈自生状态。对于城市的微观结构,如居住区和居住小区,有详细的各种技术指标和规定;但是对中观结构却缺乏法律法规的规定和指引,导致中观层级的空间规模以及配套设施建设等只能根据经验来判断,使得中观层级的空间发展处于自生的状态当中。

第三,中观层面的中心地统治力低下,辐射范围有限。一方面由于城市中心具有强大的吸引力,居民往往愿意直接接受最高等级中心的设施服务;另一方面中观层级的组织结构中心本身功能设施水平低下,交通区位可达性不突出,所以虽常在城市规划当中有相应的中观层面的片区中心,但是现实中的中心辐射范围远小于其应有腹地,没有起到相应的中心地作用①。

第四,与城市交通发展相脱离。主要表现在中心区位的选址与公共交通线路站点、换乘枢纽相脱节,中心对片区的影响力大为削弱。例如轨道交通选线经常以当前最小的建设成本为取向,轨道交通选线及站点的设置紧贴城市交通干道。由于交通干道常位于片区的边缘地带,与片区的中心结构明显相脱离,故而很难发挥中观组织的结构性作用。如果考虑到步行接驳的便捷和安全程度,所有站点均只适合发挥单侧服务功能②。又如中心位址的选择虽然考虑到公共交通的可达性,但是这种公共交通可达性与其他区位相比,公共交通的可达性势差并不突出,必然减弱了该层级中心地的辐射能力③。因此,无论从交通的角度还是从公共设施的布局角度而言,轨道交通的便利性基本局限于轨道交通站点周围步行范围内,很难服务于整个片区。

2)中国特大城市中观层级空间结构问题

由于对中观层级结构的系统组织缺乏足够的关注和深刻的认识,使中国城市的中观结构缺失或辐射能力低下,导致了种种问题。

第一,大城市团块圈层式无序蔓延,城市空间结构低绩效。从规划实践的角度来看,中观层面空间结构的缺失是大城市及特大城市空间结构层级模糊的直接原因。中观结构在整个空间结构系统中具有承上启下的关键性作用,中观层级结构的缺失使得城市整体空间结构由微观结构直接堆积而成,造成了一种渐变的、不断重复复制自我的城市空间发展依赖路径。这种"用中小城市的手法处理大城市、特大城市的空间组织"④的方法,造成了中国大多数城市呈团块单中心圈层式空间发展模式⑤。城市中心用地开发密集,城市建设和发展多以圈层式向外蔓延,而这种大城市中普遍存在的"近域圈层式"蔓延发展方式直接导致了中国大城市空间结构的低绩效。

第二,居民越级出行,增加出行距离和时间,造成中心区的拥堵和各种问题。如同城

---

① 在规划当中往往会设定一套中心等级体系,但是由于缺乏对不同等级空间单元规模尺度的认识,所以在现实当中难有理想效果。例如上海多个版本的城市总体规划都力图引导上海中心城从原有的"单心圈层式"向"多心开敞式"的布局发展。在等级体系安排上,按照中心城、分区、地区居住区体系,相应设置市级中心—地区中心—社区中心三级中心等级体系。从目前的发展来看,第一层级的市级中心以浦西外滩、浦东陆家嘴和人民广场为中心,市级中心已基本实现,而各市级副中心,如徐家汇、花木、江湾—五角场、真如中只有徐家汇发育成熟,其他中心的辐射范围还相当有限。分区中心虽然在规模上与分区相对应,但由于道路交通组织并未使各个中心在分区内具有最好的可达性,因此也较难很快成长起来,分区内部层级组织结构也未能实现。

② 轨道交通选线常常是以当前最小的建设成本为取向的,而且这种方式不仅存在于建成区,在新开发地区也普遍存在。由于紧邻城市干道,导致轨道交通站点地区用地十分局促,如果进行商业开发,适宜服务的范围也局限在单侧,轨道交通站点被置于空间结构的边缘。轨道交通站点无法遵循 TOD 开发模式,最终也将导致中心结构与轨道体系的分离,使各自的功效无法得到最大化。

③ 以上海北分区的片区中心江湾—五角场为例,中心位于轨道线的交汇处,但在北分区内,除这个设立的片区中心外,具有两条轨道交通交汇的站点还有几处,这些地区享有与片区中心同等的可达性,必然会对片区中心的形成造成干扰。如南京市仙林副城市区内虽有规划两条地铁线,但两条地铁线并没有在副中心交汇,导致仙林中心的公共交通可达性势差均化。

④ 同济大学赵民教授在"泛珠三角区域城市规划院院长论坛"报告以及"上海市社会科学界第四届学术年会"报告中多次提到要高度重视城市空间结构的绩效问题。大城市空间结构的低绩效问题,根本原因在于"用中小城市的手法处理大城市、特大城市的空间组织",即"不断局部复制自己",可谓是路径依赖。

⑤ 从我国城市空间结构形态的特点分析,我国城市的布局类型主要有团块状、带状、组团式等几种,其中团块状单中心是我国许多城市的共同特征。

市微观结构的规模不恰当所造成的问题一样,中观层级中心的缺失或弱化,使得公共配套服务设施的种类缺乏、效率与质量低下、价格不合理,促使居民需要越级出行,到达市级中心来满足自身的需求,产生了对更高一级或者市级公共设施的依赖,导致居民越级出行,增加出行距离和出行时间。另外圈层半径的增加使得就业空间与居住空间两者间的距离不断拉大,加上总的交通出行需求随城市规模的增加呈几何级数级增长,使得交通出行成本无限增加。由于中观层级结构对于整个城市的交通系统有着承上启下的作用,与微观层级所造成的交通问题相比,中观层级的交通转换系统的缺失将直接导致出行距离的大幅度增加,加剧了中心城交通组织的难度,并逐渐影响中心城的可达性,整个空间结构表现出不可持续的特征。

第三,土地空间利用强度和价值衰减率快速递减。"摊大饼"式蔓延最直观的表现是人口密度分布一般呈现出由城市中心向外围快速衰减;从城市用地的拓展来看,新增用地围绕在原有的城市边界周围,形成一个新的圈层,即便一开始可能会借助于交通轴形成轴向式的用地拓展,但很快这些轴线之间的用地又会被填充,而不是跳出原有城市空间结构再形成新的高点[①]。城市土地开发强度和人口密度分布与到达城市中心的距离增加而急剧衰减,导致空间资源不均衡利用的加剧。特别是在中心城区空间已经远远难以满足需求的情况下,对中心城区的空间需求仍呈现剧增态势,不断引发功能置换和建筑拆建,造成有限的城市建设资源的极大浪费,而外围空间却长期得不到投资建设。

第四,穿越其他中心,破坏空间发展的完整性。在城市扩展到一定的空间规模之后,比较理想的到达城市中心的出行模式应该是通过中观层级的片区中心将该片区的各种出行人流汇聚一起,然后通过较大容量的轨道交通或者公共交通主干线路输送到城市中心。一旦缺乏中观层级的交通转换枢纽,出行者必然寻求各种交通方式以达到出行目的,将会产生无序的交通流向,鼓励个人交通方式的出行(特别是个人机动交通方式的增加),其结果是穿越所经过的空间单元,破坏整个空间的完整性和宜居性。

5.2　T级空间发展单元的规模尺度以及作用机制研究

柯林·布南在《城镇交通》[②]一书中说过:"一个人可以四处走走看看的自由是判断一个城区文明质量极有用的指针。"但是,若干年后的今天,我们仍旧踟蹰在机动车的海洋和狭窄的"一线天"中,四面楚歌。

根据交通出行的距离以及交通方式的特性,本书将空间基本发展单元(BDU)层级之上的空间单元划定为T(Town)级城市空间发展单元(TDU: Town Development Unit)。TDU的概念意指类似工业化早期的"步行城镇"(Walking Town),在该空间单元层级,人们可以通过步行到达单元中心工作或购买商品;在适宜的时间内能够通过自行车到达中心换乘轨道等公共交通方式,降低对小汽车的依赖。并且TDU能提供一定的工作岗位减少钟摆式的通勤,满足人们日常的娱乐、购物等需求。总的来说,"步行城镇"概念旨在让人

---

① 近域圈层式蔓延在很多城市都能找到印证,最典型的城市是北京和上海,纵观其近年间的城市建设历程后可以看到,城市的空间拓展基本都是遵循这一方式开展的。

② Buchanan C. Traffic in Towns: a Study of the Long Term Problems of Traffic in Urban Areas[M]. London: Her Majesty's Stationery Office, 1963

们能更有尊严地在严峻的现实中生活,而不是简单地抒发对过去历史的怀旧情绪,而是通过重新认识城市空间发展与交通组织之间的紧密联系,从而形成新的城市生活模式。

5.2.1 规模尺度理论推导

根据克里斯塔勒的中心地理论,中心地所执行职能的数量,可以把中心地划分成高低不同的等级。在理想条件下可以通过已知的上下级空间规模尺度推算出该层级空间单元的规模尺度。

根据中心地的空间分布形态,受到市场因素、交通因素和行政因素的制约,形成不同的 K=3,K=4,K=7 的中心地系统空间模式。根据均衡发展模式,在 K=3 系统中,假如 T 级中心地为 B 级中心地上一层级的中心地,那么,每个 T 级中心地共有 3 个 B 级中心地的服务量,如果基本单元的人口规模为 1.5 万～3 万人,那么,T 级中心地所需的人口规模约为 4.5 万～9 万人。城市空间基本单元的上一等级中心的服务半径将是其服务半径的 1.732 倍,如果一个城市基本的空间发展单元的适宜服务半径为 400～600 m,那么,更高一级的 T 级中心地的服务半径将为 693～1 076 m,面积为 1.51～3.64 km²。在 K=4 系统中,中心地位于连接两个高一级中心地的道路干线上的中点位置。上一级中心地所服务的人口是下一级中心地的 4 倍,服务半径是下一级的 2 倍,即每个 T 级中心地共有 4 个 B 级中心地的服务量。如果基本单元的人口规模为 1.5 万～3 万人,那么,T 级中心地所服务的人口规模约为 6 万～12 万人。如果 B 级空间发展单元的适宜服务半径为 400～600 m,T 级中心地的服务半径将为 800～1 200 m,面积为 2.01～4.52 km²。在 K=7 系统中,1 个高级行政区单位行使对 6 个基层行政单位的管理职责,从而上一级中心地所服务的人口是下一级中心地的 7 倍,服务半径是下一级的 2.65 倍。如果基本单元的人口规模为 1.5 万～3 万人,那么,T 级中心地的服务人口为 10.5 万～21 万人。服务半径将为 1 058～1 590 m,面积为 3.52～7.94 km²。如果城市空间基本单元的服务半径统一以 500 m 计算,那么,在 K=3,K=4,K=7 的中心地系统下的最小服务半径分别为 866 m、1 000 m 和 1 325 m,面积分别为 2.36 km²、3.14 km²、5.51 km²。

那些位于城市中心区或者主城区的混合型空间发展单元,由于交通道路网密度和公共交通线路的密度比较均质密集,交通和行政作用程度都较低,所以以市场为原则的K=3 系统具有更高的参考价值。而那些交通可达性的作用有明显提高,但是行政作用又不明显的中心区外围地区至城市边缘的过渡地带,K=4 的系统比较有参考价值。对那些远离城市中心区的社区型空间基本单元、卫星城以及周边组团,由于自给自足性相对强,离城市中心较远,一般从最初的规划就开始考虑发展界线和行政区划,所以偏向于适用以行政为原则的 K=7 的中心地系统。

但是,城市空间结构天生存在着尺度效应,在不同层面的尺度观测研究的结果往往相差巨大。在一个空间层级系统中,低层级空间结构单元在更高层级空间内会被"抽象"掉,同一层级的相似的单元会合并为高层级空间中的一个空间结构单元。这种"抽象"使得在一种层级尺度上的研究以及通过某一研究方法进行空间分析所得到的结论都不可轻易地推导到另一种层级尺度上去。所以空间尺度的上推和下推通常是比较困难的,即地理要素在空间分布上也具有从量变到质变的性质①。而且现实当中具有各种各样的因

---

① 罗震东.解读多中心:形态、功能与治理[J].国际城市规划,2008:32-36

素对单元规模尺度起作用,仅仅只有一种因素,如市场、交通或行政因素的情况是不存在的。所以,对于这些在苛刻的假设性理想条件下推导出的结论,主要作用是帮助我们对 T 级空间单元的规模尺度形成一个总体的认识和参考,还需要配合实证研究才能得出较为客观的结论。

5.2.2 空间地理尺度确定

T 级空间发展单元的空间地理尺度除了参考中心地理论所推导的中心地所服务的半径以外,还根据"扎哈维推断"和"马赫蒂恒量"时间出行预算恒定和自行车换乘最佳的主导空域两个方面来确定。这样,T 级的空间地理尺度不但能满足比较适宜的步行距离,而且还能够满足自行车与公交车之间的换乘尺度,将会更有效地利用发掘自行车交通的潜力,实现鼓励更加合理地利用非机动车交通的目的。

1)自行车换乘主导时空区域

不同交通方式所适应的时距区域,是确定城市交通结构的基础。所以通过研究公交与自行车交通方式之间的合理转换距离,明确城市公交的竞争优势时距区域、与其他交通方式的合理转换、争夺区域,对合理确定 T 级空间单元"步行城镇"空间尺度有重要影响[①]。

常规公共交通的站点比较理想覆盖范围半径可在 200 m 左右[②],能够通过步行方式到达公交站点,然后换乘公交。然而,现代捷运公共交通系统,如轻轨、地铁或 BRT 等类型的公共交通站点的服务范围半径可达 2 km 左右,在一些边缘地区或不发达地区的常规公共交通系统的不发达造成线路网稀疏,也超出了步行换乘的距离。这时候就可以通过自行车与公共交通相结合的方式来满足出行的需求。采用自行车交通换乘方式的优点有:第一,不必盲目增加公交路网。由于自行车取代了步行交通,扩大既有公共交通站点的服务范围和提高出行舒适度,公交路网不必那么密集。第二,由于不增加公交路网密度,故此能集中财力优化公交干线、提高服务水平、增加公交的舒适性和吸引力,能够使公共交通系统效用最大化,特别是轨道交通或 BRT 等主干公共交通系统线路的重要环节,也是降低小汽车出行,提高自行车交通作用的关键性因素,所以自行车交通换乘距离时耗对 T 级城市空间尺度的确定具有重要意义,对中国当前公共交通并不发达的状况,也具有很大的现实性。中国的学者针对中国当前的实际情况对自行车交通和快速轨道交通的换乘距离做过研究,如陈峻、王炜认为换乘的距离以 1 700 m 为最佳[③]。

下面通过对步行—公共交通、自行车—公共交通以及常规公共交通—公共交通的换乘时耗比较,研究三种交通方式之间的合理转换距离,明确竞争优势时距区域、争夺区域。假设从出行地(如家)到较远的距离出行目的地(如城市中心区或就业地),需要在 T 级中心地换乘到快速公共交通(如地铁、轻轨或 BRT 等),那么有三种比较环保的交通方

---

① 当然,对于个体出行者来说,出行交通方式的选择不仅与各种方式之间的技术指标、服务水平和机动灵活性等因素有关,还与出行者的社会经济特征、行为状态和心理因素有关。但是出行的距离以及出行的时间预算在出行交通方式选择当中是最主要的考虑因素。

② 如作为世界上最好的公共交通典范性城市之一,苏黎世城区的公共交通站点覆盖范围半径只为 120~200 m,为市民提供了极大的方便。

③ 陈峻,王炜. 高机动化条件下城市自行车交通发展模式研究[J]. 规划师,2006,22(04):31-34

式:步行、自行车以及常规公共交通。三种交通方式的出行时间预算比较,公式如下:

$$T_{自} = L/v_{自} + t_{存取} \tag{1}$$

$$T_{步} = L/v_{步} \tag{2}$$

$$T_{车} = L_{步}/v_{步} + t_{候} + L_{车}/v_{车} \tag{3}$$

式中:L 为换乘距离,$T_{自}$ 为自行车骑行时间,$v_{自}$ 为自行车平均车速,$T_{步}$ 为步行换乘时间,$v_{步}$ 为步行速度,t 为通过一次公交换乘所需的时间,$L_{步}$ 为从出发地到常规公交车站的步行长度,$L_{车}$ 为公交行驶距离,$L_{步} + L_{车} = L$,$t_{候}$ 为平均候车时间,$v_{车}$ 为公交行驶速度。通常条件下,取 $v_{自} = 13$ km/h,$v_{步} = 4.5$ km/h,$v_{车} = 20$ km/h,$L_{步} = 150$ m,$t_{候} = 4$ min,可以得到不同出行距离采用 3 种换乘方式所用的时间(表 5-1)。

表 5-1　不同距离不同换乘方式所用时间

L(km)	0.6	0.8	1	1.2	1.4	1.6	1.8	2	2.2	2.4	2.6	2.8	3
$T_{自(min)}$	4.8	5.7	6.6	7.6	8.5	9.4	10.3	11.2	12.1	13.1	14	14.9	15.8
$T_{步(min)}$	8	10.7	13.3	16	18.7	21.4	24	26.7	29.4	32	34.7	37.3	40
$T_{车(min)}$	7.6	8	8.6	9.2	9.8	10.4	11	11.6	12.2	12.8	13.4	14	14.6

当换乘距离大于 200 m 时,利用自行车出行的时间就开始小于利用步行出行所花费的时间,但是因为存在存取困难、被偷盗的可能性以及自行车本身的折旧等问题,一般来说,换乘距离在 400 m 以内,大部分人都会采用步行的方式来出行。在 400~800 m,即步行时间 5~10 min 的时间预算,选择自行车或步行方式都有可能。超过 800 m,利用步行交通所花费的时间已经超过 10 min,超出了换乘所花费的意愿时间。而且步行换乘和利用自行车换乘的时间成本差异开始凸显,所以一般选取自行车作为出行交通工具。比较自行车和公共交通作为出行交通方式的优劣,从表 5-1 可以知道,出行距离在 0.8~2 km 时是利用自行车交通出行的最佳距离。2~2.8 km 是这两种换乘方式的争夺区。因为,第一,2 km 出行距离所需的时间为 10 min 左右,也就是人们用来换乘的意愿时间门槛值;且利用自行车换乘所花费时间略少于利用常规交通换乘的时间,具有略微的时间成本优势。所以在此范围内一般人会通过自行车作为交通工具换乘到轻轨、地铁、有轨电车或者巴士上来。第二,换成距离大于 2 km 之后,利用自行车出行所花费的时间就开始大于利用公共交通出行所花费的时间。但是在 2.8 km 之前,利用公共交通换乘的时间优势仍然不超过 1 min,且总的换乘时间在 15 min 以内,所以,通过自行车换乘仍然具有一定的竞争力,因此 2~2.8 km 为利用自行车换乘与利用公共交通换乘的争夺区域。

所以在 400 m 距离内,一般通过步行来完成换乘;在 400~800 m 距离之间为利用步行和自行车换乘的争夺区[①];而在 0.8~2 km 换乘距离之间为利用自行车换乘的优势距离[②];2~2.8 km 为利用自行车或公共交通换乘的争夺区;3 km 以外的距离一般会通过

---

①　在新城市主义宪章中提到:1/4 英里是人们乐于接受步行至公交车站的距离,如果公交具有良好吸引力和到公交站点的路途便利的话,人们可以接受 1/2 英里半径范围以内的距离。来源:Charter of The New Urbanism,1999

②　利用自行车换乘尤其适用于大运量快速公共交通,因为像地铁、轻轨以及 BRT 的站距为 1 200~2 000 m,超过了步行的最佳范围。所以利用自行车代步,以节省出行总时间。在特大城市中,如果有了"B+R"联合交通方式,它可以承担一部分远距离的出行。同样的,"B+R"也适用于组团城市和带形城市各个组团之间的联系。

公共交通来出行。但是这些结论并不是绝对的数值,个体具体采用何种交通方式来换乘,会受到各种各样的因素影响,如地形、气候、交通文化、换乘习惯、非机动车的基础设施情况、公共交通的运行状况、个人的身体状况、各种交通方式的出行环境、换乘设施的便利程度、自行车被偷盗的风险等因素。

2)步行交通主导空域范围

另外,根据扎哈维有关城市居民日常出行时间恒定推断,人类的每天出行时间预算为1小时左右。马赫蒂通过对希腊、柏林和美国等国家的11个城市的实证研究认为,即使是在人口规模和地理空间都大幅扩大,经济政治重要性也大幅提高的城市,"扎哈维推断"也同样有效。最终形成了著名的"马赫蒂恒量"定律。地图上的希腊南部村庄平均面积大约为22 km,中心的服务半径为2.5 km左右(图5-4)。罗马、维也纳、威尼斯等城市现在的老城区也是这个尺度。城市出行半径明显依赖于交通出行时间每天1小时左右,由于古代城市主要靠步行作为交通工具,所以大部分城市的半径为2.5 km左右。

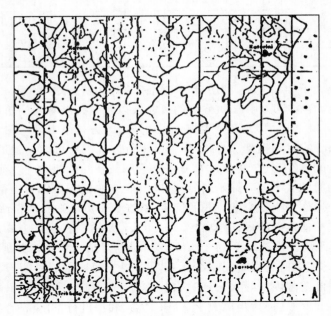

图5-4 希腊南部村庄分布图

总之根据"扎哈维推断"和"马赫蒂恒量"定律可知,从出行的角度,以步行速度4~5 km/h这一特性为标准,那么通过步行可以活动的范围当量半径为2~2.5 km左右,面积约为13~20 km²。也就是说,在这个范围内是一个可以通过步行达到出行目的的空间尺度,也是400~600 m为半径的步行活动范围的另一重要门槛值。

3)哥本哈根交通换乘出行统计

哥本哈根在通过轨道公共交通出行居民中以非机动化交通模式到达轨道交通车站的出行人数占有很大比例。相关部门在1994年对城市交通出行方式的调查结果显示,距离轨道交通站点1 km以内,通过步行来解决换乘是主要的出行方式,约占38%;在距离轨道交通站点1~1.5 km内,通过自行车到达的占据主导地位,占40%~60%;只有在距离车站超过1.5 km时,机动化的到达方式才占据主导地位,但其中乘坐公交车到达占

40%～50%；但是即便距离车站为 2.5 km，骑自行车到达所占的比例也高达 30%，而利用小汽车换乘的比例为 19%。这些特点与北美轨道交通车站到达交通模式的分布形成了强烈的反差。以旧金山湾区为例，在距离轨道交通车站 2.5 km 时，利用步行和骑自行车换乘的比例不足 4%，而私人小汽车却占了三分之二。理查德·恩特曼等城市设计师证实：通过创造舒适、有趣的城市空间和步行走廊，人们可接受的步行距离可以显著地增加（或许能增加一倍）。具有讽刺意义的事实表明，在了无生趣的环境里步行是让人很不舒服的，正如许多美国人会开车很长距离去找一个靠近购物中心入口的停车位，却并不认为在购物中心内步行一两英里是什么很大不了的事①。所以从哥本哈根与旧金山的比较可以清楚知道，如果在一个比较舒适有趣的自行车出行环境当中，1～2.5 km 的换乘距离是利用自行车到达轨道交通站点进行换乘比较适宜的距离。

"扎哈维推断"和"马赫蒂恒量"认为以步行作为交通通勤的当量半径范围为 2～2.5 km；根据自行车与捷运公共交通的换乘时耗，最佳换乘距离在 2 km 当量半径左右，2～2.8 km 为可接受的换乘范围；另外，根据哥本哈根的调查研究数据，距离车站 1～1.5 km 的范围内，骑自行车到达占据主导地位。所以综合以上三方面的因素，理想的 T 级空间发展单元，即"步行城镇"的理想空间地理尺度的当量半径为 1.5～2.0 km，可以接受的空间地理尺度当量半径为 2.5 km 以内。

5.2.3 人口规模确定

T 级空间单元的空间地理尺度的确定是对出行距离的限定，意在影响交通出行决策，提高对非机动交通在短距离出行当中的使用。由于各个国家或地区的土地利用强度等因素的不同，所以空间地理尺度的确定不能确定人口规模。但是根据克里斯泰勒的中心地理论以及商圈理论，不同等级中心地之所以能够存在是因为有着其腹地，最根本就是存在一定规模的门槛人口数量。所以一个能够满足 T 级空间单元发展目标，建设强大的 T 级中心所需要的人口规模是空间层级划分的最根本性问题。

1）研究对象

对 T 级城市空间单元的人口门槛规模的研究将以新加坡城市空间的相对应层级的发展单元——新镇作为研究对象。因为中国与新加坡的国情存在许多相似之处，如政府主导大量土地资源，土地资源短缺，人口密度大，等等。所以新加坡的发展经验对中国城市具有很强的借鉴意义，尤其是那些高密度的大中城市。具体研究范围包括新加坡整个城市区域中的所有 23 个新镇。

数据主要来自新加坡公开相关规划和一些内部资料数据；以及新加坡 2009 年的年鉴等相关的出版物资料。在实际研究中，对一些采用的资料在参考行政区划的基础上，综合考虑交通、地形以及商业等公共服务设施的辐射范围等因素进行适度修正，以更符合研究目的。对单个城市空间基本单元的计算面积是扣除大型的生态绿地、大型公园、大型水域面积再通过实地深入调查，结合行政、交通、地形等因素确定相对合理的单元界限。

2）空间基本发展单元人口门槛规模研究

通过对 2004 年的新加坡 23 个新镇的实际居住人口以及规划人口的统计数据，新加

---

① Robert C. The Transit Metropolis: a Global Inquiry[M]. New York: Island Press, 1998

坡新镇的面积范围在 4～12 km², 平均为 7.8 km² 左右; 居住用地一般占总用地的 21%～55%, 平均约占 40%; 人口规模一般在 10 万～30 万人, 平均一个新镇规划人口为 19 万左右, 按 2004 年的统计数据, 实际居住人口规模为 12 万人左右; 平均规划人口密度约 615 人/hm², 实际人口密度约 396 人/hm²; 平均镇中心的服务半径约为 1.6 km。为了更准确具体地探讨新镇的规模尺度问题, 本书将两类比较特殊的新镇排除, 一类是裕廊西(Jurong West)、淡滨尼(Tampines)、兀兰(Woodlands)三个新镇作为区域中心, 人口规模比一般性的新镇规模大, 而且新镇中心的配套设施与一般新镇也存在差异, 所以将它们排除在外; 另外一类是新建的榜鹅(Punggol)新镇, 由于榜鹅新镇规划人口 30 万人, 而目前的实际居住人口才 5 万人左右, 不利于反映新镇人口规模的真实情况, 所以也不作考虑。

排除上面四个新镇之后, 新镇平均的面积为 7～15 km² 左右; 居住用地一般占总用地的 21%～55%, 平均约占 40%; 人口规模一般在 10 万～25 万人, 平均一个新镇规划人口为 17 万人左右, 实际居住人口规模为 10 万左右; 平均规划人口密度约 620 人/hm², 实际人口密度约 410 人/hm²; 镇中心的服务半径为 1.1～2 km, 平均服务半径约为 1.5 km。参考新加坡新镇的现状人口和规划人口规模, T 级城市空间单元比较理想的人口规模为 10 万～25 万人(表 5-2)。

表 5-2　新加坡 T 级城市空间发展单元规模尺度归纳统计表

新镇名称	新镇总用地(hm²)	居住用地(hm²)	居住用地所占比例(%)	2004 年 3 月统计人口(人)	规划人口(人)	2004 年居住人口密度(人/hm²)	规划居住人口密度(人/hm²)	新镇中心服务半径(km)	至城市中心区距离(km)
宏茂桥(Ang Mo Kio)	638	283	44	152 979	185 600	541	656	1.4	9.12
勿洛(Bedok)	937	408	44	189 824	236 800	465	580	1.7	9.95
碧山(Bishan)	690	172	25	61 974	102 400	360	595	1.5	6.73
武吉巴督(Bukit Batok)	802	291	36	105 594	150 400	363	517	1.6	13.05
武吉美拉(Bukit Merah)	858	312	36	157 450	217 600	505	697	1.7	3.55
武吉班让(Bukit Panjang)	489	228	47	94 394	137 600	414	604	1.2	13.78
蔡厝港(Choa Chu Kang)	583	307	53	125 354	198 400	408	646	1.4	15.73
金文泰(Clementi)	408	198	49	77 200	112 000	390	566	1.1	9.81
芽笼(Geylang)	678	214	32	97 558	156 800	456	733	1.5	5.36

新镇名称	新镇总用地（hm²）	居住用地（hm²）	居住用地所占比例（%）	2004年3月统计人口（人）	规划人口（人）	2004年居住人口密度（人/hm²）	规划居住人口密度（人/hm²）	新镇中心服务半径（km）	至城市中心区距离（km）
后港（Hougang）	1 276	354	28	155 126	217 600	438	615	2.0	10.38
裕廊西（Jurong West）	987	480	49	221 277	294 400	461	613	1.8	14.69
加冷/黄埔（Kallang/Whampoa）	799	176	22	108 522	137 600	617	782	1.6	4.76
巴西立（Pasir Ris）	601	318	53	88 048	140 800	277	443	1.4	14.38
女皇镇（Queenstown）	667	206	31	90 899	150 400	441	730	1.5	5.21
三巴旺（Sembawang）	708	376	53	57 197	204 800	152	545	1.5	17.87
盛港（Sengkang）	1 055	507	48	120 307	304 000	237	600	1.8	12.33
实龙岗（Serangoon）	737	156	21	68 742	92 800	441	595	1.5	7.50
大巴窑（Toa Payoh）	463	210	45	112 381	153 600	535	731	1.2	4.66
义顺（Yishun）	810	445	55	149 162	268 800	335	604	1.6	15.59
其他 Other Estates	—	126	—	67 338	80 000	534	635	—	
小计 平均	715	280	39	109 698	171 621	392	613	1.5	10
小计 人口总数（人）	—	—	—	2 301 326	3 542 400	—	—	—	
特殊类型新镇 淡宾尼（Tampines）	1 200	500	42	196 752	265 600	394	531	2.0	12.63
特殊类型新镇 裕廊东（Jurong East）	384	165	43	71 552	92 800	434	562	1.1	13.18
特殊类型新镇 兀兰（Woodlands）	1 198	525	44	185 450	281 600	353	536	2.0	17.68
特殊类型新镇 榜鹅（Punggol）	957	474	50	47 760	307 200	101	648	1.7	13.66
平均	779	318	41	118 935	191 722	374	603	1.56	10.94
人口总数（人）	—	—	—	2 802 838	4 489 600	—	—	—	

5.2.4 理想规模尺度在中国语境下的适应性研究

如果按照中国当前居住用地的指导性标准(表 5-3),中国 T 级城市空间单元所需居住土地面积按照人均 30 m² 指标计算;并且借鉴新加坡新镇的建设经验,居住用地占整个 T 级空间发展单元的总用地 20%～50%,新镇平均居住人口 10 万～25 万人,那么一个 TDU 的用地面积为 6.6～16.5 km²,理想的单元中心服务半径为 1.5～2.3 km,如果综合考虑单元中心位址的偏离率[①]以及地形地貌等原因,那么实际所需单元中心的服务半径为 1.8～2.8 km。

表 5-3 规划单项建设用地指导性标准

类别名称	指导性指标(m²/人)					
	500 万人以上	200 万～500 万人	100 万～200 万人	50 万～100 万人	20 万～50 万人	20 万人以下
居住用地	16～26	20～30	22～32	25～35	—	—

所以在当前中国的土地利用强度的情况下,以 2～2.5 km 为当量半径的单元空间地理尺度能够容纳下 T 级城市空间发展单元的人口门槛规模[②]。而且在经济建设水平较高的城市,可以适当地提高开发建设强度,更能保证在 2.5 km 的 T 级中心地服务半径内的空间地理尺度能够容纳下足够的人口规模,以促进强大中心的建设[③]。

5.2.5 规模尺度影响因子作用机制

为了更深入研究 T 级城市空间发展单元人口规模的内在规律,本节对空间基本单元的人口规模、地理空间规模、区位、服务半径、功能布局等各种因素之间的相互作用机制进行了分析。

1) T 级空间发展单元的人口规模与区位分析

新镇的规划人口规模最小为 9 万人左右,最大为榜鹅新镇,人口近 31 万人。实际人口规模最小的为新建设的榜鹅新镇,人口为 4.8 万人左右;而最大是作为西部区域中心的裕廊西新镇,实际居住人口 22 万人左右。从图 5-5 的趋势线可以看出新镇的人口规模与区位之间存在正相关的关系,也就是新镇至城市中心的距离越大,人口规模也就越大。但是规划人口规模与区位之间的相关度与实际人口规模与区位之间的相关度明显不同。由于距离城市中心区越远的新镇,往往开发建设的时间越晚,如榜鹅新镇从 1997 年才开始规划,2004 年的实际居住人口才 4.8 万人左右,大部分的土地还未真正开发。更重要的原因是居民在选择居住地时,仍然将区位作为最重要的考虑因素。新镇位址距

① 偏离率按照 0.18 来算,有关偏离率概念详看 P82。

② 新加坡新镇发展模式在我国的实践当中的城市空间规模尺度如下:中心服务半径的 2 km 左右,用地规模 12～13 km²(其中 40% 左右为居住用地,也就是居住用地为 5 km² 左右),人口规模 15 万人左右(以居住用地比例 40%,人口密度 300 人/hm² 计算)。

③ 如苏州工业园区高密度住宅容积率在 1.8～2.5,人口密度达到 400～600 人/hm²;中密度住宅容积率 1.0～1.5,人口密度在 300 人/hm² 左右。

离城市中心区越远,交通可达性越差,交通上所花费的时间成本越多,导致居民选择住所的可能性越低。所以,造成了新镇距离城市中心区越远,实际居住人口比规划人口差距越大,新镇实际的人口规模与区位之间的相关度也就越低。

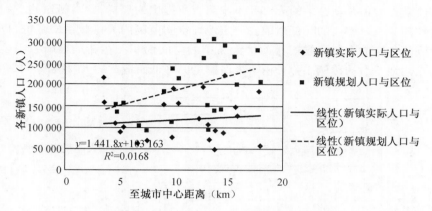

图 5-5　空间单元人口规模与区位分析

2) T 级空间发展单元的地理尺度与区位

从图 5-6 的回归分析可以知道,新镇的空间地理尺度与区位的关系显现正相关关系,新镇至城市中心的距离越大,新镇的空间地理尺度也就越大。整个现代城市规划建设主要集中在上世纪 60 年代中期至 90 年代,相对于一般城市来说建设时间短,城市建设的计划性强,更多的是体现一种自上而下式的城市建设方式。但土地级差地租仍然发挥重要作用,新镇的用地面积与至城市中心距离呈正相关关系,即越靠近城市中心的新镇面积越大。

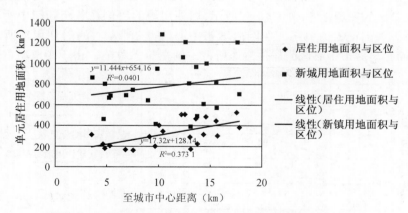

图 5-6　空间单元物理空间尺度与区位回归分析

3) T 级空间发展单元密度与区位

新加坡是亚洲典型的超高强度土地开发利用的城市之一,高层高密度为城市土地利用开发的典型方式。新镇虽然也布置一些低密度的住宅,但绝大多数为高层住宅。但是即使是这种超高强度的土地利用发展方式,在土地级差地租的作用下,土地开发强度仍然呈现近高远低的土地利用规律。具体说,新镇的规划人口密度为 530~730 人 /hm²,平均 620 人 /hm²；实际人口密度为 360～560 人 /hm²，平均为 410 人 /hm²。从图 5-7 知道，规划人口密度与新镇区位的趋势线与实际人口与区位的趋势线几乎是一对平行线。新镇离城市中心区的距离与新镇的密度呈负相关关系。越靠近城市中心区的密度越高；越远人口密度越低。但是新镇中的人口并不像邦吉所提出的那样，会对新镇的空间规模起到重要的作用。人口密度的降低造成在一定地理空间范围内人口数量的降低，也并没有促使为了到达一定的人口规模门槛而扩大新镇的空间面积。在新加坡新镇中主要是通过提高居住用地所占的比例来弥补由于人口密度的降低而造成的人口规模下降的不足。

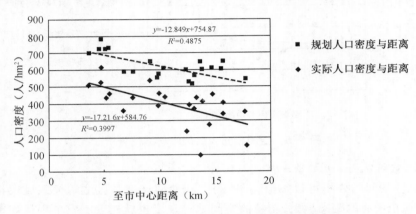

图 5-7 空间单元人口密度与区位回归分析

4）T 级空间发展单元功能混合程度与区位

在 T 级发展单元中，空间单元的混合程度与 B 级空间基本发展单元类似，即混合度越高的单元越靠近城市中心，混合程度越低的单元距离城市中心越远，这种发展规律也同样体现在新镇的发展上[①]。如图 5-8 所示，居住用地的比例在各个新镇中所占的比例与所在区位表现出正相关关系。在距离城市中心区 5 km 左右的居住用地所占比例在 30% 左右，而距离城市中心区的居住用地所占比例在 50% 左右。由于距离城市中心比较

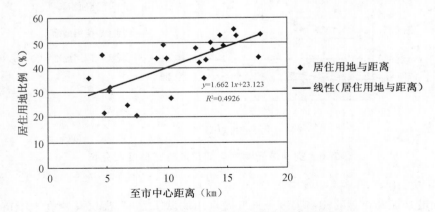

图 5-8 空间单元混合程度与区位回归分析

---

① 在 T 级空间发展单元的混合度由于资料原因，混合度指标采用居住用地面积与新镇总用地面积的比例的程度来表达。公式为：混合度＝居住用地面积／新镇总用地面积。

近的单元有着更好的可达性,所以在其他单元居住的居民便有可能通过"顺便"式的出行,在该单元内达到购买商品或享受其提供的服务设施的目的。消费群体以及大量的就业人员、顾客、办事人员以及其他来访者等,促使该单元的人口规模门槛降低。在新镇发展中,由于新镇的人口规模与至城市中心区的距离为负相关的发展关系,造成了相同的地理空间范围内人口数量的下降,所以为了能够满足该级的空间发展单元的人口规模门槛,主要是通过提高居住用地在新镇总用地的比例来达到目标。其一是通过扩大每个邻里单元的空间面积——邻里用地面积;其二是增加新镇中邻里的数量。

　　根据以上对 T 级空间发展单元各种影响因素的作用机制分析,T 级空间发展单元的人口规模、空间尺度都随着与城市中心的距离增大而扩大规模尺度;在土地级差地租的作用下,新镇离城市中心区的距离与新镇的密度呈负相关关系,土地开发强度仍然呈现近高远低的土地利用规律;发展单元的混合度越高的单元越靠近城市中心,混合程度越低的单元距离城市中心越远。T 级空间发展单元与 B 级空间发展单元的作用机制有着极其相似的发展特征,表明在统一测度下上下级空间单元存在着相似性,反映出空间系统要素之间客观纵向联系的差异性之中的共性,是多样性之中的统一性。印证了城市分形理论所提出的城市层级空间存在着自相似特征。

5.3　C 级空间发展单元的规模尺度研究

　　"自行车在阿姆斯特丹是一种名副其实的交通方式,这种在功能使用上的成功同时还伴随着一个生活意义的成功,成为了一种城市的象征,以致这座城市无法想象如果没有自行车吱吱咯咯的轻声鸣响……人们也可以设想在中国人的身体里,在他们以太极拳为代表的运动感里,有一种自然和时间的东西是与自行车的相呼应的……"①。本书所提出的 C 级城市空间发展单元(Cycling Development Unit)正是这样的一种设想。CDU 概念指的是在一定的地域范围,人们能够通过自行车这一绿色交通方式,在适宜的出行范围内,形成一个能够相对自我平衡发展的城市级空间发展单元。在这一层级的空间发展单元内,能够促进城市集约紧凑发展,减少总体交通出行量,满足生活的多样性需要,提倡适度非机动车交通的"自行车城"(Cycling City)。

5.3.1　空间规模尺度理论推导

　　根据克里斯塔勒中心地理论,如果一个 T 级(步行城镇)中心地的适宜服务半径为 2~2.5 km,人口规模为 17 万人左右,可以通过 K=3,K=4,K=7 的系统推导上一级的空间规模尺度。在 K=3 系统中,T 级空间单元的上一层级 C 级空间单元中心的服务半径将是其服务半径的 1.73 倍,服务人口为下一层级的 3 倍左右。那么,更高一级的中心地的服务半径将为 3.46~4.325 km,人口规模为 51 万人左右。在 K=4 系统中,T 级空间单元的上一等级 C 级空间单元中心的服务半径将是其服务半径的 2 倍,服务人口为下一层级的 4 倍。C 级空间单元的中心地的服务半径将为 4~5 km,人口规模为 68 万左

---

　　① (Georges Amar).城市交通的多方式转换与机动性研究的新规则[J].城市规划学刊,2005,156(2):101-108

右。在 K＝7 系统中，城市空间基本单元的上一等级中心的服务半径将是其服务半径的
2.65 倍，更高级中心地的服务半径将为 5.3～6.6 km，人口规模为 119 万人。

5.3.2 空间地理尺度的确定

在中心地理论的基础上，对 C 级空间单元的理想空间地理尺度的确定还基于另外三
方面的研究，即"扎哈维推断"和"马赫蒂恒量定律"、荷兰《第五次国家空间规划政策档
案》的调研结果以及自行车公共交通出行的时耗比较等几方面的研究。然后，综合这三
方面的影响因素之后再对空间单元的空间尺度作出进一步的确定。

1）自行车交通的主导空域范围

根据"扎哈维推断"和"马赫蒂恒量定律"，无论在何种文化、人种和宗教背景下，人类
的每天出行时间大约为 1 h，而且在不管人口规模和地理空间扩大还是经济政治重要性
都大幅提高的城市，这一原则也同样有效，即随着交通工具的速度不同，出行的范围也将
不同，交通速度决定了每天的出行距离。所以，自行车相对应的行驶速度为 12～
15 km/h。那么通过自行车作为出行工具的半小时出行的活动空间范围的当量半径距离
为 6～7.5 km，面积为 113～177 km²。

2）荷兰第五次国家空间规划政策调研

从 20 世纪 90 年代初开始，荷兰的土地利用和交通政策主要是根据 ABC 区位政策
（Martens and Griethuysen，1999）和《第四次国家空间规划政策》（the Fourth National
Policy Document on Spatial Planning）来制定。政策的目标是通过交通和土地利用的
一体化空间规划，寻求工作、居住和基础设施的平衡，达到降低出行需求，减少对小汽
车依赖的目的。但是由于居住和工作的区位政策对交通和环境的改善没有达到预期
目标，在建设区周围新建的定居点，小汽车的使用率比预期的要高得多（Hilbers A. O，
1999）。

所以在 2002 年的荷兰《第五次国家空间规划政
策档案》（Fifth National Policy Document on Spa-
tial Planning[①]）对这种令人失望的结果进行调查，
发现最主要的原因在于：如果居住区到中心区的距
离超过 5 km，那么小汽车的使用比率开始急剧增加；
超过 8 km，那么对小汽车的依赖程度就会差不多。
在随后的荷兰自行车总体规划中明确写到："5 km
以下的出行尽可能放弃使用机动车而改用自行车，
从家到轨道交通车站，自行车是最合适的交通工
具。"这意味着如果要降低小汽车的使用比率，提高
公共交通以及自行车的使用比率，空间尺度应尽量
控制在半径为 5 km 以内，以降低对小汽车的依赖（图 5-9）。

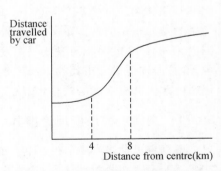

**图 5-9 居民小汽车利用率与出行
距离变化图**

---

① Fifth National Policy Document on Spatial Planning. Department of Spatial Planning Municipality of Amster-
dam. Choosing Urbanity, Amsterdam 2001. Based on: Department of Infrastructure Traffic and Transportation. Pol-
icy Evaluation Traffic and Transportation, Amsterdam 1999

3) 自行车交通与常规公交出行时耗比较

对城市客运交通而言,出行者对市内交通费用考虑较少,距离和时耗是影响其出行方式选择的主要因素。对于较短的出行距离,自行车与公交车的竞争比较激烈,出行方式的选择与出行时耗密切相关。自行车交通本身具有经济、便捷、灵活、节约时间等特点,在一定交通层级和主导空域范围内有着公共交通和其他出行方式无法取代的优势。

对于自行车出行的主导空域范围我国学者已经有很多的研究,冷传才认为公共交通适用于 4 km 以上的中远距离出行,自行车在 4 km 距离的出行内占有绝对性的优势。因此,应该充分发挥自行车和公共交通各自的优势,各行其道,各司其职,协调好两种交通方式的关系,是解决好中国目前城市交通的有效途径[①]。管红毅认为自行车交通出行主导空域在 5～6 km[②]。李琼星等通过自行车与常规公交、地铁的比较,得出两种方式的转换时距分别是 4.6 km,23 min 以及 5.9 km,31 min[③]。郭寒英等在对城市公交与自行车出行的合理转换时距的研究中,增加了心理因素在城市居民出行中的作用。该研究认为在 0～5 km 出行距离内,自行车出行比例明显高于公交车出行比例;在 5～6 km 的出行距离内通过自行车的出行比例明显下降,说明这两种交通方式之间的转换时距在这一距离区域内;在 6～8 km 距离范围内,两者比例变化不大,说明这一范围为两种交通方式之间的争夺区[④]。

基于这些已有的研究,本书根据具体情况作出进一步的分析。假设居民交通出行时耗包括车内时间和非车内时间,非车内时间包括出发地到公交站点的平均步行时间、平均候车时间,以及从公交车站步行到目的地的时间,自行车出行方式包括自行车存取时间和骑车时间。计算方法如下:

$$T_{自} = L/v_{自} + t_{存取} \tag{1}$$

$$T_{公交} = 2L_{步}/v_{步} + t_{候} + L_{车}/v_{车} \tag{2}$$

式中:$T_{自}$ 为通过自行车出行所需的时间,$T_{公交}$ 为通过公共交通出行所需的时间,L 为出行距离,$v_{自}$ 为自行车平均车速,$t_{存取}$ 为存取自行车时耗,$L_{步}$ 为出行者从出行起点到公交站点的步行或从公交站点到出行目的地的步行时间,$L_{车}$ 为公交行驶距离,$v_{车}$ 为公交行驶速度,$t_{候}$ 为平均候车时间。距离单位为 km,时间单位为 min,速度单位为 km/h。通常条件下,取 $v_{自} = 13$ km/h,$t_{存取} = 2$ min,$v_{步} = 5$ km/h,$v_{车} = 18$ km/h,$L_{步} = 200$ m,$t_{候} = 4$ min,可以得出自行车交通方式出行与公共交通方式出行所用的时间。

从以上公式所得出的数据可知(表 5-4),自行车交通与公共交通的时距转换在 27 min,5.5 km 左右。5 km 以内通过自行车方式出行将具有明显的优势,5～6.5 km 是两种交通方式之间最激烈的争夺区,在时间上相差 1 分钟左右,不存在时间成本上的优势,并且也在自行车交通可承受的 30 min 以内。但大于 7.5 km 之后,公共交通出行所耗用的时间比自行车所耗用的时间少,时间成本差距凸显,通过自行车出行的优势基本

①　冷传才. 城市自行车交通发展战略及措施研究[J]. 北京建筑工程学院学报,2002,18(1):96-99
②　管红毅. 城市自行车交通系统研究[D]. 成都:西南交通大学,2004:5
③　李琼星,汤照照. 大城市自行车交通发展的利弊与方向[J]. 中南公路工程,2003,28(1):111-113
④　郭寒英,石红国. 考虑出行者心理的城市公共交通适应性探讨[J]. 人类工效学,2006,12(1):11-13

丧失。

表 5-4　自行车与常规公交出行时距比较

L(km)	2.0	2.5	3.0	3.5	4.0	4.5	5.0	5.5	6.0	6.5	7.0	7.5
$T_{自(min)}$	11.2	13.5	15.8	18.3	20.5	22.8	25.0	27.4	29.7	32.0	34.3	36.6
$T_{车(min)}$	15.5	17.1	18.8	20.5	22.1	23.8	25.5	27.1	28.8	30.5	32.1	33.8

综合以上的研究结论,本书认为 C 级空间单元中心的服务半径宜在 5 km 以内,面积 78.5 km² 内为最佳的 C 级空间单元尺度;半径在 5～6.5 km,面积在 78.5～113 km² 为比较适宜的 C 级空间单元尺度;而在 6.5～7.5 km,面积在 113～154 km² 为勉强接受范围;超出服务半径为 7.5 km,无论是从人体机能还是出行的时间成本或出行意愿时间预算都已在不可接受的范围。当然,这里探讨的只是一种共性,对于个体来说,必然会受到各种不同个人因素影响,从而产生不同的出行方式的选择。

5.3.3　人口规模研究

在探讨 C 级城市空间的理想人口规模之前,需要先探讨一下城市的规模与城市整体空间层级结构问题,即城市规模与单中心空间结构与多中心空间结构的关系,以及单中心城市结构向多中心转化的规模与 C 级空间单元规模尺度的关系。

1)"单中心"与"多中心"

近 30 多年来,单中心紧凑式发展策略在欧洲非常受欢迎,很多欧洲城市投入大笔的公共或私人资金到内城的复兴运动当中,这些发展策略体现为"紧凑城市"的发展理念。然而,随着城市规模的扩展,规模小的城市虽然能够在建成区周围(单中心模式)或者沿着公共交通线(线性城市)通过集中居住,达到限制蔓延的目的,但是大多数的城市空间在向外扩展时,由于没有清晰的次一级中心节点,造成了类似中国摊大饼式的城市蔓延态势。这导致了居住、工作岗位、商业和其他服务业的进一步郊区化和分散化。"多中心"(Polycentricity)的城市空间结构概念就是被用来应对这种分散化趋势的。采用的发展策略主要包括选择适合的区位形成城市的副中心进行集中投资,并整合到公共交通网络中,达到限制城市无序蔓延的目的。所以无论在学术圈还是在空间规划政策的实践中,"多中心"已经成为欧洲空间规划的时髦词汇。同样,在中国也采用了这种多中心的城市空间发展策略,在已规划完成的大城市或是特大城市中,"多中心"、"组团式"等词汇常常出现在总体规划中用来形容城市的空间结构形态。之所以采用"多中心"空间结构来引导城市的进一步扩张是基于规划师们的一个理想:由"多中心"的城市空间结构提升了公共基础设施,如学校或社区中心、医院或公共图书馆的可达性,有助于社会融合;提高了工作场所的可达性,有助于机构的入驻;提升了社区精神,有助于提高当地社区的识别性,保证空间资源上的公平并因此带来社会公平;减少了通勤的距离和流动性,避免大城市集聚带来的各种问题,如社会两极分化、交通拥堵等种种被看作大城市无法避免的消极后果,从而节省了自然资源。基于这种假设,规划师们提出了建立多中心空间结构的发展战略,将城市的各种功能活动分散到不同的城市中心,形成推动经济的作用力①。

从城市演化发展机制看,城市的单中心与多中心问题仍然是城市的积聚与扩散的问题。若只考虑聚集利益和交通成本,则在一定空间范围内,城市规模的扩大带来的聚集边际效益先增加,然后减少,而交通边际成本则随着城市空间规模的扩大不断增加。其发展过程步骤是:小城市一般是单中心紧凑式发展,当小城市的规模随城市的发展而不断扩大时,城市的半径也越来越大,到城市中心区的距离越大,规模的增加呈正聚集效应。随着城市规模的增大,逐步不适合步行或骑车到中心区工作或利用公共设施。这时,城市中心区仍然是工作和公共设施的中心,然而,其他城市功能却失去了吸引力。第一,因为随着城市的扩张,郊区到内城的距离变大,增加了出行的距离和加重了内城有限路网的交通拥堵。第二,由于缺乏大量的土地来满足城市的发展需求,所以必然造成内城的土地价格上升,办公租金上涨,导致企业不得不向租金便宜的区位搬迁。当城市继续扩大,中心区保持原有的就业机会和其他城市功能不再可能时,就必然产生城市副中心来达到城市的分散化目的。这时的拐点或门槛值就是城市开始从单中心空间结构向多中心空间结构发展的门槛,即聚集效益(收益)的边际减少等于交通成本的边际增加时,城市的单中心空间规模达到最优。此时,城市有必要转换城市的空间结构,从紧凑的单中心空间结构向多中心空间结构模式发展。值得注意的是,这是一个非常复杂难以预测的发展过程,也是一个反复试错的发展过程。

从空间结构层级性角度,城市单中心空间结构向多中心转化过程实质上就是增加空间结构层级的过程。例如城市分散化虽然在欧洲城市中占主导性的趋势,但是很多城市仍然保持着单中心的结构。大多城市有一个强大的城市中心,这种在区域或中心城区内只有一个中心的结构被认为是单中心城市。空间层级结构较为单一,微观层级结构与城市中心层级结构两极分化,没有中观结构或中观结构很弱,表现为就业和公共设施位于城市的中心,居住等微观结构围绕城市中心圈层式拓展②。多中心城市一般指那些城市除了有 1 个城市主要中心以外,还有 1 个或 1 个以上的城市副中心(一般是比较专业化的就业中心或商业中心)。副中心的增加是由于随着城市规模的扩大,简单的城市空间层级结构难以满足城市规模更大、功能组织更复杂的需要,所以要求分化出更多层级的中观空间结构组织来应对这种需求,抵消由于城市规模扩大所带来的空间结构低绩效的问

---

① 如 1999 年开始实施的"欧洲空间发展展望"(ESDP)的重要目标之一就是实现均衡的空间发展,这一规划备受赞誉并得到欧盟所有会员国的批准。2007 年夏,欧洲 26 个国家的部长与欧洲委员会一起批准了"领土议程"(Territorial Agenda)——ESDP 的后续文件。在"领土议程"中,"多中心"再次受到高度关注。构建"均衡和可持续的多中心城镇体系"是这一新政策文件的三项主要目标之一。引自:克劳兹·昆斯曼. 多中心与空间规划[J]. 唐燕,译. 国际城市规划,2008,23(1):89-92

② 关于城市空间结构的分类很多,丁成日根据就业空间分布,将城市空间结构分为 3 种类型。即:a. 单中心模式。城市有一个劳动力高度集中的商务中心,城市居民住在中心之外,通勤到市中心,城市交通流呈放射性形状。b. 多中心模式。城市有多个就业中心,城市居民理论上可以同通勤到其中的任何一个就业中心(就业空间节点),这些城市次中心的规模没有太大的区别。城市交通呈随机型,这些城市就业次中心理论上都可能从城市任何一个角落吸引一定规模的交通流量,其结果是好像城市任何两点都可能有一定规模的交通流量。当所有多中心节点的就业强度与非中心区域的就业强度的差别大小不够显著,这种模式就变成无中心模式,交通流空间上的分布呈完全的随机性。中国的很多城市更倾向于无中心的城市形态。c. 单中心—多中心模式。这种模式有一个相对强大的主要城市中心,这个中心之外有多个相对小的子(次)中心。交通流量的空间分布既有放射状又有随机状。引自:丁成日. 空间结构与城市竞争力[J]. 地理学报,2004(53):085-092

题。多中心城市空间结构一般可以分为三类：第一类是城市的副中心只是在中心城区内；第二类是城市的副中心在中心城区的外围区域上；第三类是不论中心城区或外围城市区域都有城市副中心。而第三类型的城市空间结构一般是由第一类或者第二类结构进一步演化而来。所以，单中心城市空间结构向多中心城市空间结构的转化是城市空间层级结构有序化、复杂化的过程，是空间结构在向有序化空间演化过程中的必然性。

然而，这也产生了一个两难的问题，从可持续的角度看，单中心城市比多中心城市更具多样性特征。而小城市如果太早地选择多中心的发展模式实际上就是鼓励城市的蔓延；另外一方面，如果大城市继续原有的单中心发展模式，又会导致类似中国当前大城市单中心圈层式无序蔓延的结果。所以，适时的城市发展空间形态模式的转换是一个非常重要的问题。问题是：什么时候一个城市应该从单中心结构策略向多中心的城市结构策略转化？这种城市人口规模扩大导致空间结构变化的拐点或门槛值是多少？也就是什么时候应该对原有的简单层级空间结构进行增加层级？在中国土地利用强度背景下，这一门槛值是否与理想的C级空间发展单元的空间地理尺度相结合？

2）城市空间结构转化的人口规模门槛

虽然对于多中心城市空间发展策略各个国家和城市都给予高度重视，也在被广泛实践，但是由于城市本身受到众多的因素影响，具有巨大的复杂性特征，所以对城市从单中心空间结构到多中心空间结构转换的规模门槛值一直处于摸索之中[①]，一般定性的认为中等规模的城市是空间结构变化的适宜时机，但是对于确切的门槛值定量研究还比较缺乏。

（1）城市规模、空间结构与VMT

从VMT[②]角度，庾信泰（Yu-hsin Tsai）在其博士论文中探讨了人口规模与城市空间结构的关系。论文首先对单中心、多中心和分散蔓延式的城市空间形态与Moran系数建立关系，然后得出它们的关系分别是高、中等以及低的相关关系（Yu-hsin Tsai，2001）。也就说高Moran系数对应的是单中心城市，多中心城市对应的是中等水平Moran系数，而蔓延式的城市空间形态则对应低Moran系数。

在确定城市空间形态与Moran系数关系之后对219个的城市进行分类，基于就业岗位分布的基础上，研究不同人口规模的城市与VMT之间的相关关系，并较具体地阐述了城市在多大规模下，何种城市空间形态最有利于出行需求量的减少。城市规模主要按人口规模分成四个组：5万～10万人、10万～40万人、40万～80万人、80万～300万人。每组案例研究的城市数量分别为23、129、37、30个。

结果表明，对5万～10万人这一组的23个城市来说，VMT-Moran系数的关系呈负相关关系，意味紧凑型的单中心城市适合这一组城市规模。在10万～40万人组上，VMT-

---

① 如Galster等（2001）提出了用来界定城市蔓延与城市空间结构的8个指标。如居住密度（Density）、建设用地的连续性（Continuity）、建设用地集中度（Concentration）、建设用地集群度（Clustering）、居住用地相对CBD的集中性（Centrality）、城市多中心程度（Nuclearity）、用地功能混用性（Mixed Uses）、邻近性（Proximity），其中集中度指标也可以反映建设用地紧凑度。Yu-Hsin Tsai（2005）提出从都市区层面界定紧凑程度的数项指标和相应的定量分析方法，介绍了一些可以区别紧凑度的相应指标如都市区规模（Metropolitan Size）、密度（Density）、不均衡分布度（Unequal Distribution）、中心性（Centrality）、连接性（Continuity）等。

② VMT（Vehicle Miles of Travel）为机动车出行公里数的缩写。

Moran 系数的关系对于城市的空间形态没有表现出很大的相关度,即采用何种城市形态对 VMT 的影响不是太大(由于这组数量较多,所以在参量上考虑了工作出行的 VMT 和非工作 VMT)。对于 40 万~80 万人这组的城市,VMT-Moran 系数的关系是 U 型形状,在 Moran 系数 0.15 处出现转折点,VMT 最低。说明这一组人口规模的城市应该注意适时转换城市发展空间形态模式。对于 80 万~300 万人口规模的城市,VMT-Moran 系数的关系与第一组的城市恰好相反,呈正相关关系,说明该类城市适宜发展城市多中心空间结构。

在对城市的空间结构形态和 VMT 的关系作了深入探讨之后,庾信泰认为单中心空间结构对于小城市 VMT 来说是最优的城市形态;多中心空间结构是大城市空间形态的选择。对于比较大规模的城市来说,城市如果采用多中心城市空间形态,VMT 将是最小;而对于小规模城市来说,如果是单中心城市空间形态,那么 VMT 将会最小。值得注意的是对于 40 万~80 万人口规模的城市,要结合城市的各种发展要素,如原有城市空间结构、经济发展态势、现有交通系统以及城市外围的发展空间情况,认真研究城市向多中心空间结构转换的可能性。也就是说,40 万~80 万的人口数是城市单中心空间结构向多中心城市空间结构转换的门槛值。小于这个门槛值,单中心紧凑式的空间结构是最有效的城市空间发展模式;反之,就要采用多中心空间结构。

(2)城市规模与交通出行次数

毛海虓在其博士论文中从人口规模与人均交通出行次数角度分析认为,交通是城市规模的一个重要门槛,而居民出行次数的变动代表了城市规模对居民活动系统的影响程度,因此应从居民平均出行次数与城市规模互动关系的角度,对中国城市的合理规模进行探讨(毛海虓,2005)。

该研究认为人均出行次数与城市规模的关系并不是一种简单的线性关系,而是存在高端平台和低端平台,也就是说城市规模存在两个临界点[①]。当城市规模小于第一个临界点 33.85 万人时,居民出行时耗会随城市规模的增长而不断增加,但一般是处于可接受的时间范围内,因而居民的活动规律和相应的出行频数并不会受到明显的影响。而当城市规模超越第一个临界点后,出行时耗增长到无法满足时间空档的需求或居民从生理和心理上产生了抵触情绪,居民就会依据出行程度的必要性开始减少出行次数。这时居民的活动规律也开始受到显著影响(但仍能维持必要的生产、生活需求)。城市规模超过第一个临界点越多,出行次数就越少,居民的活动规律受到的影响就越显著。当城市规模达到第二个临界点 99.36 万人后,居民出行次数已减至维持生活所必需的基本出行需求,无法再降,但出行时耗仍在继续增长。此时,居民的活动规律受到严重干扰,居民花在路上的时间超出了承受能力,生活质量急剧下降。上述两个临界点对应的城市规模应分别是城市的理想(适宜)规模和合理规模,即城市的理想(适宜)规模 33.85 万人,合理规模 99.36 万人。

3)新加坡区域级人口规模

从以上两个研究可以发现城市从单中心向多中心转化的人口规模门槛值在 40 万~100 万,从而在理论上奠定了一个基本的门槛规模概念。下面希望从实践领域寻求更符

---

① 两个临界点的物理意义应是人均出行次数下降率变化最大的点,即下降加速度的极值点。通过对人均出行次数下降加速度曲线求驻点的方法求出两个临界点对应的城市规模。

合实际的 C 级空间单元的规模门槛值。

根据城市建设与管理等需要,新加坡被划分为中心(Central Region)、东部(East Region)、西部(West Region)、北部(North Region)与东北部(North-East Region)等 5 个规划区域(Planning Area),具体统计数据见表 5-5。其中分布在新加坡岛东部、北部与西部等三个区的中心相当于城市最高级中心的下一层级城市空间单元的中心地[①]。城市中心面积约 130 km²,总人口约 90 万人。这里既是城市的发源地,也是全

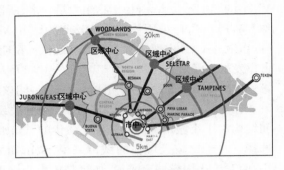

图 5-10 新加坡空间结构图

国政治与文化的中心,同时还聚集着金融、商业、贸易、信息、旅游等重要城市功能。从而起到了分散城市中心区的功能,避免过于集中以及疏解过高的人口密度的目的,有效地起到城市中观层级的系统组织作用(图 5-10)。根据表 5-5、表 5-6,新加坡区域层级的空间发展单元规划人口规模介于 64.3 万~110.7 万人,平均每个单元的规划人口为 87.3 万人;2004年的实际居住人口介于 39.2 万~69.5 万人,平均单元的人口规模为 52.7 万人。

表 5-5 新加坡 C 级城市空间发展单元规模尺度归纳统计表

区域名称	新镇名称	总用地(hm²)	居住用地(hm²)	居住用地所占比例(%)	2004 年实际统计人口(人)	规划人口(人)	2004 年居住人口密度(人/hm²)	规划居住人口密度(人/hm²)	至中心区距离(km)
中心区域	碧山(Bishan)	690	172	25	61 974	102 400	360	595	6.73
	芽笼(Geylang)	678	214	32	97 558	156 800	456	733	5.36
	加冷/黄埔(Kallang/Whampoa)	799	176	22	108 522	137 600	617	782	4.76
	女皇镇(Queenstown)	667	206	31	90 899	150 400	441	730	5.21
	大巴窑(Toa Payoh)	463	210	45	112 381	153 600	535	731	4.66
	武吉美拉(Bukit Merah)	858	312	36	157 450	217 600	505	697	3.55

① 按照 2001 年的城市远期概念规划,4 个区各有区域中心,东部、东南部、西部三个片区的区域中心已经确定,分别为 Tampines,Woodlands,Jurong East,东南部区域的中心仍未具体确定。城市最高级中心面积约为 130 km²,总人口约 90 万。

区域名称	新镇名称	总用地（hm²）	居住用地（hm²）	居住用地所占比例（%）	2004年实际统计人口（人）	规划人口（人）	2004年居住人口密度（人/hm²）	规划居住人口密度（人/hm²）	至中心区距离（km）
小结	求和	4155	1290	—	628 784	918 400	—	—	—
	平均	692.5	215	31	104 797	153 067	487.4	711.9	5.045
东部区域	巴西立（Pasir Ris）	601	318	53	88 048	140 800	277	443	14.38
	淡宾尼（Tampines）	1 200	500	42	196 752	265 600	394	531	12.63
	勿洛（Bedok）	937	408	44	189 824	236 800	465	580	9.95
小结	求和	2 738	1 226	—	474 624	643 200	—	—	—
	平均	912.7	408.7	44.8	158 208	214 400	387.1	524.6	12.32
东南区域	宏茂桥（Ang Mo Kio）	638	283	44	152 979	185 600	541	656	9.12
	榜鹅（Punggol）	957	474	50	47 760	307 200	101	648	13.66
	盛港（Sengkang）	1 055	507	48	120 307	304 000	237	600	12.33
	后港（Hougang）	1 276	354	28	155 126	217 600	438	615	10.38
	实龙岗（Serangoon）	737	156	21	68 742	92 800	441	595	7.5
小结	求和	4663	1 774	—	544 914	1107 200	—	—	—
	平均	932.6	354.8	38	108 983	221 440	307.2	624.1	10.598
北部区域	兀兰（Woodlands）	1 198	525	44	185 450	281 600	353	536	17.68
	义顺（Yishun）	810	445	55	149 162	268 800	335	604	15.59
	三巴旺（Sembawang）	708	376	53	57 197	204 800	152	545	17.87
小结	求和	2 716	1346	—	391 809	755 200	—	—	—
	平均	905	448.7	49.6	130 603	251 733	291.1	561	17.0

区域名称	新镇名称	总用地（hm²）	居住用地（hm²）	居住用地所占比例（%）	2004年实际统计人口（人）	规划人口（人）	2004年居住人口密度（人/hm²）	规划居住人口密度（人/hm²）	至中心区距离（km）
西部区域	武吉巴督（Bukit Batok）	802	291	36	105 594	150 400	363	517	13.05
	武吉班让（Bukit Panjang）	489	228	47	94 394	137 600	414	604	13.78
	裕廊东（Jurong East）	384	165	43	71 552	92 800	434	562	13.18
	裕廊西（Jurong West）	987	480	49	221 277	294 400	461	613	14.69
	金文泰（Clementi）	408	198	49	77 200	112 000	390	566	9.81
	蔡厝港（Choa Chu Kang）	583	307	53	125 354	198 400	408	646	15.73
小结	求和	3 653	1 669	—	695 371	985 600	—	—	—
	平均	608.8	278.2	45.7	115 895	164 267	411.6	590.5	13.4

表 5-6　新加坡 C 级城市空间发展单元规模尺度归纳统计表（不包含中心区）

区域名称		总用地（km²）	居住用地（km²）	2004年实际统计人口（万人）	规划人口（万人）
东部区域		27.4	12.3	47.4	64.3
东南部区域		46.6	17.7	54.5	110.7
北部区域		27.2	13.5	39.2	75.5
西部区域		36.5	16.7	69.5	98.5
小结	求和	137.7	60.2	210.6	349
	平均	34.4	15.1	52.7	87.3

通过对庚信泰和毛海虓的理论推导论证以及新加坡区域层级的空间单元人口规模的实证案例研究，表明一个 C 级城市空间单元的人口规模在 40 万～100 万人为宜，比较理想的人口规模门槛为 60 万～80 万人[①]。

---

① 新加坡的规划设计研究单位或公司在实践当中也一般将 70 万～80 万人口作为一个区域的规模大小。

5.3.4 理想规模尺度在中国语境下的适应性研究

对于整个 C 级城市空间单元无论人口规模还是空间地理尺度都可以相当于一个 50 万～100 万的大城市,所以用地指标按照中国当前城市级的用地指标进行计算。根据中国人均城乡建设用地的新标准(表 5-7,表 5-8[①])和规划实践经验,大部分城市的人均城乡建设用地在 3～6 级,即在 85～120 m²。此外,据中国城市规划设计研究院对委托编制总体规划的 36 个城市的统计,70％的城市人均用地控制在 90～110 m²,22％的城市为 110～150 m²,8％的城市为 80～90 m²,平均为 100 m²,也就是 1 万人/km²左右[②]。

表 5-7　新增人口人均城乡建设用地指标

基本依据		人均城乡建设用地指标(m²/人)
现状人均城乡建设用地面积(m²/人)	现状城镇化率(％)	
(150,+∞)	—	≤150
(100,150]	≥70	≤现状水平且≤120
	<70	≤现状水平且≤140
(−∞,100]	—	≤100

表 5-8　规划人均城市建设用地指标分级

分档	范围(m²/人)
1	60～75
2	75.1～85
3	85.1～95
4	95.1～100
5	100.1～110
6	110.1～120
7	120.1～130
8	130.1～150

以城市人均用地控制在 90～110 m²的用地指标来算,40 万～100 万人口规模的城市用地为 34～120 km²,中心的服务半径为 3.3～6.2 km;60 万～80 万人口规模用地为 54～96 km²,中心的服务半径为 4.2～5.3 km。而比较理想的 C 级空间单元的中心的服务半径为 5 km 以内,可接受的中心服务半径为 7.5 km 以内。所以,在中国当前的空间利用下,在比较理想的空间地理尺度内可以容纳一个建立强大 C 级空间单元中心的人口门槛规模。

5.4　发展模式比较与策略建议

下文选取几种空间发展单元的不同发展模式进行比较,主要包括空间层级结构、土地利用、单元中心区位和功能布局、空间形态、交通几个方面。所选取的典型案例有新加坡义顺新镇、榜鹅 21 世纪新镇、英国的密尔顿·凯恩斯新城。

---

① 对于确切的人均城市建设用地指标的确定是在规划人均城市建设用地指标基准值的基础上再确定规划人均城市建设用地指标。(详细参见《城市用地分类与规划建设用地标准——征求意见稿[GB50]》3.3 章节)。
规划人均城市建设用地指标基准值＝58.843＋4.908×行政等级参数＋28.103×日照间距参数－0.041×人口规模
② 仇保兴.紧凑度和多样性——我国城市可持续发展的核心理念[J].城市规划,2006,30(11):18-24

5.4.1 城市空间发展单元案例分析

1）新加坡一般性新镇发展模型

能够代表新加坡一般性空间发展的模型主要是在 20 世纪 70 年代所采取的新镇发展模式，该阶段建设的新镇占了新加坡新镇建设的大部分，兴建的新镇有义顺、后港、裕廊东、裕廊西、淡滨尼、蔡厝港和碧山新镇等①，从某种意义上代表了新加坡新镇建设思想（图5-11）。

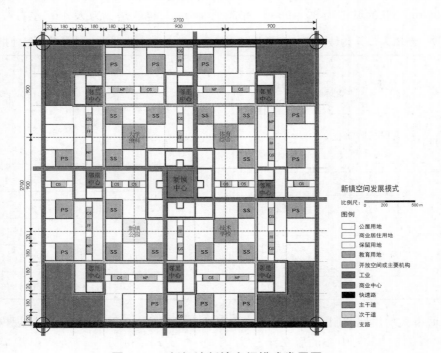

图 5-11　新加坡新镇空间模式发展图

（1）三级空间层级结构

在 20 世纪 70 年代末，出于对功能主义的反思，新加坡建屋发展局引入组团（Precinct）概念。结构特征就是把组团作为规划的单元以便增强社区归属感的营造和为居民提供足够的交流空间。组团的用地规模一般为 4 hm² 或 2 hm²，内有 4～8 栋公寓楼，可容纳 400～800 户住户。每个组团内有一个含有活动场地或者公园的区块中心。通过对组团的组合形成邻里单元结构，形成了应用最广最典型的新加坡新镇的空间结构模式："新镇—邻里—组团"空间结构发展模式。义顺新镇成为采用这种结构规划的最典型代表。

在新镇层级，每个新镇规模为 15 万～30 万人，由 8～12 个小区组成，用地规模为 5～10 km²。包括新镇中心、地铁与公交转换站、初级学院、图书馆、镇体育中心、新镇公园等，这些较大型设施的服务半径在 1.3～1.5 km，涵盖全镇。在社区邻里（Neighbour-

---

① 义顺新镇位于新加坡北部分区，总面积是 2 108 hm²，其中义顺镇所规划开发的土地约为 810 hm²，规划人口 27 万，是新加坡新镇建设中的代表性新镇之一。

hood)层级,每个邻里的规模为 4 000～6 000 户(1.5 万～2 万人)由 8～10 个邻里组成,用地在 60～100 hm²。每个邻里设有 1 个以基层商业为主的邻里中心和公园,服务半径约 400 m。第三级为"围地",用地规模一般为 2～4 hm²,每个"围地"可容纳 400～800 户住户,并有一个含有活动场地或者公园的区块中心。"围地"作为新镇规划结构的构成元素,能形成更大的组织结构,通过公共空间的塑造,鼓励有意义的社会交往行为的产生。

（2）土地混合利用发展

对于土地使用模式,主要还是体现为如何有效地发挥混合功能,以减少交通,方便生活,实现相对的居住和就业平衡。一个新镇一般包括居住、商业、教育、机关、公园绿地、体育与康乐、工业、道路与交通转换站、基础设施以及其他预留地,人口 4.5 万～6 万户(16 万～21 万人),占地近 10 万 km²,住宅用地占 40%～50%,其他各类土地使用功能则超过 50%。其中特别重要的是在新镇外围布置了一定的工业用地以及在新镇中心的一定数量的办公面积,为新镇内居民提供就业的机会,达到减少出行的目的,希望能够达到一定程度的自我平衡(表 5-9)。

表 5-9 典型新加坡新镇土地使用状况[1]

土地类型	土地面积(hm²)	比例(%)
住宅	455.0	48.4
商业	75.5	8.0
教育	67.2	7.2
机关	18.2	1.9
公园绿地	34.8	3.7
体育/康乐	7.2	0.8
工业	75.0	8.0
主要道路/转换站	127.1	13.5
市政设施/其他	80.0	8.5
总计	940.0	100.0

这是霍华德"社会城市"空间发展模型在高密度城市下的成功实践,其核心思想仍然是功能完善的"社会城市"。从这点可以看到新加坡新镇不是一个功能单一,住宅用地为主的"卧城"(Bedroom Communities)。商业与工业的配套策略提供了就近的就业人口,缓解了通往市中心区、市工业区的交通量。但是,这种混合只是相对性的,如前文所述,由于新加坡国土狭小,新镇只能布置在距离城市中心 5～20 km 处,客观上使新加坡新镇与欧洲城市在新城建设的运动中所追求的绝对性独立存在了根本性的不同[2]。新镇还是整体城市空间系统的有机组成部分,在功能上还是与整个城市紧密结合,增强了城市的集聚正效应。虽然在新镇当中布置一定的就业岗位,其目的还只是一部分居民能够就近

---

① 资料转引自王茂林. 新加坡新镇规划及其启示[J]. 城市规划,2009,33(8):43-58
② 多年的事实证明,欧洲新城运动中所追求的完全独立性是一种乌托邦的目标。

就业,如淡滨尼有 70% 的居民能够就地工作,还有 30% 的居民到市中心或其他地区就业。这样可以保证城市劳动力市场的流动性,从而遵从了市场集聚效益最大化这一根本规律;而且由于一部分居民能够就近就业,减轻了城市中心的交通拥堵等问题;另一部分本地以外的就业可以保证高峰期间交通流能够达到双向平衡。

（3）单元中心区位选择和功能布局

通常新加坡的新镇中心服务约 20 万人,服务半径 1.5～2 km,占地 10～20 hm²。新镇级的配套公共设施主要集中在镇中心及其周边。如新镇镇中心总用地 20 hm²,一般来说总容积率 1.4,其中商业用地约为 5.3 hm²(含办公、零售、餐饮、娱乐),容积率 2.1;居住用地 8.2 hm²,容积率 2.5;医疗用地 0.5 hm²,容积率 0.7;公交转换站用地 2.5 hm²;地铁站用地 1.5 hm²;新镇级公园用地 1 hm²;道路用地 3.5 hm²(见表 5-10)。其区位、交通、规模、等级要求都较规范严格。新镇中心包括办公、零售商业、邮政、银行、文化娱乐、医疗、餐饮等较大型配套设施,而且与公共交通站点紧密结合。

表 5-10　新镇中心土地利用表

	用地面积(m²)	比例(%)	建筑面积(m²)	比例(%)	容积率
零售餐饮	50 000	25.00	50 000	31.56	1
金融办公	25 000	12.50	40 000	25.25	1.6
旅馆	1 500	0.75	2 400	1.52	1.6
娱乐	8 000	4.00	8 000	5.05	1
图书馆	6 000	3.00	6 000	3.79	1
文化中心	10 000	5.00	10 000	6.31	1
政府	9 375	4.69	15 000	9.47	1.6
展览	15 000	7.50	15 000	9.47	1
医疗	12 000	6.00	12 000	7.58	1
公园	20 000	10.00	—	—	—
公交转换	5 000	2.50	—	—	—
道路	38 125	19.06	—	—	—
总计	200 000	100	158 400	100	0.79

注:总计中的容积率不为各分容积率之和。

这种功能混合的土地利用模式如同邻里中心各种功能的积聚作用一样,各种基础设施为居民提供一系列的短距离出行目的地并将其集聚,满足居民的一般性物质以及精神需求,减少向更高一级的区域中心或城市中心的出行必要性,使得居民可以避免远距离和分散化出行,有利于整体减少机动车交通出行。

如义顺的新镇中心位于地铁北线的义顺站,中心用地布局主要围绕地铁站点展开,是新镇最重要的社区公共中心,而且中心的位址基本上与地理中心相重合,形成了较为理想的中心区位。功能布局上形成以地铁为导向的土地利用空间形态。镇中心的纳福坊购物中心直接位于地铁站旁,形成便捷的地铁购物。在商品种类上如同位于城市中心区的乌节路的高级商店,也售卖各种名牌货品,其他各种商品齐全。新镇中心的集中式,功能混合土地开发模式使居民和就业者在中心即可解决较为高级的购物、娱乐等出行目的,从而可以削减不必要的出行。使商业经济功能、社会文化功能、集散活动功能、公益功能与交通功能有机结合,包括商业服务、社会服务设施以及文化、卫生、教育、体育等多种内容,使得地铁站点成为一个可以满足多种功能需要的目的地,从而增强它的吸引力。实践表明,人们因为轨道交通站点与购物和公共服务中心的结合而更为乐意选择公共交通工具上班。

(4)交通组织

新加坡新镇在交通规划思路上吸取了屈普、大卫等人的道路分级、合理分布的理论。城市快速道路间距约 2.5～3 km。在新镇的边缘提供大流量快速交通,并且不穿越新镇内部以保持新镇的完整性。城市干道在新镇中成"风车"状,两端分别与新镇中心和镇边缘的快速路相连,提高小汽车穿越中心的阻力,以保持新镇中心的完整性,并将车流引导向新镇外的快速路;主干道与次干道相连,次干道与支路相连;不同的道路等级服务于不同的土地。道路网被整合到城市结构中,形成具有强烈几何形式的新镇。城市主干道是新镇主要城市景观轴线,常常联系水体公园和地标景观的视觉通廊。新镇内部主要利用常规公共交通作为主要的出行工具,公共汽车分两种线路,一种是社区内部的短程巴士,另一种是连接榜鹅和其他新镇及市中心的长途巴士。

值得注意的是地铁站、常规公交转换站与镇商业中心,不仅都位于新镇的地理中心,而且整合为一体,充分利用交通与土地使用的契合关系,成为新加坡式的 TOD 发展模式。具体做法是将镇中心主要的大型公共设施围绕布置在地铁站点的 300 m 范围内,并且通常有一组重要建筑与地铁车站和巴士换乘枢纽站相连。社区中心位于生活性主干道一侧,通过常规巴士接驳,主干道的线性主体呈半环形,形成向心布置,弧形也有利于在居住区内对机动车辆的限速。

(5)空间形态

在新加坡这种高层高密度空间利用强度的背景下,如何采取有效措施,避免这种发展模式所带来的压抑、拥堵是空间形态设计的首要问题。著名的 CBD 中心中保留下来的低层坡屋顶建筑与摩天大楼相映成趣已成为世界中心区空间发展的典型案例之一,而这类空间形象也在居住区中体现得淋漓尽致,规划师们认为超高密度并不意味着要全部的高层建筑,可以通过一部分低层密集住宅区,低层低密度的高档住宅区以及高层住宅群穿插布置,形成高低错落的建筑群体,学校、体育等公共设施和公园、绿地相结合,形成了住宅群之间的开敞空间。另外,通过对海洋、河流、边界绿带等自然景观的巧妙借用也舒缓了高层住宅的压抑感。

2)榜鹅新镇(Punggol)

进入新世纪,面对有限的土地资源难以满足市镇进一步发展需要的挑战,在新城市主义思潮的影响下,新加坡政府拟定并实施了 21 世纪新镇计划,旨在为国民建立一个更理想的家园和社区。其核心是力图为居民提供一个整体的居住环境;着眼于在有限的空间里实现居住、娱乐、商业、工业及其土地利用的合理分配;强调通过城市环境的重塑与改善来创造一个更完整的生活方式。榜鹅 21 镇是新加坡在 21 世纪新镇规划的第一个新镇,位于新加坡东北部地区,南北临河,东面滨海,西面以一条高速公路为界,总用地面积为 9.57 km² 左右,主要的规划思路遵循美国新城市主义的空间发展模式(图 5-12)。新镇于 1998 年正式启动,建成后可提供 8 万个住宅单位和相配套的商业、社会、娱乐休闲设施①。

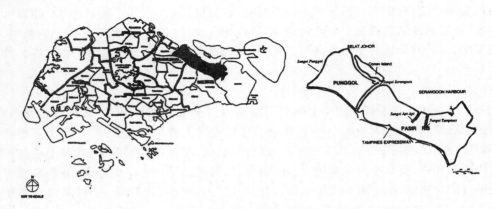

图 5-12　榜鹅新镇区位

(1) 空间层级结构

榜鹅 21 镇与一般典型的新镇建设模式最大的不同在空间结构的组织上。由于受到新城市主义的 TOD、TND 发展理念的影响,加之轨道交通不断完善发达,新加坡开始实施新的新镇空间发展结构模式,即所谓的"21 世纪模式"。这种空间结构体现为更紧凑的发展,更高的容积率(住宅地块 3.0~3.5),更高的高度(住宅约 18 层)。在更高密度的情况下,新镇结构简化为"新镇—街坊(Estate)"两级。"街坊"是小区与邻里的变体,成为基本规划单元,规模为 1 200~2 800 户,并有 0.4~0.7 hm² 的开放绿地作为居住单元的公共空间。每个住区单元通过建筑限定出适宜步行的街道空间。学校、图书馆、教堂等公共设施集中布置,学校操场等活动设施开放给社区居民使用。这些街坊主要通过站点密集的轻轨连接(站点间距 300~350 m),通过轨道交通将住宅、教育、购物和娱乐功能整合成一个紧凑的、适合步行的混合发展区。

21 世纪"新镇—街坊"(Estate)两级空间结构与新加坡一般性的"新镇—邻里—组团"(Precinct)三级结构,主要不同点在于:其一,新镇内部所依赖的交通方式不同。一般新镇内部主要依赖常规公共交通,形成了"地铁＋常规公交"的组合方式,而榜鹅新镇是依赖"地铁＋轻轨"的组合方式,强调了与轨道交通相结合从而形成环状的公共空间系统。这种大运量高密站点布置交通方式的选择是 21 世纪新镇模式得以发展的前提条件。其二,街坊的配套设施的不同。与原有的邻里相比,最大不同是街坊不再配套商业、娱乐以及办公等公共配套设施,全部集中在新镇中心内,形成更加强大的新镇中心。其三,街坊与邻里或组团在规模上的差别。街坊的规模介于邻里与组团(Precinct)之间,为 1 200~2 800 户(邻里为 4 000~6 000 户,组团为 400~800 户)。到目前为止,在数量上这种新的发展模式的新镇还仅有榜鹅新镇一个,且入住人口还不到规划所预期 30 万人口的

① Claire S. Chan. Measuring Physical Density: Implications on the Use of Different Measures on Land Use Policy in Singapore[D]. Cambridge: Massachusetts Institute of Technology, 1999:7

1/5,所以其结果还有待于时间和进一步实践的检验,但相信也会给当前中国的城市建设带来一些借鉴和启示。

（2）其他一般性特征

榜鹅镇的新镇土地利用、交通组织以及中心功能布局方面仍然继承了以前新镇的优点,新镇中心位址紧密结合地铁站点,中心用地布局主要围绕地铁站点展开,功能布局上形成以地铁为导向的土地利用空间形态;新镇将有两个中心和一些小型商业中心,在这些中心区域将设有各种商店、餐馆、酒吧、电影院和体育场馆等,为居民解决购物、休闲和娱乐之需;轻轨车站附近也将建造一些为满足日常所需的小型便利商店。

在交通上,最大特点就是地铁与轻轨结合,轻轨服务于新镇内部,每个住户到站点之间的步行距离不超过 300 m;力图通过轨道交通将住宅、教育、购物和娱乐功能整合在一起,成为紧凑的、适合步行的混合发展区;强调住宅楼与多层车库的结合,人车分流,多层车库屋顶作为儿童游戏、人们休憩的场所;增加垂直绿化,提倡生态节能;车站和每幢公寓通过有盖走廊相连,方便居民的出入;其南面的高速公路也为公共汽车和私人轿车的出行提供了便利;强调步行交通,公共绿地之间以步道相连,建立与机动车交通分离的步行系统,在步行系统与机动车交通系统的交叉处,采取步行优先的原则。

在居住土地利用上,高档共管式公寓（10%）、私人公寓与别墅（30%）和普通政府组屋（60%）土地混合使用,并尽可能与水岸线相结合,正在建造的 4 条尺度宜人的河道以及改造中的 1 个海岛,突出了热带海滨城市临水的特色,强化了居民健康亲水的生活方式。

3）密尔顿·凯恩斯新城（Milton Keynes）

密尔顿·凯恩斯是英国 20 世纪六七十年代新城建设中形成的。该新城的规划成为当时英国大规模国家规划的活样板[①]。密尔顿·凯恩斯选址于联系伦敦和伯明翰市以及英国北部的汽车和铁路干线旁边,距离伦敦约 80 km,面积 90 km²,原有人口 4 万,计划规模 25 万人。至 2002 年实际人口达 20.9 万,建成区总面积88.8 km²。该新城属于英国第三代新城,也是最晚开发建设的新城（图 5-13）。

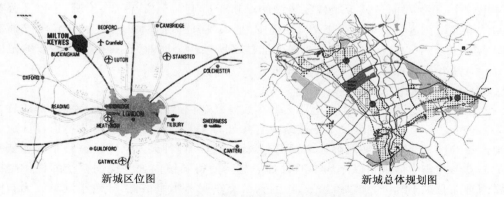

新城区位图　　　　　　　　　　　新城总体规划图

图 5-13　密尔顿·凯恩斯新城区位以及总体规划图

① 鲍尔,倪文彦. 城市的发展过程[M]. 北京:中国建筑工业出版社,1981

面对第二次世界大战以后英国东南部(伦敦周围区域)人口的快速发展,1964年,英国住房与地方政府部部长在《东南部研究》中,确定在布里崔利镇(Bletchley)附近建设一个25万人口的新城以疏散伦敦过分拥挤的人口。1967年,东南部经济规委会在《东南部战略》中提出在伦敦西北走廊发展地带建设新城密尔顿·凯恩斯新城。随后,东南部联合规划小组在1970年《东南部战略规划》中确定密尔顿·凯恩斯和北安普顿作为英国东南部五大发展点中较大的两个点。1971年5月,密尔顿·凯恩斯新城规划被正式批准。

在接下来的总体规划当中提出了下列六大主题①:① 充满机会和选择自由,城市将能为它的所有居民(以及那些住在城外的人们)提供各种各样的选择;② 一个交通极为方便的城市,人们可以自由选择驾驶小汽车还是乘坐高质量的公共交通工具外出,汽车行驶畅通,不受堵塞,同时步行者和骑车人也能感到安全和自由;③ 平衡与多样化,平衡意味着除了提供住房和就业之外,还意味着要提供一切必要的服务、教育、社会、商业、文娱和休息设施,通过在城内创造许多风格特色的场所、设计和建造许多式样的住房,来供大家选择,或租或买都可以;④ 一个吸引人的城市,城市不但要在外貌上吸引人,而且要有一种吸引人的生活方式,即通过环境设施建设的多样化让城市生活散发出生气蓬勃的活力;⑤ 一个便于公众参与的规划,居民、商人和各个利益集团能够参与城市建设,从而使城市的管理工作变得更加有效率;⑥ 有效充分地利用物质设施,保证这些设施具有多种用途,合理规划物质设施的分布,还要有一些管理办法和技术,使这些物质设施能被高度利用。

(1)新城空间功能布局

新城的指导思想确定后,由于当时的居民点分布分散,不利集中而且受到了"田园城市"低密度、大开敞空间发展理念的影响,总体新城空间布局上对就业点和设施采用了分散式布局方式,其目的是使汽车行驶畅通,不受堵塞,希望人们能够自由选择驾驶小汽车或乘坐高质量的公共交通工具满足出行需求,便捷到达目的地。开发强度上平均8户/1英亩(约20户/hm²),新城规划要求住宅的高度不高于树高;商业用房(包括办公楼)一般不高于6层。社区中心的布置突破了"邻里单位"公共设施内向式的布局方式,不再设置在邻里的中心区位,而是位于居住区边缘的城市干道上。学校、商店、诊所、工厂及公交停车站等都设在这些主干道路交叉口的周围,形成"居住区活动中心"。由于位于交通流的节点上,一个中心往往可为两个或多个居住区所共用。同时,在每个家庭的步行范围内都会有两处或两处以上的公共活动中心。

(2)交通路网

密尔顿·凯恩斯新城的主要道路为双车线复式车行道,间隔为1 km左右,形成许多约1 km²的方形大型居住区。主干道路上有几处与主要步行道相交,将步行道设计成从主要道路的地下穿过,以便能够让车辆更有效地通过。这种大方格网的道路系统和低密度的开发形式集中体现了以车为本的设计思想。使得新镇内公共交通系统的提供变得非常困难而且很不经济,难以维持正常运行,公交车服务水平很低,导致小汽车成为新镇必不可少的交通工具。到新城中心由于没有便利的公共交通设施直达也必须依赖小汽车。其中有大约3/4的人使用小汽车通勤,仅有7‰乘坐公共交通。现在密尔顿·凯恩

---

① 姜涛.由密尔顿·凯恩斯新城规划看当代城市规划新特征[J].规划师,2002,4(18):73-76

斯新城委员会正在努力控制汽车的使用,如在商业中心提高停车费,改善道路系统设计,使其有利于公共汽车的服务系统。但是在空间结构的发展路径效应作用下,所有的努力都收效甚微。

（3）就业与居住平衡发展

新城在规划中选址在距离伦敦中心区 80 km 外建设,主要就是要在交通上增强与主城的阻力,达到自给自足的平衡发展目的,以避免变成第一代新城那种单纯居住性质的"卧城"。所以密尔顿·凯恩斯新城在土地利用上强调提供就业岗位,并且无论是住房和就业机会都能向社会地位较低和较贫穷的人们开放,还要吸引那些高收入的人们来新城生活,发挥应有的作用,而不是住到郊外乡村里去。在规划的制定过程中,通过对 5 种城市形态,即中心模式、周边模式、中心周边模式、两端模式和分散模式作比较,分别计算所有居民从家到上班点的出行距离,分析的结果是建议采用就业岗位分散的模式,因为无论是建设费用还是便捷程度,这种模式都是最具优势的。

但是目前密尔顿·凯恩斯新城只拥有 2 万多个就业岗位,1/3 的就业人员由于负担不起住房必须不在新城居住;还有大约 1/3 的就业人员需要通过小汽车到伦敦主城区上班。没能实现原来设想的在城市内部保持居住和就业平衡,反而导致了更长的通勤时间和距离,远远地偏离了原来规划所设定的目标[①]。

（4）层级结构

密尔顿·凯恩斯新城在空间层级结构上虽然不像新加坡空间结构那样具有清晰的空间层级结构,但是大体上还是可以分成三个层面:

最低层级为居住区中心,服务半径为 500～600 m,每个居住区平均约 5 000 人规模,由四周的主要干道或自然地形围合而成,居住区的中心布置在居住区边缘,位于那些主干道路交叉口的周围,形成"居住区活动中心"。这些居住区中心由于位于交通主干道交叉口处,中心的商业活动或社区活动与交通产生巨大矛盾,难以形成具有归属感的场所,而且人口规模过低也难以维持一个强大的社区中心。

在居住区之上的层级是区中心,即每 3 万人将有 3 个中学和 1 个保健中心,还有 1 个高级文化休息中心提供专门性的消遣,如语言与科学实验室、进修教室、图书馆、游泳池等,这些设施供居民与在校学生共同使用。这一层级最终并没有形成真正意义上的中心,而只是一些纸面上的公共设施配套技术指标。

新城最高等级的中心就是新城中心,位于地理中心位置,有一个购物中心以满足周边人口的需求。但是购物中心规划简单,设计粗糙过时。虽然实现了步行化,但是被两条环路与周围地区隔离,就像一个孤岛般很难吸引居民在此购物。调查表明住在离新城中心 10 分钟车程的居民往往选择去其他地区购物。设计不佳、运营不善的新城中心已成为不安全、没有吸引力的地区。社会问题集中,充斥着酗酒、赌博、盗窃破坏等犯罪行为。同时现有的新城中心大多为功能单一的零售业,不提供晚间娱乐设施,所以一般新镇中心到傍晚 5 点左右就关门,和最初的设计理念截然不同。新镇委员会原本计划在新城中心改造商业中心、提供更多的城市功能,包括建设住宅和娱乐设施。但是他们的计

---

① 近年来,随着经济的发展,这种平衡更加难以控制。地价的高涨,导致了廉价住宅的短缺,而廉价住宅短缺也使就业平衡问题更加难以在当地解决。

划很难实现,因为新镇委员会并不拥有新城中心的所有权。新镇开发公司建设了商业中心,然后就把它卖给了私有投资机构(图 5-14)。

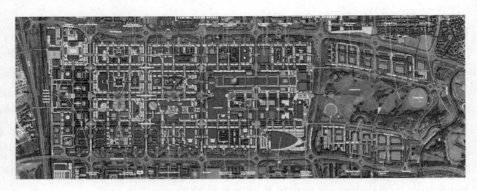

图 5-14　密尔顿·凯恩斯新城中心区规划总平面图

(5) 公共空间

受当时"田园城市"发展理念的影响,大多数新镇的开发强度都以低密度建设为主,规划大面积的开放空间。新城中的公园用地约占总用地的 20%,很多公园被设计成线型公园,易于串联成片。但是大量的绿色开放空间为新镇提供良好环境的同时,其开敞空旷的布局也带来了严重的安全问题。如开放空间中的步行道路在设计的本意上是希望能够作为从住宅直达一些服务设施的步行通道,但由于过于僻静,导致没有居民敢于使用;这些住宅间或住宅后那些独立、黑暗和隔绝的步行道路也成了新镇的重大安全隐患。

5.4.2　发展模式比较与建议

从以上的各个案例分析,可以总结出两种发展模式,一种是基于公共交通基础的集中紧凑发展的新加坡模式,另一种是基于小汽车交通的分散发展模式。这两种模式具有共性,但也存在不同的特征。两种空间发展模式的共同点在于无论是新加坡新镇发展模式还是伦敦的密尔顿·凯恩斯新城建设模式(表 5-11),其理论根源都是源于霍华德的"田园城市"理论;其目的都是要疏散中心城区的人口,改善城市的生活环境;他们的建设时间也都在 70 年代开始;在土地利用方面都主张就业与居住平衡发展;规划思想上都倡导动态规划、弹性规划、公共参与,保持城市的多样性和复杂性。虽然有这么多的相同理论基础和共同的目标,但是从现在的实践结果看却大相径庭。多年的实践表明新加坡新镇的发展模式比起英国的新城开发建设更有利于可持续发展。

表 5-11　T 级空间发展单元发展模式比较

	新加坡 新镇发展模式	新加坡 榜鹅 21 世纪新镇	伦敦 密尔顿·凯恩斯
人口	15 万~30 万人	30.7 万人	25 万人
面积	5~10 km²	9.6 km²	90 km²
密度	600 人/hm²	648 人/hm²	28 人/hm²

		新加坡 新镇发展模式	新加坡 榜鹅 21 世纪新镇	伦敦 密尔顿·凯恩斯
功能 布局	主要功能	以居住功能为主,适度布置就业岗位	以居住功能为主,适度布置就业岗位	强调居住就业绝对性平衡发展
	就业岗位分布	工业在外围,办公集中在镇中心	办公集中在镇中心	就业岗位分散布置
中心区位与功能布局	区位选择	与地铁交通枢纽结合,位于地理位置中心	与地铁交通枢纽结合,位于地理位置中心	以小汽车为主要交通方式,位于地理位置中心
	布局方式	集中	集中	分散
	功能	混合	混合	混合
空间结构		"新镇—邻里—组团(Precinct)"三级结构	"新镇—街坊(Estate)"两级空间结构	"新城—区—居住区"三级结构
交通		以地铁、巴士轨道交通为主;换乘枢纽位于镇中心	以地铁、轻轨为主;换乘枢纽位于镇中心;TOD发展	以小汽车为主
居住与就业平衡		提倡居住与就业相对平衡	提倡居住与就业相对平衡	提倡居住与就业绝对平衡

1) 就业与居住平衡发展

在古希腊社会理论家们就希望将城市分成一个个在步行尺度内能够自给自足,自我平衡的发展单元。现代城市规划伊始,霍华德的"田园城市"也同样是一个自我平衡发展的理想范例。20 世纪 30 年代在现代功能主义规划思潮统领下,城市开始按照四大功能原则划分城市空间,形成大片单一功能区,割裂了城市各功能之间的有机性。随着 20 世纪五六十年代开始对功能主义的批判,强调土地利用的混合和各层级空间单元的平衡发展。这同样体现在城市中观空间发展单元层面上,在现有的实践中有以下三种发展模式:

第一,提倡绝对性的平衡发展模式。第二次世界大战后至 1980 年代的英国"新城运动"是其最鲜明的例子,事实上所有第二代、第三代新城建设的意图都提出"自我平衡发展,平衡居住与就业",包括就业和商业以及其他服务方面自我平衡,以及混合不同的社会、经济群体方面进行平衡。规划目标就是希望能够提供广泛的不同种类的居住、就业以及城市服务设施,而且要在现实可行的交通基础上就能做到。为了能够实现绝对性自我平衡发展的目标,新城的选址远离主城,希望能够抑制相互之间的交流①。但是由于人

---

① 二战后,距伦敦中心 21~32 km 的距离被看作是超出大都市通勤圈的安全范围。然而,在 1950 年到 1960 年期间,仍然有许多通勤者在新城居住。因此,1960 年代中的规划思想提出,以后为伦敦服务的新城要设在离母城中心更远的地方,大概 80~129 km,以保证与首都的功能分离。

这种领域性动物具有扩张自我领域以获得更多的资源和机会的本能,所以随着小汽车的发展,人们具有了到主城寻找工作和住房的条件,本能倾向使得新城自我平衡的可能性减少,其结果是通勤的距离更远,带成种种问题,远远地偏离了规划的初衷。

第二,用地功能单一发展模式。第一代"卧城"和中国当前一些大型居住区或其他功能区,如早期北京的回龙观、天通苑等,当时较少考虑用地的混合和在一定区域内提供足够的就业岗位,导致了城市中大量的钟摆交通与长距离通勤。每天上下班时间,几十万人长距离地倾巢出行、回家,造成道路拥堵、空气污染、耗时过长、能源浪费,这是土地使用规划过分单一的代价。又如上海市周边的安亭新镇,占地约 5 km²。在建筑上采用多项节能环保技术,但是安亭新镇用地为单纯的居住用地,缺乏必要的就业岗位,绝大多数的居民在上海市区内就业,导致工作通勤交通距离和时耗长,乘坐公共汽车到市中心需要 1.5～2 h。由于小区靠近高速路口,所以居民上下班快速地发展为主要依靠私人小汽车出行[①]。

第三,适度的自给自足和均衡发展模式。这类新镇或新城的发展在规划伊始就制定了该空间单元的自给自足(Self-Contained)和均衡发展(Balanced Development)目标。在土地利用上,考虑有足够的就业机会提供给新市镇的居民;有足够的社区、教育、康乐设施;包含不同类型的房屋(例如公屋、居屋和私人住宅)和不同的社会阶层(多元化社区)。新市镇里面安排工业用地和办公空间,目的是减省往返社区和外界就业区域所花费的时间和费用。在空间布局上,新镇一般距离城市中心区在 20 km 以内。在交通联系上,通过地铁、轻轨等快速交通体系与城市中心区及其他区域紧密相连,既具有一定的相对独立性,又是城市不可分割的有机组成部分。如果对密尔顿·凯恩斯和荷兰阿尔梅勒(Almere)加以比较,可以发现阿尔梅勒和新加坡类似,城市分中心沿着交通走廊分布。从交通上看,VMT(人均机动车出行里数)分别为 26.4、16.2,每户车拥有量分别为 1.4：0.9。密尔顿·凯恩斯的两个指标都远远大于阿尔梅勒[②],无法较好地实现其最初的规划目标。其他如新加坡、香港、斯德哥尔摩、东京等新镇都属于这一类型。

通过多年的实践,对于单一功能的发展方式所导致的问题人们已经具有较深的认识。近年来,由于混合功能利用发展概念的提出,提倡小空间范围内的平衡发展,希望能达到就近就业,减少交通出行距离的美好愿望。但是自给自足的卫星城只是乌托邦式的理想主义者的设想,到目前为止,全世界并无一个成功的例子[③]。绝对平衡的发展模式在实践中遭受失败的最主要原因是因为这种发展模式使城市的劳动力市场零碎分散,违背了大城市需要一个大而整合的劳动力市场以保证其经济上具有相应强大的竞争力的规律。而且城市无论大小都是一个开放的系统,一个城市的存在与发展都需要与外部环境相互作用(特别是市场和经济要素的供给)。城市的发展需要时间,一个在大城市周围的小城镇的发展遵循同样的规律,这些小城镇在发展过程中将与中心城市逐步建立起紧密的互动关系,而且这种关系一经建立,无论将来发展到的规模大小,与中心城市的联系只

① 潘海啸,汤锡,吴锦瑜,等.中国"低碳城市"的空间规划策略[J].城市规划学刊,2008,6(178)

② 丁成日,宋彦,黄艳.市场经济体系下城市总体规划的理论基础——规模和空间形态[J].城市规划,2004 (24):71-77

③ Bertaud A. World Development Report 2003: Dynamic Developmentina Sustainable World Background Paper: The Spatial Organization of Cities: Deliberate Outcome or Unforeseen Consequence [R]. World Bank, 2003

会逐步加强。所以发展并保证城市有一个大且整合的劳动力市场必将为保持城市的竞争力、提高经济效益、增加就业机会、缓解城市就业压力起到积极的作用[①]。传统规划理论中强调的一个就业居住平衡的城市和功能上的"自我平衡"被验证并不能降低对机动车的依赖,而应是利用高效的交通系统将各就业中心有效地连接在一起,在城市范围内形成一个有机整体。

从城市系统的角度看,在不同的层级空间,就业与居住空间利用的混合程度不同。在微观空间基本单元层级,不强调工作和就业的平衡。设想可以重新恢复到以前的乡村生活,或者回到工作与生活一切就近的街区式生活,如克里尔提出的城中城理论认为每个"城市区域"必须满足日常都市生活的各项功能,包括居住、工作、休息等,提倡功能绝对混合发展,真正成为一个独立的"小城市"是虚幻而不切实际的。这种微观层级上强调就业和住宅平衡既限制城市商务区积聚规模效应的充分发挥,忽略了劳动力的流动性和相关性,违背劳动力市场原则,还使城市交通需求和交通流量空间分布无序,造成城市交通拥挤,增加了交通成本(丁成日,2004)。而在城市中观层级的 T 和 C 级空间单元就必须考虑就业和居住的平衡发展问题。如新加坡新镇中心的行政商务办公面积 5 万 m² 就需在新镇的外围临近高速路布置一定的工业用地以避免土地功能利用的单一化而产生的钟摆式通勤。考虑到工业和制造业对其他城市功能活动有较高的消极作用,以及对货运交通的要求较高,但是就业岗位密度较低,所以比较适宜布置在单元的外围,靠近快速干道边。降低通勤距离的做法一般是在临近工业区边建造工人住宅等。在 C 级空间更是强调居住与就业的平衡发展。如区域中心的办公面积可以高达 20 多万 m²。

所以对居住和就业平衡的发展问题应该要有层级梯度概念,不同层级的空间规模单元应该有不同的平衡程度,总体来说平衡发展的混合程度应该考虑下面三个因素:

第一,空间层级发展单元的等级。发展单元的等级是工居平衡度的决定性因素,因为空间单元等级越高,其中心地的腹地越大,就近居住和就业的可能性就越高。反之,空间单元层级越高,如果还是采用功能单一发展方式,将会导致更大的交通问题,分割城市有机功能之间的联系。在城市的微观层面可以不考虑居住与就业的混合平衡发展,但是随着城市空间单元的层级越高,就越应该强调就业与居住的平衡。如新加坡的各个等级空间发展单元的混合平衡的程度有明显的不同[②]。第二,公共交通可达性高低。公共交通可达性高低极大地影响就业中心的选址,就业中心的等级越高所对应等级的公共交通系统层级也越高。如苏黎世市中心的主要商务功能活动为世界金融银行总部集聚地,所对应的公共交通线路有国际、全国、区域以及本市的主要公共交通线路。如果相对应的交通条件差,如在 T 级空间层级只是由常规公交的支路网来联系,而仍然有庞大的就业岗位在的话就将导致交通不便,通勤时间加大,从而抑制办公的发展。第三,办公所需就

[①] 丁成日,宋彦,黄艳.市场经济体系下城市总体规划的理论基础——规模和空间形态[J].城市规划,2004 (24):71-77

[②] 新加坡新镇当中虽然提出了工作与居住平衡发展策略,但是从实践的结果来看,不同层级的空间单元平衡发展有很大的差异。据统计,在新镇层面 1990 年有 79.3% 的就业人员在他们居住的城镇外就业,就像斯德哥尔摩和哥本哈根一样,在新加坡有相当数量的城镇与市中心之间的通勤交通流以及跨城镇的通勤;但在区域层面,就业人员在本区域中心或区域内就业的人口高达 70%。资料引自:Robert Cervero. The Transit Metropolis: a Global Inquiry [M]. New York: Island Press, 1998:119

业群体的分布范围和服务范围。办公所需就业群体的地域分布范围和本身服务的范围越大,就应该位于越高等级的就业中心和公共交通线路廊道上。因为不同的企业办公有不同的辐射范围和所需人才的范围,所以应该有不同等级的对应关系。这样,能够用最短的交通距离使每一个就业机会都接近每个城市就业人口,用最短的交通距离使每个城市就业人口都接近城市所有的就业机会,从而加快城市可持续发展。

2)层级结构变化的适应性

城市空间的层级结构是决定发展模式的根本性因素,就新加坡来说已经从起初1960年代的"新镇—邻里"二级结构、1970年代后期出现的"新镇—邻里—组团"结构发展到现在备受推崇的"新镇—街坊"两级结构21世纪新模式。这种被大多数专家、学者或领导看作为未来完美的发展模式,能否在中国当前发展背景下生根发芽仍需进行深入的探讨。

第一,这种模式的发展建设前提是具备发达轨道交通系统。新加坡21世纪的新镇建设中,在空间结构上能够由三级结构变成两级空间结构是建立在发达的交通建设基础上。榜鹅新镇的主要公共交通工具由地铁和轻轨组合替代了一般新镇由地铁结合常规公交的方式;现在的轻轨线的站点(服务半径为300 m左右)达到与常规公共交通的站点分布密度。这种交通工具的改善是促进空间结构改变的最重要因素之一。因为新镇内部的公共交通由巴士向轻轨的转变意味着行驶速度的提高和相同距离上的出行时间大幅度减少。原来只能从家到邻里中心(通过步行或巴士)所花费的时间能够通过轻轨到达更远的目的地——新镇中心,这再次证明了交通方式对空间有着巨大的影响作用。(当然,由于轻轨站点服务半径的原因,即使在这么密集的站点分布,还是难以完全达到原来巴士站点分布的密度。所以在出行时间上仍然要比原有的到达邻里中心多。)

反观中国的发展条件,当前中国城市的公共交通系统建设还在很低的建设发展水平上,轨道交通作为城市当中一种昂贵的公共资源,受经济水平的限制,到目前为止也只有北京、上海、广州等特大城市有,且除像北京、上海这种由于受到奥运会、世博会大事件影响的城市,举全国之力对城市的各项基础设施(包括轨道交通)进行改善更新之外,其他城市无论在量上或质上都还处于很低的水平。南京、苏州、大连等城市的轨道交通目前也还是处于起步阶段。地铁或轻轨交通现在一般只用于重要城市发展轴线上,在未来几十年内要达到新加坡这种轨道交通的建设水平还有很大的难度。

第二,如果采取"二级"空间布局,居民的日常生活必需品的采购以及文化娱乐等活动必然导致向镇中心聚集。近30万人口的新镇中心所起到的功能作用已非邻里单元中心所产生的功能作用所能媲美,必然更具功能性和目的性。特别是现代商业通过超强的技术控制能力,新镇中心必然存在购物中心、大卖场等商业业态,使消费空间过度技术化、商业化、功能化,反而有可能造成消费者心理上的压抑,很难承担类似过去三级结构中的邻里中心所承载的社会交换功能和公共福利功能。因为邻里中心的公共设施可以增加居民的交往频率和交往深度,强化了社区居民对社区的认同感。它更偏向于强化社区文化体系自身的"内化"能力,追求消费空间的社区交往功能,求互动、求体验,以消除人际隔阂。而且,在最新的二级结构中下一级的街坊(estate)规模只有1 200～2 800户,缺乏常规性的组织,按照以往的经验,难以发起各种社区活动,如节假日游行、社区美食节以及各种有利于培养居民间交流的活动。在轻轨站点边配套的一些满足日常所需的便利商店更是承担不了社会交往和福利的功能。

第三,需要超高强度的土地开发利用。巴士向轻轨的转化首先就需要满足一定的乘客门槛数量,所以轻轨沿线高层高密度开发模式成为不二的选择,对于像新加坡这样在发展空间上受到极大限制的国家来说更是一种良好的发展策略。但是在中国的城市当中,由于经济发展水平的限制,很难有城市能像新加坡那样整个城市都普遍采用高强度发展,所以在一般开发强度的居住区很难提供足够的轻轨所需门槛乘客数量。

第四,对空间低碳化发展具有积极的意义。相对来说,到达社区中心 400～600 m 的路程能够极大地鼓励居民通过非机动车的方式出行,这对于任何国家的空间低碳化发展都有着极大益处,特别是对像中国这种公共交通系统建设还处于低水平发展程度的国家来说有着更重要的意义。而且适当增加空间在交通上的摩擦阻力,居民们的日常购物以及其他服务消费,都被高度局限在本社区市场,绝大部分人不会为日用品专门到其他地方去购买,有利于形成"最近中心地消费",进而促进社区级中心的发展。

从以上几个方面的分析说明,一个城市所具有的交通水平,在很大程度上影响着城市的结构。高速与低成本的交通将造成居民的空间活动范围大大增加,高等级中心地的影响与作用得到进一步的提高,更有利于高等级中心地的发展,同时导致低等级中心地重要性的降低,不利于低等级中心地的发展。慢速与高成本的交通工具,将提高空间的"摩擦作用",从而有利于低级中心地的发育。根据鲁施顿(Rushton)与克拉克(Clark)对美国零售业的一项调查研究,发现由于汽车与冰箱的普及,不少人会将原来每天多次的、不同目的的日常出行活动现在都集中在一次,通过开车到更远的大型市场,或在下班时顺路也把日常生活用品捎带上,这将会绕过了本社区的低级中心地。遵守"最近中心地消费"的家庭只占 52%;1975 年,利勃(Lieber)等人调查城市区域居民的食品购物习惯,发现越级到高等级中心地购物的距离在密歇根州高达 19～20 km[①]。

而中国目前的城市空间等级结构的主要问题之一就是高等级中心极化,居民越级出行严重,次级中心或社区中心弱化。所以像榜鹅这种采用"二级"空间结构的空间发展模式在中国目前的发展背景下不具有可移植性,在我们的建设过程当中,不应该盲目地求新求洋,他山之石可以攻玉,我们可以借鉴典范性城市的发展经验和教训,但是也要考虑到自身的发展背景以及发展模式本身的长处和缺点。

3) 高密与分散发展

新加坡的空间高密度集中发展模式与英国的密尔顿·凯恩斯市分散低密度的发展模式哪一种更佳? 有些学者认为高密度集中型城市易于产生种种的问题,如交通堵塞可能性增加;城市地区可能导致严重的空气和噪音污染;城市内部的绿色空间减少,生态环境的恶化;土地价格上升,租金昂贵;容易导致更多的犯罪……

但是早在上世纪初,城市集中主义的代表勒·柯布西耶就认为解决维多利亚时代城市问题的途径是提高而不是降低城市密度,因为高密度的城市发展模式在空间上可以抑制城市无节制的扩张,节约土地资源;经济上具有较强的规模效应,可以以较经济的集体方式的公共服务代替个体的服务;并能在社会关系上促进相互联系,增加交流。这一规划思想一直被延续下来,随后,这种高密度发展模式又成为减少居民出行距离以及控制

---

① David T H. Urban Geography: A First Approach[M]. New York: John Wiley&Sons, 1982:114-138

城市中小汽车增长的重要手段。德-沃夫勒在《城市化》(*Civilia*)一书提出了遏制城市扩张及小汽车发展,促使城市再生并提高城市密度的观点(德-沃夫勒,1971 年)。而简·雅各布斯则主张提高城市密度,并且深信正是密度造就了城市的多样性。英国学者梅耶·希尔曼(Mayer Hillman)认为,资源的高消耗和温室效应是人类生活方式不可持续的主要问题,在交通上步行和骑自行车的减少以及公共交通工具的缺乏,私人小汽车的拥有量和使用率的上升是导致城市环境恶化的主要原因。

低密度分散式的城市空间发展模式,则会造成城市客流的大面积分散,不容易在某一方向上形成大量稳定的客流。而公共交通需要有稳定和足量的客流加以支撑,否则运营难以维持。因此,从公交的客源角度来看,这种低密度分散式发展模式不利发展城市公共交通,低密度分散程度与公共交通的发展之间呈负相关关系,与小汽车的使用量之间存在循环反馈的关系。由于在低密度分散发展模式下,城市空间功能区分散,增加了居民的出行距离,分散程度与出行距离之间呈正相关关系。又使得步行及自行车等非机动车方式很难满足居民交通出行的需要,抑制了非机动车出行方式的发展。所以在这种情况下,个人机动车快速、灵活的特性和公共交通发展的滞后一起刺激了小汽车方式使用量的增加。总的来说,城市空间的低密度分散扩张刺激了小汽车的使用,小汽车使用的增加又会促进城市空间的进一步分散化。二者之间形成恶性的循环反馈关系,如果没有强有力的外力作用(如政策的正确引导),从而容易形成城市空间无限扩大的蔓延趋势。

希尔曼强调,提高密度不仅可以有效避免浪费边缘土地、盲目开发,破坏城市外围的纯净与原生态,还可以有效减少出行距离,降低出行次数,减弱对小汽车的依赖,从而降低交通污染,提高能源效率,减少温室气体的释放。可以使市民的交通费用减少,促进骑自行车和步行,社区活动增加,增强在生活方式中的自主性,从而使生活更美好。

根据新加坡第二阶段典型的新加坡新镇模型、第三阶段 21 世纪新镇榜鹅镇与英国第三代典型新城密尔顿·凯恩斯的比较,在城市的中观空间层级,城市应该遵循城市的发展规律,形成高密、向心的发展模式,达到高密发展效益的最大化,这种高密度的发展模式有以下几方面的明显特征。

第一,有效促进非机动交通的发展,培育中微观空间层级的中心。高密度的发展模式将在相同的空间地理尺度内包纳更多的要素,城市土地使用的综合化、多元化程度提高,减少了个体要素之间距离,居民出行距离相对较短。在适当的功能布局下,将适当的功能混合布置,将大大地促进非机动车的利用。各种城市功能在有限的地域范围内集成,人们的工作、文化娱乐、教育学习、探亲访友、购物社交等活动在非机动车出行范围内完成。在满足人们的出行时间预算内,不但能够降低碳和有毒气体的排放,降低空气污染以及解决其他一系列交通问题,更重要的是非机动车模式将会提高空间的摩擦力,有利于微观或是中观层级单元中心的发展,促进城市各层级空间之间的平衡。

第二,有利于促进公共交通发展,提高整个城市的集聚经济效应。从城市与交通互馈的角度看,高密度模式将非常有利于公共交通的发展,抑制小汽车的使用。因为以高密度集中土地利用为特征的城市土地开发必将导致大量且集中分布的交通需求,带来大量的顾客群,保证公交投资的可行性和效率①。有利于大运量公共交通的运行,降低小汽车的使用率,从而减少交通拥挤和环境污染。但更重要的是,随着城市的规模扩张,超出了自行车交通适宜的出行范围,如果公共交通没有得到同步的发展,空间结构形态将如中国目前大多特大城市那样呈单中心圈层式蔓延。交通出行距离过长,对小汽车依赖程度提高,即使通过各种规划政策努力将城市形成多中心组团式空间结构,如果公共交通发展滞后,也很难实现。一方面各个中心组团之间缺乏有效的整合,使城市劳动力市场零散,违背了大都市需要一个大且整合的劳动力市场以保持其经济竞争力的规律;另一方面各功能组团之间必然有各种复杂的联系,如密尔顿·凯恩斯即使在 80 km 外,还是有 1/3 的就业人口在伦敦,所以结果必然推动小汽车的发展。而且小汽车也必然剥夺一大部分群体,特别是低收入、较高年龄群体人才流动的自由,从而削弱了整个城市的集聚经济效应。

第三,扩大地理空间的容纳能力,满足人口门槛规模要求。高密度发展在既定的交通距离内,增加了各种可能获得的活动机会,扩大了在特定地点内可支持的服务的比例和范围,从而减少了到其他地方的需要。如能够使各层级空间结构单元所需要的人口门槛规模在步行或自行车交通出行的空间地理尺度内达到,就能够在比较理想的交通模式下满足每个层级中心地对人口门槛规模的要求。但是,对于一些经济发展水平比较低或是大城市的外围地区,开发强度却不能满足各层级人口门槛规模,要达到一定的人口门槛规模所对应的空间地理尺度又不理想,所以可以适当地提高城市空间的利用强度。

第四,减少出行次数。高密度集中型的城市空间发展模式会促使居民交通出行次数减少。因为在空间被更高强度利用的情况下,同样的空间尺度内必然包含了更多的城市元素,所以多种出行目的可以在一次出行中完成。如在下班途中可以完成日常性所需的购物,或接受某种咨询服务等,这在一定程度上节省了每天交通出行的次数。如果各项城市功能设施得以合理布置,高密度集中的发展模式还可以在整体上减少交通需求。

第五,促进城市复合开发,避免"钟摆式"交通模式。高密度开发发展的城市由于多种功能用地在空间上相对集中,在一定程度上避免了居住与就业的分离,缓解了如第一代新城功能单一,形成的大量"钟摆式"交通分布的问题,从而使交通出行分布能够在较小范围内实现均衡。

第六,降低能源消耗。高密发展模式使城市的空间地理尺度缩小,通勤距离也将大

---

① 对于城市开发密度与公共交通的关系有着一系列的研究,最被广泛引用的是 1977 年 Pushkarev 和 Zupan 主持的一个研究结论,即支持轨道交通服务的市区居住密度平均应达到 12 户/英亩。该研究表明,2~7 户/英亩的居住密度是提供公交服务的边际值;居住密度介于 7~30 户/英亩时公交使用效果显著;当居住密度从 7 户/英亩上升到 30 户/英亩时,公交需求增加三倍,同时小汽车的使用明显减少。1984 年 Wilbur Smith 的研究结果表明,当居住密度从 7 户/英亩增加到 16 户/英亩时,公交分担率将会有明显的增加。美国运输工程学会在研究这一问题时将居住和就业密度与土地使用一同研究。他们认为,支持中等服务水平的公交服务所需要的居住密度最少应为 7~8 户/英亩 (17~20 户/hm²),同时(或)商业或(和)办公面积应达到 500 万至 800 万平方英尺(47~74 hm²)。同时他们还推荐支持轻轨的最小居住密度应该达到 9 户/英亩(22 居住单元/hm²),以及(或)3 500 万至 5 000 万平方英尺(326~465 hm²)的商业或办公用地。纽曼(P. Newman)和肯沃思(J. Kenworthy)于 1989 年对世界上 32 个大城市的交通与土地使用关系研究后发现,城市密度(包括居住密度和就业密度)与公交出行人次之间的回归系数为 +0.74,城市人口密度与小汽车的使用(出行距离)之间的回归系数为 −0.74。罗斯等人(Ross etual, 1997)的研究也证实了高密度居住会导致较少的小汽车出行和较多的非机动车出行。

大减少,并且在高密度集中发展模式下,中长距离的交通出行由公共交通解决,短距离由非机动车方式来完成,降低对小汽车的依赖,能源的消耗也减少了。肯沃西和纽曼在2001年的研究表明(表 5-12),就城市化以及经济发展水平相当的世界上发达国家而言,随着城市居住密度的降低,每人每年小汽车出行公里数在不断增加,利用公共交通、自行车和步行等绿色交通方式的比例也在降低。如在居住密度最低的美国城市休斯敦,人均汽油消耗量明显高于居住密度较高的亚洲城市香港、新加坡和东京。

表 5-12　发达国家城市密度与交通结构

	单位	美国	澳洲	加拿大	西欧	亚洲（高收入）
城市密度	Persons (hm²)	14.9	15.0	26.2	54.9	150.3
公共机动交通出行方式所占比例	%	3.4	5.1	9.1	19.0	29.9
私人机动交通出行方式所占比例	%	88.5	79.1	80.5	49.7	41.6
非机动交通出行方式所占比例	%	8.1	15.8	10.4	31.3	28.5
每人每年小汽车出行公里数	p.km/person	18 155	11 387	8 645	6 202	3 614

所以,虽然高密度发展存在一定弊端和问题,但是在中国人口基数大、人均土地资源匮乏等硬性条件约束下,高密度的发展模式仍是唯一的选择。关键问题是如何借鉴世界上优秀的城市发展经验来扬长避短,尽量降低或消除高密度发展所带来的问题,充分发挥高密度发展的优势。

4）公共交通与中心选址

通过以上的案例分析可知,新加坡的中观结构载体"新镇"依托于城市的轨道交通系统,实现了比较理想的交通可达性分布,保证了各个层级单元结构的完整性,进而使中观层面空间结构的组织发挥了重要作用,由下而上地支撑着城市的整体宏观结构。新镇层级的空间结构是以地铁站为中心,在这个中心布置与地铁进行接驳的巴士站点以及各项公共服务设施,而且周围土地开发也表现出高密度特征。新镇中心的位址与公共交通可达性峰值区位与空间中心地形成理想的耦合。

而密尔顿·凯恩斯的新城中心与中国当前的中观层级,甚至是城市中心颇有相似之处。即中观层面的中心在选址上依循交通可达性最高原则,而这种交通可达性高低是基于小汽车交通量来计算的,所以中心往往是围绕交通性干道的交叉口周边。此时表现最突出的是商业中心和交通之间的矛盾问题,体现在为了吸引客流量,商业在主干道交叉口周围聚集;新兴商业中心平行于主要交通干道展开;大量新建的大型综合购物中心、办公区蛙跳式地分布在交通干线附近。这种不合理布局和集聚将导致城市交通恶性循环的出现,因为随着大型综合购物中心或其他公共设施的集聚程度越来越高,各层级中心地的交通压力亦越来越大。大型综合购物中心的集聚使中心区商业功能不断加强,人流的集中导致交通量大增。常见的解决方法是不断拓宽车行道,建设立交桥和地下隧道,这只能一时有利于汽车快速通过,但更加不利于人流的集聚和各种活动,形成交通瓶颈,整体购物办公生活环境被破坏,最终形成交通负荷重—出行困难—交通拥堵的恶性循环。

所以,在城市中观空间单元层面,应该如同微观层面一样,公共交通可达性应为该层级中心的最重要择址标准。一般对于一个特大城市来说,其城市的主导性公共交通方式的站点,如地铁、轻轨站点应该与中观层级单元中心相结合,并将下一层级的转换站点有机地整合在单元中心内。中观单元层级中心的人流输送主要通过绿色交通的方式来完成,以满足商业以及各种公共活动设施所需的人流量,以构建强大的集聚中心。这方面失败的案例有:北京的回龙观大型居住社区,虽然有轨道交通,但并没有将大型居住社区级的商业中心、公交转换站整合并设置在地理区位的中心,而是将轻轨站布置在居住区的最南边,社区的商业设施也被城市干道分割在不同的地块中,而且这些设施的服务半径也不合理,造成了居民在交通出行、购物方面的困难。所以对于社区来说,也应将社区中心和公交转换站、地铁有机地整合起来形成具有中国特色的 TOD 模式。

另外,为了使商业办公等城市功能能够达到一定的规模效应,B 级或 C 级城市空间单元在空间布局上应该通过大型购物中心或办公中心等塑造具有浓郁商业办公氛围的空间场所。因为在城市的中观层面需要具有一定的规模效应来吸引顾客。在达到十万人以上的人口规模后,人与人之间的认识度降低,不再可能塑造出如社区层级的归属感。但是在空间上仍然要注意不能将商业变成一个点,这样将更加丧失宜人的空间环境,带来交通问题,而应该结合商业空间中心节点来进行平面上的拓展,对商业街或商业步行街的改造建设,有利于网状商业空间体系的形成,有利于城市中心区商业空间从点状逐步向线状和面状的方向发展,形成空间的整体效应,有利于降低大型综合购物中心集聚对城市道路交通带来的压力,还有利于发挥公共交通的作用和停车设施的规划和建设。

如在新加坡淡滨尼地铁站服务半径 300 m 的范围内,进行高密度商业开发,使之成为地区商业中心,地铁车站不仅通过交通换乘枢纽的作用辐射整个镇域范围,而且公共设施也能更好地辐射全镇。这种成功的开发源于以下几个方面:① 公共交通站点位于地理中心位置,而且商业设施能够成片开发,不受小汽车交通的干扰;② 通过步行系统联系各功能区,彰显人性空间尺度,加强公共设施的整体性;③ 要为将来新的公共服务设施的建设留有余地,从而不会因新的开发而改变或弱化既定的空间结构。

6 公共交通导向发展下的城市空间层级规模尺度与发展策略

在城市的客运交通系统当中,公共交通作为一种集约化、大容量的客运方式,在城市居民出行中发挥着重要的地位。《马丘比丘宪章》(1977 年)中提到:"经验证明,道路分类、增加车行道和设计各种交叉口方案等方面根本不存在最理想的解决方法,所以将来城区交通的政策思想当然是使私人汽车从属于公共运输系统的发展。"其鲜明地提出了公共交通优先的发展思路。在规划典范城市当中,绝大多数都是城市空间结构与公共交通系统结构高度一体化发展的城市,如北欧斯德哥尔摩、哥本哈根,西欧的慕尼黑、苏黎世、柏林、巴黎,亚洲的东京、新加坡和香港,南美洲的库里蒂巴等等,城市空间的发展都是基于公共交通,特别是大运量的捷运交通的基础上,公共交通成为市民出行方式的首要选择对象。如在公共交通高度发达的东京首都交通圈内,1995 年公共交通出行次数占客运交通的 63.9%,其中东京都为占客运交通的 78%~55%。1999~2000 年度,大伦敦地区公共交通系统工作日平均完成客运量 850 万乘次(占客运交通的 31.5%),完成客运周转量 7 951 万人/km(占客运交通比 36.8%)。巴黎市交通局公共交通系统 1998 年完成客运量 24.134 亿人次,客运周转量 117.1 亿人/km[①]。由此可以看出,公共交通系统在各个城市发挥着重要作用。国外城市客运交通实践也告诉我们,除了北美一些长期以小汽车为主要交通工具,城市空间结构已固化的大城市(即使如此,美国仍然有许多大城市在居民的强烈要求下试图发展城市公交系统),其他国家的大城市几乎都确认"公共交通为主"的原则。国内外城市客运交通的经验集中到一点,就是在大城市或特大城市,尤其是高密度地区,只有发展公共交通系统才能既使居民的交通需求得到满足,又使环境得到保护。

随着城市化进程的加快,城市空间规模也相应地迅速扩张,加重了城市空间层级结构和交通层级系统之间的矛盾。从上世纪 80 年代起,中国各个城市就提出了公共交通优先政策,希望城市的空间发展和客运交通能够由粗放型向集约型方式转变。但是,中国城市的公共交通目前仍处于很低的发展水平,城市公共交通不发达,甚至公共交通的供应远远难以满足出行的需求,现实发展情况仍然面临着巨大的问题和困难。从系统的层级性和规模尺度理论出发,主要存在两方面的问题:一方面公共交通系统对城市空间发展并没有起到结构性的导向发展作用。各种公共交通方式与出行空间范围不匹配。城市空间功能布局与公共交通布局的耦合性低,如特大城市只有常规公共交通作为主导公共交通系统,难以有效引导城市空间发展方向,导致了低效的城市交通组织结构;另一方面城市空间结构仍然是单中心圈层式无序蔓延发展,现有的城市空间结构使得交通出行次数,距离,交通拥堵、空气污染、出行时耗等交通问题日益加重。城市空间发展和交通形成恶性的正反馈循环。在基于城市发展水平和资源约束等条件下,如何打破这种恶

---

① 陆锡明. 综合交通规划[M]. 上海:同济大学出版社,2003

性循环①,建立起多层级、多元化的城市公共交通系统以满足城市空间的不断扩展和居民出行的日益多元化需求已经成为重要的课题。

6.1　公交都市理论发展和系统构成

城市公共客运交通是为城市居民生产、工作、学习、生活等需要服务的,是整个交通运输业的一个重要分支。它具有交通运输业的全部特性,也有其与众不同的特殊性。它是指在城市及其所辖范围内供公众出行乘运、经济方便的诸种客运交通方式的总称。从广义上讲,城市公共交通系统包括公共汽(电)车、出租车、轻轨、地铁、索道、渡船等多种地面、地下的交通方式,按规定线路行驶,具有一定站距和行车间隔的城市客运交通体系。主要可以将城市公共交通系统分为快速大运量公交系统(MRT)、巴士快速公交系统(BRT)、常规公交系统、辅助公交系统和特殊公交系统。

1) 大运量快速轨道交通(MRT)

快速大运量公共交通运量大,速度快,可靠性高,高峰小时客流在 3 万～5 万人,适于客流非常集中的中长距离出行。其特点是易管理,速度快,运量大,占用空间小,使用电力能源,没有污染,乘客乘坐舒适,能够有效引导城市空间发展。但是投资大、换乘距离长。交通方式包括地铁、轻轨、城市铁路等,运行速度分别为 30～40 km、25～35 km、45～60 km。

从国外的发展经验来看,许多大城市的公共客运交通系统多以城市铁路、地铁、轻轨等轨道交通为主。自从 1863 年地铁诞生以来,世界上很多国家的大城市都进行了地铁轨道交通的规划建设,承担着城市中很大部分客运交通量。同时这些地铁系统在引导城市空间有序发展方面也发挥了巨大的作用。国内外大城市发展轨道交通的经验告诉我们,高密度的土地开发利用没有大运量轨道交通的支持,往往不能比较好地解决就业通勤问题。中国特大城市和大城市的土地开发均是高强度开发,客观上看,中国大城市和特大城市需要加大轨道交通的建设和发展步伐②。

根据国内外已有城市的轨道交通建设运营的实践,城市轨道交通的定位可分为三种:① 轨道交通作为城市公共交通的主要方式,以东京、纽约和巴黎等大都市为代表。② 轨道交通与地面常规公交并重,以首尔、香港等大都市为代表。③ 轨道交通是城市公交系统的骨架,以新加坡为代表。上述三种轨道交通的定位对于中国不同类型大城市发展轨道交通具有较好的参考价值。对于中国多数大城市来说,在建设地铁交通的经济条件不成熟的情况下,可以对轻轨交通进行立项研究,因为轻轨交通比地铁投资少(为地铁的 1/3 左右),使用电力能源,没有污染,有易管理、速度快、舒适、方便灵活等优点。其单

---

① 很多研究认为城市的经济水平将在很大的程度上决定了城市公共交通水平的发展,由于我国当前的经济水平限定了交通结构的改善和提升,但是像巴西库里蒂巴市在 1970 年代时如此低下的经济水平就能够孕育出自己独特的交通与空间高度一体化的发展模式;经济高度发展的发达国家意大利,在中南部城市如罗马、那不勒斯等,城市公共交通还是处于一种落后的自发原始状态。所以,经济水平的高低并不是决定性的因素,重要在于对城市空间结构和交通方式的认识程度,进而发展出符合自身特点的空间发展模式。

② 但轨道交通作为一种昂贵的交通方式,其建设成本、运营成本和车辆成本均大大高于常规公共交通,并不是对中国每一个大城市都有相同的必要性和重要性,所以要根据实际情况来确定是否发展地铁交通。

向运送能力每小时客运量能达到 2 万人左右,最大可达 4 万人,平均运行速度为 25～35 km/h 左右,加速性能好,可适应的城市规模范围较广。

2）快速公共交通（BRT）

快速公共交通系统（BRT）是通过对巴士的运行方式和交通工具进行改造创新而产生的一种新的公共交通方式。特点是模仿轨道交通的半封闭或封闭式管理,运营速度高达 25～30 km/h;比轨道交通具有更多的灵活性,可以调整线路或增设高峰时段的大站快车和直达车以提高运营速度;对城市空间利用有比较大的影响;有服务质量高、投资较少、维护费用低、建设速度快、见效快、灵活性高等特点①。

通常建设 1 km 地铁交通线所需要的资金可以建成 10～20 km 的快速公交网络,建设时间一般不到地铁交通的一半。此外,快速公交系统可以分阶段实施,线路运营可以随城市的发展而变化,并可与其他形式公交结合形成多种快速公交模式,较好地适应城市规划弹性布局的要求,体现出灵活性。一般 BRT 的运行车速可以提高到 20～27 km/h,与轻轨 25～35 km/h 相当,单车道运送乘客可以达到 1.8 万～3 万人/h,与轻轨 1 万～3 万人/h 相当。由于低廉的建设成本,BRT 能够在很短的时间内形成一个比较完善的交通网。

根据国外城市的发展经验,BRT 的定位主要在于三个方面:① 一般适用于 200 万以下城市规模,如库里蒂巴、基多等城市,相对低廉的造价和良好的运行环境使其成为推动世界公共交通发展的典范。② BRT 作为轨道交通功能的延伸或补充。适合轨道交通已经覆盖了大部分客运走廊的城市,BRT 主要为轨道交通集散客流,延伸和补充轨道交通的功能。③ BRT 与轨道交通的协调发展。一种是轨道交通存在一定发展规模,但未覆盖主要客运走廊的城市,轨道交通与快速公交处于一种竞争的关系,布局和运营上是一种互补协调的关系。另外一种是轨道交通的发展受制于政策、资金等诸多因素,为了应对快速发展的机动化需求和更有利于发展轨道交通,BRT 作为轨道交通的过渡形式存在。

3）常规公共交通

常规公交一般包括有轨电车、无轨电车以及巴士等交通方式。优点是固定投资较小,机动性较强,站点分布密集,搭乘方便;但是客运能力较低,必须在地面上运行,受干扰较大,准点率相对较低,车速为 15～20 km/h,适于客流量不大的中短距离出行。

常规公共交通系统的定位可分为四种情况:① 常规公共交通处于公交系统中的支配地位。一般适用于尚没有建设轨道交通和快速公交系统的城市,如郑州、合肥等。② 常规公共交通作为城市公共交通的主要组成部分,大运量快速公共交通系统是城市公共交通系统的骨架。适用于已建或部分建成大运量快速公交系统的城市,如新加坡、北京、上海、哥伦比亚的波哥大等。③ 常规公交系统与大运量快速公交系统并重。地面公交系统与大运量快速公交系统一起作用于城市的客运交通系统,如中国香港、韩国首尔等。④ 常规公交系统作为城市辅助性的客运公交系统,适用于已经建成非常通达的轨道公交网络系统的城市,如日本的东京、英国的伦敦等。

---

① 与轨道交通相比,投资一般约减少 80%～90%,建设周期约缩短 50%,运营维护成本约降低 80%。通常建设 1 km 快速公交线路的投资在 2 000 万～7 000 万元;建设 1 条 20 km 长的快速公交线路一般工期为 1 年左右。数据引自:徐永能. 大城市公共客运交通系统结构演化机理与优化方法研究[D]. 南京:东南大学,2006:5

4）辅助公交系统和特殊公共交通系统

辅助公共交通指一些能对主导的公共交通系统产生辅助作用的交通方式,包括出租车、校车等。特殊公共交通系统包括因为地形地貌或城市的特殊因素所需的比较特殊的交通方式,包括轮渡、索道缆车等。

通过以上分析,虽然轨道交通和快速公共交通系统由于其行驶速度快、运量大,世界上许多大城市在公交系统的发展过程中给予了很大的重视,但是从历史发展的情况表明,城市客运交通结构需要适当的地面常规公交配合,才能形成多层级的城市综合客运交通体系。因此,即使在轨道交通发达的城市,常规公交仍然是重要的交通工具之一,而在大多数发展中国家的大城市交通体系中,公共汽车交通仍将是最主要的交通方式。

6.2 公共交通系统层级特性和城市空间层级规模尺度

由于公共交通系统不像步行或自行车交通那样简单,而是由多种交通方式所组成,不同的公共客运交通方式有其不同的适用范围和主导空域、相对优势与劣势。所以一个城市的公共交通系统往往是由多层级、多方式的公共交通组成。

6.2.1 公共交通方式的主导空域推导

根据扎哈维推断,全世界的人平均每天大约花费 1 小时在交通出行上;绝大多数的通勤也在 1 小时以内。随后的马赫蒂恒量定律证实了扎哈维推断,而且在人口规模和地理空间扩大,经济政治重要性大幅提高的城市,这一原则也同样有效。由此推知最佳的活动范围当量半径约为 30 min 的出行距离。另外,根据吉普生的出行时间预算,就业通勤的可容忍时间为 45 min,在这一时间内的出行距离作为可接受的活动范围半径。

假定市区为理想的同心圆构造,建成区扩展不受地理条件限制;市区去往各方向的通达性相同,从出发点到城市某一层级中心的距离即为该交通方式的活动范围当量半径;常规公共交通通过步行换乘,MRT 和 BRT 通过自行车换乘。根据不同公共客运交通工具运营速度,便可算得不同公共交通方式所能达到的距离,得出理想和可容忍的活动范围面积[①]。公式如下:

$$L_{巴士} = t_{步} \cdot v_{步} + t_{车} \cdot v_{车} \tag{1}$$

$$L_{地铁} = t_{自} \cdot v_{自} + t_{车} \cdot v_{车} \tag{2}$$

$$L_{轻轨} = t_{自} \cdot v_{自} + t_{车} \cdot v_{车} \tag{3}$$

$$L_{BRT} = t_{自} \cdot v_{自} + t_{车} \cdot v_{车} \tag{4}$$

$$T = t_{步} + t_{自} + t_{存取} + t_{候} + t_{车} \tag{5}$$

式中:

(1) 式中 $L_{巴士}$ 为常规公交 30 min 或 45 min 的出行距离,$t_{步}$ 为出发地点到达公交车站的步行时间,$v_{步}$ 为步行速度,$t_{候}$ 为平均候车时间,$t_{车}$ 为公交行驶时间,$v_{车}$ 为公交行驶

① 由于城市火车或市郊火车需要建设新的线路和站场设施等,在城市已经建设完成的情况下,很难采用市郊火车作为城市的公共交通工具,所以本书不对城郊火车作进一步的分析。

速度。通常条件下,取 $v_步 = 4.5\,\mathrm{km/h}$,$t_步 = 3\,\mathrm{min}$,$v_车 = 18\,\mathrm{km/h}$,$t_候 = 4\,\mathrm{min}$。

(2) 式中 $L_{地铁}$ 为地铁 30 min 或 45 min 出行距离,$t_自$ 为出发地点到达地铁站点的骑车时间,$v_自$ 为骑车速度,$t_车$ 为地铁行驶时间,$v_车$ 为地铁行驶速度。取 $v_自 = 13\,\mathrm{km/h}$,$t_自 = 5\,\mathrm{min}$,$t_{存取} = 2\,\mathrm{min}$,$v_车 = 38\,\mathrm{km/h}$,$t_候 = 5\,\mathrm{min}$。

(3) 式中 $L_{轻轨}$ 为轻轨 30 min 或 45 min 出行距离,$t_自$ 为出发地点到达轻轨站点的骑车时间,$v_自$ 为骑车速度,$t_候$ 为平均候车时间,$t_车$ 为轻轨行驶时间,$v_车$ 为轻轨行驶速度。取 $v_自 = 13\,\mathrm{km/h}$,$t_自 = 5\,\mathrm{min}$,$t_{存取} = 2\,\mathrm{min}$,$v_车 = 33\,\mathrm{km/h}$,$t_候 = 5\,\mathrm{min}$。

(4) 式中 L_{brt} 为 BRT 30 min 或 45 min 出行距离,$t_自$ 为出发地点到达 BRT 站点的骑车时间,$v_自$ 为骑车速度,$t_候$ 为平均候车时间,$t_车$ 为 BRT 行驶时间,$v_车$ 为 BRT 行驶速度。取 $v_自 = 13\,\mathrm{km/h}$,$t_自 = 5\,\mathrm{min}$,$t_{存取} = 2\,\mathrm{min}$,$v_车 = 28\,\mathrm{km/h}$,$t_候 = 5\,\mathrm{min}$。

(5) 式中的 T 为(1)—(4)式的出行时间总和,取 30 min 或 45 min,$t_候$ 为各种交通方式的平均候车时间,常规公共交通候车时间为 4 min,其他交通方式为 5 min,$t_{存取}$ 为存取自行车的时间,取值 2 min。

从表 6-1 中的计算数据可以得出不同的公共交通方式有着不同的出行距离和活动范围。按照一般城市的交通出行时间预算取值,常规公共交通的作用主要为规模较小的城市或是特大城市市区内中短距离出行,所以在时间取值上一般为 30 min;轨道公共交通是城市内的快速交通方式,其作用主要为特大城市长距离的出行提供绿色交通方式,居民的交通出行意愿时间会相应延长,一般为 45 min 左右。所以考虑到以上的城市交通出行时间预算的取值因素,常规公共交通的理想主导空域的出行当量半径为 7 km 左右,可容忍的当量半径为 12 km 左右;BRT 的出行主导空域的出行当量半径为 9～16 km;公共轨道交通的主导出行空域取上限,轻轨为 18 km 左右,地铁为 22 km 左右。

表 6-1　不同公共交通方式的理想和可容忍出行范围

主体公共 交通方式	行驶速度		30 min 内出行范围		45 min 内出行范围	
	速度范围 (km)	速度取值 (km)	当量半径 (km)	面积 (km²)	当量半径 (km)	面积 (km²)
常规公交	15～20	18	7.1	158.3	11.6	422.5
BRT	20～35	28	9.5	283.4	16.5	854.9
轻轨	25～35	30	10.1	320.3	17.6	972.6
地铁	30～45	38	12.5	490.6	21.9	1 506.0
市郊火车	40～60	50	—	—	—	—

6.2.2　苏黎世公共交通层级性与空间地理尺度

1) 苏黎世公共交通的发展演化

自第二次世界大战之后,苏黎世伴随着城市人口和经济迅速发展,私人小汽车的数量也急剧增长,导致了各种各样的交通问题,造就了"黑色交通年代"。在 1948 年时,有人这样描述苏黎世的停车难:在一条主要街道上找一个停车位比骆驼穿过针眼还难。这真实地反映了当时恶劣的城市交通状况。那时,在功能主义规划思路的影响下,城市对交通问题的解决是通过重建交通设施系统（如新的高速路和铁路线）来满足不断增长的交通需求。

到 20 世纪的 60 年代和 70 年代，人们开始对 50 年代的规划理念进行反思，例如美国简·雅各布的《美国大城市的生与死》，英国的《布恰南报告》中都提出对过度发展小汽车的忧虑，并提倡步行，这种思潮同样波及苏黎世，对民众产生重大影响。同时，苏黎世在这个时期也经历了自身的身份认同危机。由于经济上的快速发展，商业界希望苏黎世成为一个欧洲大都市；然而苏黎世民众却逐渐厌倦了经济发展所带来的生活质量下降的消极影响，特别是交通堵塞、空气污染、通勤时间变长以及不适宜步行，等等，渴望塑造一个宜居的城市。再加上对建设地下轨道交通和高速路需要巨额资金持续性投入的忧虑，在 1962 年和 1973 年，苏黎世市民在两次重大公投中否决两大公共交通改进计划和若干高速路新建计划（Tiefbahn Plan 和 U-Bahn/S-Bahn Plan①），希望通过改善原有的有轨电车公交系统来解决城市的交通问题，并通过加强城市的步行来活化城市生活。U-Bahn/S-Bahn 在 1973 年 5 月 20 号的公决中被否决。但是由于苏黎世作为一个世界性的金融中心，就业岗位数量一直稳步提高，导致从其他城市或郊区到苏黎世市就业，长距离的通勤人口数量急剧膨胀。在 1970 年代，约有 34.2% 的苏黎世就业人员居住在苏黎世郊区；到 1990 年代，比例上升到 47.6%，为了应对这种不断增加的长距离通勤，在 1989 年，S-Bahn 计划最终获得许可，同时成立了苏黎世交通运输公司（ZVV：Zuericher verkehrs Verbund）来规划和协调区域内的公共和私有的大众运输服务。

2）公共交通的层级性与出行空域

在大苏黎世市范围内，主要分为四个层级的交通：S-Barn 公交系统、有轨电车公交系统、辅助公交系统和支线公交系统。

（1）S-Barn 公交系统

S-Bahn 主要服务苏黎世州以及相邻其他州的城市，包括巴登市（Baden）、楚格市（Zug）、温特图尔市（Winterthur）以及沙夫豪森市（Schffhausen）等。现运行线路共有 27 条，为 S2—S18、S21、S24、S26、S29、S30、S33、S35、S40、S41、S55。总服务人口约为 180 万，服务半径约为 30 km。最主要的核心范围为以苏黎世为中心，半径为 20 km 的大苏黎世区，连接温特图尔、巴登、楚格三市（图 6-1），形成了区域性公共交通

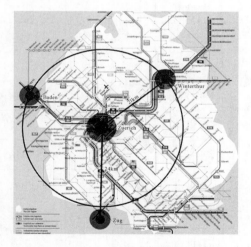

图 6-1 苏黎世都市圈区域结构图

---

① Tiefbahn 计划是由苏黎世公共交通公司所提出的一个地下轨道交通计划，目的在于缓解道路的拥堵状况。就是在整个城市中心区，将有轨电车置于地下，而将地面层的街道让给小汽车。1962 年的估测是该项目要耗费 5.44 亿瑞士法郎，由于耗资巨大，所以必须通过公投来决定是否通过该项目。从 Tiefbahn 计划遭到公众否决之后，规划师们又开始另外的两项计划，即 U-Bahn 计划和 S-Bahn 计划。在 U-Bahn 计划中，计划建设一个新的地下重型轨道交通系统来代替一些城市内的主要线路，类似于很多城市里的地铁系统。同时一些瑞士国家铁路公司（SBB）的规划师提出 S-Bahn 计划，希望解决苏黎世州的区域快速交通问题。这样 U-Bahn/S-Bahn 就会形成三维的公共交通系统，地面的有轨电车和巴士解决短距离的出行，地下的 U-Bahn 解决中长距离的交通，高架上的 S-Bahn 解决区域交通问题。

网络的主干线。区域性公共交通网络的第二层网络是同步公共交通转换系统(Timed-Transfer Network),通过公共交通转换系统,将地方性公共交通系统和区域性的 S-Barn 系统紧密结合,实现时空上的有效换乘。

表 6-2、表 6-3、表 6-4 分别为温特图尔市、楚格、巴登至苏黎世的一个工作日的早上出行高峰期时刻表,温特图尔市、楚格、巴登至苏黎世中心所花费的平均时间为 24.8 min、31.1 min、23 min[①]。3 个城市至苏黎世的出行时间预算为 25~30 min。如果考虑从出发地点、终点站到达火车站时间以及候车时间,那么整个出行时间将在 45 min 左右,符合比较理想的出行时间预算值。

表 6-2 苏黎世主火车站(Zürich HB)至温特图尔主火车站(Winterthur HB)
1 小时内的车次和出行时间预算

站名	日期	出发到达时间		行程花费时间	交通方式
苏黎世市	2011-02-10	出发	06:48	0:21	S12
温特图尔市		到达	07:09		
苏黎世市	2011-02-10	出发	06:51	0:28	S8
温特图尔市		到达	07:19		
苏黎世市	2011-02-10	出发	07:07	0:26	IC
温特图尔市		到达	07:33		
苏黎世市	2011-02-10	出发	07:09	0:26	ICN
温特图尔市		到达	07:35		
苏黎世市	2011-02-10	出发	07:18	0:21	S12
温特图尔市		到达	07:39		
苏黎世市	2011-02-10	出发	07:21	0:28	S8
温特图尔市		到达	07:49		
苏黎世市	2011-02-10	出发	07:37	0:26	IR
温特图尔市		到达	08:03		
苏黎世市	2011-02-10	出发	07:39	0:26	IC
温特图尔市		到达	08:05		

---

① 如果将 EC、ICN、IC、IR 等国际线路或瑞士城市之间的火车线路排除在外,利用 S-Barn 从 Winterthur、Baden、Zug 至苏黎世的出行时间为 24.5 min、33 min、39.5 min。

表 6-3 苏黎世主火车站(Zürich HB)至楚格市主火车站(Zug HB)
1 小时内的车次和出行时间预算

站名	日期	出发到达时间		行程花费时间	交通方式
苏黎世市	2011-02-10	出发	06:35	0:26	IR
楚格市		到达	07:01		
苏黎世市	2011-02-10	出发	06:50	0:34	S21
楚格市		到达	07:24		
苏黎世市	2011-02-10	出发	07:01	0:25	ICN
楚格市		到达	07:26		
苏黎世市	2011-02-10	出发	07:04	0:24	IR
楚格市		到达	07:28		
苏黎世市	2011-02-10	出发	07:04	0:45	S9
楚格市		到达	07:49		
苏黎世市	2011-02-10	出发	07:09	0:21	EC
楚格市		到达	07:30		
苏黎世市	2011-02-10	出发	07:20	0:34	S21
楚格市		到达	07:54		
苏黎世市	2011-02-10	出发	07:34	0:45	S9
楚格市		到达	08:19		

表 6-4 苏黎世主火车站(Zürich HB)至巴登市主火车站(Baden HB)
1 小时内的车次和出行时间预算

站名	日期	出发到达时间		行程花费时间	交通方式
苏黎世市	2011-02-10	出发	06:43	0:29	S12
巴登市		到达	07:12		
苏黎世市	2011-02-10	出发	07:02	0:37	S6
巴登市		到达	07:39		
苏黎世市	2011-02-10	出发	07:06	0:15	IR
巴登市		到达	07:21		
苏黎世市	2011-02-10	出发	07:13	0:29	S12
巴登市		到达	07:42		
苏黎世市	2011-02-10	出发	07:32	0:37	S6
巴登市		到达	08:09		
苏黎世市	2011-02-10	出发	07:36	0:15	IR
巴登市		到达	07:51		

（2）有轨电车公共交通系统与空间
层级

有轨电车公共交通系统是苏黎世市
区内的框架性公共交通网络系统。12 条
有轨电车线路都经过城市中心区，呈放射
状布局形态。平均行驶速度为 18 km/h，
线路总里长为 117 km，占全市公共交通线
路里长 265 km 的 40% 左右，但是总载客
量占全部苏黎世市公共交通所承担的载
客量三份之二以上，服务人口数量约为 38
万人，提供工作岗位数量 33 万人。有轨
电车公共交通系统的布局与行驶速度的
设定是严格基于城市交通出行时间预算
基础的（图 6-2）。作为城市的主导公共交
通系统，有轨电车的服务半径 5～6 km，行
驶速度在 15～18 km，从而保证了城市内
的任何一点到达市中心的时间小于 30 min。

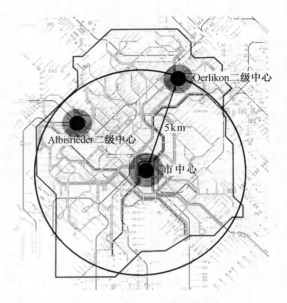

图 6-2　苏黎世市空间结构图

（3）辅助性公交系统

除了有轨电车系统放射性的主干线路以外，根据具体需求情况，通过无轨电车线路，
如 80、33、62、72、46 等公交线路形成环型或放射型的辅助性公共交通线路，连接各个城
市空间发展单元中心或者有轨电车线未能达到的发展单元，形成辅助性的巴士网络系
统。这些线路单条长度一般较有轨电车线长，可以达到 15 km，在整个公交系统中起到重
要的作用。

（4）支路网络系统

辅助公共交通系统除了线路较长的连接线外，还有公共交通支路网络，这些支线交
通工具主要是单通道巴士和小型巴士，主要连接临近的空间发展单元中心，方便到达本
单元的中心或者是通过该线路起到换乘作用。一般线路较短，长度为 1～3 km；单位运输
量小，线路距离城市中心区较远。

通过对苏黎世的公共交通系统的层级结构分析，总共有 3 个层级公共交通系统来
服务对应的空域。在市域范围内，采用 S-Barn 公共交通方式，保证在当量半径 25 km
以内的区域，城市交通出行时间预算在 45 min 以内；在苏黎世市区范围内，由于整个市
区的当量半径在 7 km 以内，采用常规公共交通有轨电车系统即可满足 30 min 的交通
出行时间预算，放弃了地铁等轨道公共交通系统；此外，还利用单通道巴士和小型巴士
形成的支路网络系统，连接临近或是本单元的中心，一般线路较短，长度为 1～3 km。
所以苏黎世城市公共交通系统根据不同公共交通方式之间的特性差异形成了立体
多层级的层级结构，与相对应的城市空间层级单元形成高度一体化的发展态势（表
6-5）。

表 6-5 苏黎世公共交通层级构成比较

主体公共交通方式		速度 (km/h)	服务人口 规模(万人)	服务半径 (km)	功能作用
S-Barn 公交系统	火车	40～50	150	20～30	苏黎世州内以及临近城市的区域性公共交通系统,呈放射性布局形态
有轨电车 公交系统	有轨电车	15～20	40	5～7	苏黎世市内的主要骨架性公共交通系统,呈放射性布局形态
公交支线 系统	巴士	15～20	—	1～3	各个城市基本发展单元中心与相邻单元中心的连接线
	小型巴士				

6.2.3 新加坡公共交通层级性与空间地理尺度

1）新加坡公共交通的发展演化

自 1970—1990 年代,新加坡处在经济高速发展的时期,人口增加了近 50％,城市建设用地增加近 40％。在此期间,新加坡政府用公共交通导向发展模式,并严格控制实施过程,促使新加坡成为"全世界公共交通与土地利用一体化规划最有效率的地方"。其快速轨道交通、公共巴士共同构成了一个高效的公共交通网络。2008 年的快速轨道中地铁 MRT 与轻轨 LRT 线路总长约 138 km,运营车站 99 个,联系主要城区与新市镇;公共巴士共 3 300 辆,共计 250 条运营线路,公共交通出行占到日出行总次数的 63％。在交通出行时间预算方面,62％通过公共交通出行的时间预算控制在 30 min 以下;出行时间预算在 45 min 以下的占 85％以上;60 min 以上的出行占整个公共交通出行的 5％以下(图 6-3)。

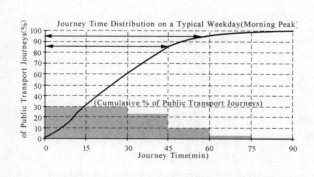

图 6-3　新加坡早高峰时段交通出行时间预算　　图 6-4　新加坡空间与交通结构图

在城市空间布局结构上,新加坡城市形态呈环状组团状,由新镇与中心城区组成。新镇之间及其新镇与核心城市之间以道路和轨道交通连接,新市镇中心结合公交枢纽,配备完善的服务设施,如图 6-4 所示。新加坡政府直接控制城市规划实施过程,为轨道客运系统预留了规划用地,统一进行公共交通社区式的规划布局,保证了土地利用最终符合公共交通服务的要求。

2）新加坡公共交通的层级性与出行空域

就整个新加坡国家来说,从层级角度,公共交通系统总体上可以分为两个层级:其一为快速地铁轨道公交系统 MRTS。其二为一般公交系统,主要是巴士公交线路和轻轨轨道公交系统 LRTS(表 6-6)。

表 6-6　新加坡公共交通层级构成

主体公共交通方式		速度(km/h)	服务人口规模(万人)	服务半径(km)	功能作用
快速公交系统	地铁系统	40～50	—	20	新加坡区域性公共交通系统,呈放射性布局形态
一般公交系统	长途公交巴士	20～30	—	10	联系临近新镇以及其他城市功能活动节点
	新镇内部公交巴士	10～15	—	2～3	服务新镇内部,联系各个邻里中心
	轻轨公交	15～25	—	2	服务新镇内部,联系各个邻里中心

（1）高速轨道公交系统

新加坡 MRTS 主要由南北线、东西线、东北线以及环线(正在建设当中)组成,服务整个新加坡主岛,总服务人口约为 480 万人。整体布局上以南边的城市中心区为核心,通过南北线、东西线、东北线 3 条放射状地铁主干线形成了区域性公共交通网络的主干线。将城市中心、区域中心以及新镇中心串联起来,成功实现了城市交通的有序组织与高效运作。地铁系统的服务半径约为 20 km,使绝大多数的新镇居民到达城市中心的交通出行时间预算控制在 45 min 以内。

（2）一般公共系统

巴士公共系统是快速地铁公交系统的重要补充,除了连通各等级中心的较长距离的巴士线路之外,各种新镇内部的短距离出行的巴士线路,主要是连接新镇中心与邻里中心,这类巴士公共交通系统一般服务半径为 1.5～2 km。轻轨轨道公交 LRTS 目前只有在盛港、榜鹅和武吉班让三个新镇设置,服务半径约两公里,主要作为新镇内部短距离出行的交通工具,对快速地铁轨道公交系统起到补充性作用。

新加坡公共交通的发展不再以满足数量上的需求为主要功能定位,而转向以质量上的改进作为新的功能定位,建立起了层级分明的立体化城市公共交通系统,从而使城市公共交通实现安全、快速、舒适、便利;使得人们对城市交通的地位重新认识;使其从为城市居住、劳动、休息等功能服务的附属性地位上升到与居住、劳动、休息同等重要的主要功能地位,并体现在城市规划与城市建设之中。

6.2.4　公共交通系统层级规模尺度确定

从理论推导以及苏黎世、新加坡关于公共交通层级性的实证研究,说明城市公共交通系统作为复杂开放巨系统的子系统同样具有鲜明的层级性、动态性特征。因此,要强调解决城市交通问题的整体性和协调性。城市综合交通系统的构成具有不同的层级。

分清层级是做好规划和管理的基本前提。从城市空间的内部层级结构探讨两者之间的关系,由于不同的公共交通方式有不同的适宜出行范围;不同层级的空间结构的城市功能活动也会对交通方式有不同的要求。造成居民出行需求的多样性和时空分布的不均衡性,相应的也就要求有不同层级的公共交通方式来满足这种多样性。针对城市发展及交通的特点,城市公共交通系统应是多种方式的灵活组合,依据客流强度、出行距离以及可提供的出行速度等,形成多层级的立体网络①。

城市公共交通系统作为一个复杂的系统,与城市空间系统一样具有层级性特征。公共交通系统与空间层级规模尺度的关系体现在两方面。一方面,不同的公共交通方式与不同的空间规模发生对应关系。不同等级的中心地有合理的公共交通连接度,构成了比较完善的公共交通层级结构系统。空间规模层级与公共交通系统的层级形成紧密的耦合关系。所采用的公共交通工具速度越高,单位运输量越大,那么所对应的服务人口规模和空间地理尺度也就越大,具有明显的层级性特征。两个系统的层级依据各自相对应的等级建立了耦合关系,从而形成和谐的一体化发展态势。另一方面,随着城市的规模趋大,城市的公共交通层级也愈加多元化和复杂化。公共交通系统内更加注重不同公共交通方式的协调合作,强调不同层级的公交系统的衔接,大容量快速轨道交通的 S-Barn、地铁与常规公共交通的电车、巴士等地面交通形成全方位、立体化、多层级的格局。

1)公共交通层级性与空间物理尺度

随着城市规模的扩大,城市居民的各种交通出行距离也随之变长,导致出行成本增加。为了能在适宜的时间内完成交通出行过程,居民一般要根据不同的出行目的和不同交通方式的特性来选择相应的交通方式。当出行距离不断扩大,必然会增加对速度快、运量大的交通方式的需求。因此对于超大城市,发展轨道交通或快速公交系统成为发展城市交通的重要方向。城市空间规模的不同对公共交通方式具有一定的选择性。这种选择性使得城市空间在其演化过程中,不断推动城市交通方式结构的转变和城市整体交通水平的提高②。

当城市的当量半径小于 6~7 km,在一个城市公交系统发展比较良好的城市,一般来说常规公共交通至市中心的时耗小于 30 min,如苏黎世市区范围内任何一点到市中心所花费的时间在 30 min 以内。所以采用常规交通作为城市的主导公共交通方式是非常有效的。因为从供给方面来看,较少的城市人口规模不能给大容量公交提供足够的客流;从建设的动力来说该等级规模的城市对大运量快速交通缺乏相应的需求。所以,城市当量半径在 7 km 以下的城市通常是将常规交通作为城市主导公共交通方式(除非人口密度高,人口规模已达到了相当的程度,常规公交已不能满足需求,这时,可能发展大运量公共交通)。当城市的当量半径为 10 km 左右时,如果仍然采用常规公共交通为出行的主导公共交通方式,在理论上,通过公共交通方式出行至市中心的时耗小于 40 min,出行时间预算在可以接受范围内。但是当城市的当量半径超出了 9 km 时,城市面积超出300 km²,城市中各种功能区较为分散,城市开始从单中心的城市空间结构形态向多中心

① 明士军. 多元化公共交通模式研究[D]. 成都:西南交通大学,2008,5:11-12
② 徐永能. 大城市公共客运交通系统结构演化[D]. 南京:东南大学,2006:5

转化。这将会导致居民的出行距离过长,实际出行时耗太长,公交运营组织困难,一般的常规公交已经很难满足居民的出行需求,运营上也不利于分清主次。城市规模扩张要求发展新的大运量快速公共交通方式。所以在城市超出 10 km 服务半径时,其相对应的主导公共交通方式为 BRT 或其他快速轨道交通方式。当城市的当量半径进一步扩大到 15～16 km 时,采用 BRT 或 LRT 也将不能在比较理想的出行时间预算内满足出行需求,所以就应该建设速度更快、载客量更大的地铁系统作为主导交通方式,连接主要的城市功能单元。

所以,相对于不同的公共交通方式有相对应的出行时间预算值。一般来说,常规交通工具主要适用于短距离出行和换乘,在可选择的情况下,出行预算时间值取下限。BRT 和轻轨主要适用于中长距离的出行,最大出行时间预算可在 30～45 min。而地铁主要适用于长距离出行,所以最大的出行时间预算在 45 min 以上。市郊火车适用于区域性的交通出行,出行时间往往在 60 min 左右。各种公共交通方式与城市空间规模之间的关系如表 6-7。

表 6-7　公共交通方式与对应空间规模尺度

公共交通方式	速度(km/h)	最大服务半径(km)	最大服务面积(km²)	单次出行所需时间(min)
郊区铁路	40～60	20～40	1 200～5 000	<60
地铁	30～45	13～20	500～1 200	<45
轻轨	20～35	10～16	300～800	<40
BRT	20～30	10～16	300～800	<40
常规公共交通	15～20	6～10	100～300	<35
支线巴士	10～15	1.5～3	10～30	<15

就各种公共交通方式和出行空域来说可以分为 4 个层级:常规公共交通的出行空域的当量半径为 6～10 km;轻轨和 BRT 出行空域的当量半径为 10～16 km;地铁出行空域的当量半径 20 km 左右;城郊铁路在 20～40 km。所以在不同的城市空间规模尺度下,主体公共交通方式的合理选取显得非常重要。应该根据各种交通方式的特性以及城市自身特点,选取适合城市客运主导交通方式,依据合理的公交线网、车辆、停靠站、公交优先通道等系统功能加以划分,采用先进的管理体制,引导城市经济增长和城市空间结构演化,在防止城市建成区面积呈"摊大饼"式的向外延伸的同时,还要降低居民出行时间,提升出行的时间价值。

当然,这些建议只是从交通和空间的层级性上推导出来的,在现有公共交通方式中,地铁、轻轨、有轨电车以及常规的公共汽(电)车,在运行方式、运行速度、运载能力、使用范围、运输成本、可达性、准时性等指标上差别较大。因此,它们适用于不同类型的城市、不同的交通需求状态和不同的社会经济发展水平,同时也存在着相互融合并进一步提高公共交通系统运输效率的可能性。所以,在选择城市的主导交通公共交通方式时应该更综合考虑。

2）公共交通层级结构多元化和立体化

城市公共交通系统作为一个复杂的系统，与城市空间系统一样具有层级性特征。随着城市的规模趋大，城市的公共交通层级也愈加多元化和复杂化。各层级的交通方式在不断的互动过程中协同作用，共同对城市整体交通系统的绩效产生影响。公共交通系统内更加注重不同公共交通方式的协调合作，强调不同层级的公交系统的衔接。如轨道交通能够解决大城市中重要的功能节点的人流集散问题，但是由于其线路运行的特殊性，线网的密度不可能像常规公交线网密度那么大，对于较短距离的出行和交通廊道之外的出行却不能有效解决，而居民在交通出行中的短距离出行恰恰在整个交通出行中占有很大的分量[①]。因此，城市的规模越大，城市公共交通系统是更多层级、更多样化的系统，这样可以为各种出行距离的居民出行提供相应的交通服务，为居民的出行提供快捷、方便的服务。

从中国城市形态发展趋势来看，不同规模的城市应该根据自身情况选择不同的公共交通线路系统形式。小城镇主要采用公共汽车为主导公交方式。中等城市也应形成以常规公交为主体的公共交通系统，可根据实际情况适当设置快速公交等中运量公交方式，如在带状发展的组合型城市，可能需要设置快速公交（或轻轨）线路，以加强各城区之间的联系。而对于大城市和特大城市，应形成多层级、多元化的公共交通层级结构系统。

例如对于一个特大城市来说，城市的大运量快速轨道交通或者中运量公交方式推动整个城市交通的拓展，常规地面公交围绕城市轨道交通或者中运量枢纽站点为核心进行平面扩张，城市轨道交通和地面常规公交分别实现方向上和最终出行目标上的可达性。第一层级线路：采用快速公交（轨道）系统，加强城市中观层级的功能单元之间或城市中心区的联系（特别是要连接层级单元的中心），承担组团间、组团与市中心以及市大型人流集散点（如体育场、公园、商业服务中心等）之间的客运、跨区域公交出行，提供快速优质的服务，保证方向上的可达性与快速性，实现重要空间中心地的主要客流的快速移动，形成公共交通廊道。该类层级的交通系统便捷通畅度最强，为区域间快速通道。第二层级线路：承担中长距离公交出行，采用快速公交结合常规公交，为中心城区内的主要客运走廊以及各外围组团内部的主要客运走廊服务，对第一层级公交线网起补充、接驳作用；这个层级的线路网一般连接主要客流集散点，通畅、便捷和可达性要求高。第三层级线路：主要考虑线网覆盖率，一般采用常规公交＋支线公交方式，作为第一、二层级公交线网构成的骨架线网和基本线网的补充。主要承担中短距离的居民交通出行，服务于中微观城市空间单元之间的联系，或是连接中心城区内部、城市各外围组团的居住区与周边换乘枢纽以及公交主干线站点。如连接 T 级单元中心和 B 级单元的社区中心，城区与各外围组团的次要客运走廊等。

为此，多种的公共交通方式组合要求公共交通运行联运化，所有的公共交通方式都能发挥优势互补，实现多式客运联动。所以，城市需要按照经济、实用、安全、可靠的原则，建立以多层级、多元化的公共交通系统，以满足日益增长的交通需求[②]。

---

① 如成都市居民出行中，出行距离在 4 km 以下的比例为 64.08%，出行距离在 2 km 以下比例就占到了 43.36%。引自瞿何舟.城市公共交通不同层级整合研究[D].成都：西南交通大学,2005:12

② 明士军.多元化公共交通模式研究[D].成都：西南交通大学,2008:11-12

6.3 典范性公交都市发展模式借鉴与策略研究

本节主要从城市空间与公共交通一体化发展的角度出发,对公共交通枢纽与城市公共中心的耦合程度、城市公共交通廊道的层级性等方面进行探讨,通过对规划典范性城市的对比研究以获得有益的发展经验。

6.3.1 公共交通枢纽层级性与城市空间中心层级耦合

城市各层级空间单元的中心一般为城市公共服务功能的节点,常常为城市各层级公共活动中心。宏观层面的城市中心至围观层级的社区中心的各级城市公共活动中心构成了城市公共活动中心网络系统[①]。从城市交通与城市空间相互作用机理角度看,交通枢纽站点是城市交通系统的核心节点要素,城市公共活动中心是城市空间系统中的核心要素。所以城市公共交通枢纽节点等级体系与空间中心等级体系的耦合程度决定了城市空间与交通一体化发展的程度[②]。

根据城市空间与交通互馈机制原理,交通枢纽与城市公共活动中心这两个系统节点的一体化发展,不但能够促进城市公共活动中心的发展外,而且也为交通枢纽及公共交通系统提供了充足的客流,使公共交通发展有了基础保障,因而也促进城市交通的可持续发展。城市中心节点作为交通区位优势地区,必然会成为商业办公功能集中地区,公共交通则能够为这些区域提供有效基础设施支撑。就公共中心中的零售商业功能而言,能使交通枢纽站点人流量充足,而公共交通枢纽布置在公共中心也可以为其商业带来充足的商业客流[③]。公共交通网络和城市的公共中心网络体系之间得以充分整合,每个站点的耦合地区都成为整个空间结构系统中的重要节点,形成具有高可达性的综合平台,使公共交通发展有了根本性的基础保障。因此,交通枢纽节点等级体系与城市公共活动中心等级体系之间耦合程度的高低是体现城市空间和公共交通一体化程度的最重要因素。

1)空间公共中心与公共枢纽的区位一致性

在公共交通和城市空间一体化发展下,各级的交通枢纽与相对应等级的城市中心有机结合设置,将使公共交通网络成为城市公共中心网络体系发展的有力支撑,有利于整个空间结构系统的最大效益化。公共交通枢纽节点与城市各级中心的耦合将使不同等级的公共服务设施布置在相对应的枢纽地区,保证了这些设施邻近性、可达性的统一,再通过精心的城市设计,这些耦合节点将形成能够为实现人们多样化目的的多功能复合中

---

① 城市公共活动中心地区可以表述为城市中区位优越的地区。距离城市公共活动中心越近,区位的可达性越高。土地使用的功能、强度以及土地价格分布呈现以中心地区为核心的圈层式梯度级差的特征。各层级的公共交通枢纽节点对周边地区的空间影响在上述各个方面同样显现圈层式梯度级差的特征。在我国城市交通中慢速交通占据主导地位、公交线网特别是快速公交线网尚不完善的状况下,枢纽地区交通区位优势就更加明显。如2005年南京地铁1号线的建成促使轨道交通线路周边的地区开发强度以及房价上升的速度明显高于其他地区,枢纽地区则又明显高于沿线地区,表明城市公共活动中心与轨道交通枢纽对周边空间影响作用的强度及梯度分布的高度耦合关系。

② 韩凤.城市空间结构与交通组织的耦合发展模式研究[D].长春:东北师范大学,2007:5

③ 特别是现在商业空间布局随着公共交通尤其是轨道交通的发展,由传统点状到"网络化"、"枢纽化"的演变过程中,促进了交通枢纽系统的形成和完善。

心和社会学意义上具有内涵丰富的人性场所。

针对这种交通枢纽与城市空间活动中心节点相互支持的状态程度,潘海啸先生利用"耦合一致度"的概念来表达[①],成为衡量公共交通与城市空间利用一体化程度的定量分析手段[②]。城市各级公共活动中心与城市交通枢纽站点如果在空间区位上有重合,即可认为二者在空间上耦合一致;如果两个节点要素无法在空间区位重合,则视为二者不耦合,这说明城市中心地区和交通枢纽节点未能依据临近性原则布置,故不能达到最有效的相互支持状态。

$$\eta_1 = \frac{\sum_{i=1}^{n_1} \delta_i \cdot w_i}{\sum_{i=1}^{n_1} w_i} \tag{1}$$

其中:η_1 代表城市公共交通的空间耦合一致度,该值越大,表示捷运交通对城市节点体系网络的支撑越充分。当公共交通枢纽与城市公共活动中心两者重合时 $\delta_i = 1$(城市中心周边 500 m 的范围内有捷运交通站点);当不重合时,$\delta_i = 0$。w_i 表示城市中心的权重分配,市级中心为 4,副市级中心为 3,地区中心为 2,社区中心为 1;n_1 为城市公共中心的节点个数。

将此公式应用到苏黎世和新加坡两个城市来考察各级公共中心和公共交通枢纽站点的结合情况。苏黎世市内的主导公共交通为有轨电车公共交通系统,所以将有轨电车公共交通枢纽站点与城市公共活动中心作为衡量城市空间和公共交通耦合度的标准。由于苏黎世的城市公共中心层级体系为"城市中心—片区中心—社区中心"三级,所以将市级中心的权重分配为 3,副市级中心为 2,社区中心为 1;城市公共中心的节点个数 n_1 为 25 个,包含老城中心、奥利孔(Oerlikon)和埃尔斯特滕(Altstetten)两个片区中心以及 22 个社区中心,其中有三个社区中心没有与有轨电车的站点相重合。通过计算,城市有轨电车公共交通的空间耦合度 η 高达 0.90。新加坡市内的主导公共交通系统为地铁系统,在整个城市内的所有新镇以上的城市公共活动中心都通过地铁连接,也就是说新镇、区域中心和城市中心体系与地铁的公共交通的空间耦合度 η 为 1,耦合度达到 1。

2)空间公共中心与公交枢纽的连接度一致性

上式只能体现公共活动中心有无公共交通线路在此设置站点,体现公共交通枢纽与城市中心节点在空间区位上的一致性程度,不能表达城市公共中心与公共交通方式在层级体系上的一致度和公共中心的等级与公共交通线路在该中心节点的交汇数量的一致度。如苏黎世的城市中心作为城市最高的空间功能中心,所有的有轨电车线路都在中心区交汇,而且还有更高等级的 S-Barn 线路以及全国性铁路线和国际性的高铁线路在城市中心区交汇;而片区中心奥利孔和埃尔斯特滕有 S-Barn 线路、有轨电车线路以及巴士线路在此汇集;社区中心相对应的有有轨电车线路以及辅助性的巴士线路。总体来说,城市空间的高等级公共活动中心所对应的公共交通方式具有交汇线路数量多、等级高的特

---

① 现行规划虽然已经明确了"城市轨道交通轴线和城市开发轴线的结合,轨道线路联系各大人流集散点和商业活动高度发展地区",但更多地重视城市级活动中心的交通需求,而对地区级中心和社区级中心不够重视,其采用的线网密度、站点密度与距离等评价指标均不能反映城市各级中心和轨道交通站点之间在空间上的耦合程度。

② 潘海啸,任春洋. 轨道交通与城市公共活动中心体系的空间耦合关系——以上海市为例[J]. 城市规划学刊,2005,158(4):76-82

点;低等级空间功能节点具有对应公共交通方式等级低、数量少的特点。但是如何将这种耦合的一致度量化以形成更综合地衡量公共交通与城市空间利用一体化程度的定量分析手段?

为了能够反映以上线路等级和线路交汇数量与中心地等级体系的耦合程度,本书引进连接度概念。公共交通连接度指的是在某一等级的城市空间中心地与公共交通系统的连接程度的高低。如果经过该中心地的公共交通线路(中心周边 300 m 的范围内有公共交通站点)越多,连接度就越高;经过的公共交通线路等级越高,连接度也越高,公共交通的可达性也就越高。这样某一等级的中心地的连接度可用公式来表达:

$$C_i = \frac{W_i}{\sum_{i=1}^{n_1} W_i} \tag{2}$$

其中:C_i 代表城市公共交通的空间层级功能节点与公共交通线路连接的一致度,该值越大,表示公共交通对该层级中心地的支撑越充分;W_i 为与该层级空间节点所连接的数量;n_1 为计算的城市公共中心体系的层级数量。

以苏黎世为例,苏黎世主城区的公共交通方式主要为有轨电车系统,在城市中心层级,所有的 12 条有轨电车线在老城中心交汇,形成非常高的公共交通可达性,临近中心区的社区中心一般有 2～3 条线路会合,而外围的社区中心为 0～2 条线路经过。从各种线路的综合数量上,城市中心的公共交通绝对数量有 38 条之多,远远大于其他的等级中心,片区中心为 14、18 条,而社区中心的公共交通线路平均为 3.6 条左右。如果将有轨电车线路的权重和辅助性的巴士线路的权重分配相同,代入式(2):城市中心层级的公共交通连接度为 0.62;片区中心等级的公共交通连接度为 0.3;城市空间基本单元中心的连接度为 0.08。三个层级中心之间的公共交通连接度之比约为 6:3:1。各层级公共中心的公共交通连接度分布结构清晰,层级分明[1](表 6-8)。

表 6-8 苏黎世公共交通层级线路与城市公共中心体系的耦合统计表

中心地层级		各层级公共交通线路重合数量			线路会合数量合计	
		S-Barn	有轨电车	Bus	线路数量	给予权重之后数量[2]
城市级中心	老城中心	18	12	8	20	35
	平均值	—	—	—	20	35
片区级中心	奥利孔(Oerlikon)	7	2	9	11	13
	埃尔斯特滕(Altstetten)	4	2	8	10	12
	平均值	—	—	—	10.5	17

[1] 由于精力所限,本书难以对其他公共交通典范性城市的各个层级中心的公共交通连接度作更多的调研以作横向比较研究,进一步归纳出这些典范性城市的连接度分布规律。其中的主要困难就是对微观层面的空间单元中心的整理归纳,这只能有待于在以后的研究中作进一步的探讨。

[2] 考虑到各种公共交通方式在市区交通出行中的作用,S-Barn 的权重分配为 0.5,Tram 线路为 1.5,巴士线路为 1。

中心地层级		各层级公共交通线路重合数量			线路会合数量合计	
		S-Barn	有轨电车	Bus	线路数量	给予权重之后数量
社区级中心	奇克福伦滕 (KircheFluntern)	—	2	2	4	6
	洛梅霍夫 (Roemerhof)	—	3	—	3	6
	库兹广场 (Keuzplaze)	—	1	2	3	5
	威提孔琛乌姆 (Witikonzentrum)			2	2	2
	尹格 (Enge)	—	3	0	3	6
	布鲁纳公园 (Brunau Park)	—	1	1	2	3
	古德布鲁纳广场 (Goldbrunen Platz)	—	2	6	8	10
	海尔威提亚广场 (Helvetia Platz)	—	1	1	2	3
	利马广场 (Limmat Platz)	—	2	1	3	5
	锡菲尔德街 (Seefeldstra)	—	2	2	4	6
	摩根塔尔 (Mogental)		1	3	4	5
	塔威森街 (Talwiesentra)		2	1	3	5
	阿尔比斯雷德广场 (Albisrieder Plaze)	—	1	2	3	4
	沙弗豪森广场 (Schaffhausen Platz)	—	4	1	5	9
	塞班瑞吉勃利克 (seibahnRigiblick)	—	2	1	3	5
	阿尔比斯瑞德多尔夫利 (Albisriederdoerfli)			2	2	2
	琳登广场 (Linden Platz)		1	3	4	5
	迈尔霍夫广场 (Meierhof Platz)	—	1	3	4	5
	威伯琴根 (Wipkingen)	—	0	3	3	3
	琛滕豪斯广场 (Zehntenhaus Platz)	—	—	4	4	4
	斯巴霍 (Seebach)	—	1	4	5	6
	斯瓦门丁根社区 (Schwamendingen)		2	3	5	7
平均		—	—	—	3.6	4.8

　　所以,建立多层级的公交系统支撑的城市,将各个层级的公共交通枢组与相对应层级中心地相结合,使城市公共交通网络和城市的公共中心网络体系之间得以充分耦合,各层级站点地区成为整个空间结构系统中的重要节点,同时将不同等级的公共服务设施布置在这一节点周围,以保证邻近性和可达性的统一,并通过精心的城市设计,将这种空间节点转化为满足多样化需求的多功能复合中心,使这种空间节点成为具有社会学意义的内涵丰富的人性场所。

6.3.2　公共交通廊道与层级性

1) 交通廊道发展与城市发展

　　早在 60 年代初期,美国、加拿大和澳大利亚等发达国家就开始研究城市交通走廊问题,提出了城市交通走廊的概念。《公共交通词典》对交通走廊的解释为:"在某一区域内,连接主要交通发源地,有多种运输方式可供选择的地带,是客货密集带,也是运输的骨干线路。"公交廊道(Transit Corridor District)是指都市区内两个或多个城市功能分区或周边城镇通过快速大运量公共交通系统联结的一种带状城市空间。在这带状发展空间内城市土地利用与公共交通系统紧密结合,城市空间呈集约紧凑式发展,并能够减少交通出行距离,提供良好的公交换乘设施,包括自行车道和人行道。世界上大多数的公共交通典范城市的一个最重要特征就是在公共交通廊道基础之上而发展。

　　早在 1947 年,哥本哈根就提出了富有创意的"手掌形规划",给城市空间的发展确定了明确的方向。指导思想是要把今后城市的发展限制在从市中心放射出来的交通线的走廊域内,对五个手指(即交通廊道)之间的"楔形"绿地加以保存。中心城区的主要功能是管理和文化中心,而沿各轨道线建立的次中心则以居住为主,次中心设有学校、银行、商店及娱乐等功能设施。每一个发展廊道上由轨道交通来引导发展,并通过轨道交通与其沿线次中心的合理配置。在 1987 年的规划修订中规定,发展廊道中所有重要功能都要设在距离轨道交通车站 1 km 的范围之内。1993 年修订规划时又强调了这一规定。这使得城市空间始终沿轨道线路方向扩展,该规划得到了良好的执行,并取得了显著的效果,最终实现了著名的"指形规划"。多年来尽管城市空间在不断扩大,交通走廊的长度和宽度不断增加,但城市的空间形态仍然保持不变。哥本哈根的这种交通廊道引导城市空间发展的模式并不是局限于交通走廊上,而是在城市的整体范围内实施的(图 6-5)。

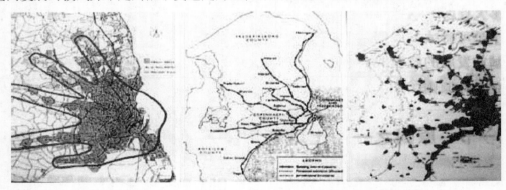

图 6-5　哥本哈根 1960 年总体规划以及 1994 年土地利用现状

　　巴西的库里蒂巴市是采用快速公共汽车交通(BRT)来构建快速公交走廊,引导城市空间结构有序化发展的典范。库里蒂巴市位于巴西的东南部,面积 256 km²,建成区人口160 万。1992 年 6 月联合国环境与发展大会推荐它为"人类居住环境最佳城市"之一,1994 年又被联合国环境与发展大会推荐为公共交通示范城市。这一切都得归功于它完善、高效的公共交通系统以及与之紧密结合的城市空间发展规划。1964 年巴西建筑师霍赫·威廉(Jorge Wilhelm)提出的规划发展方案一改过去城市围绕旧城呈环形蔓延式的发展模式,而是采用了城市放射状交通廊道引导空间发展的方案,即以快速公共交通网络形成城市结构轴线引导城市空间拓展。城市空间沿五条放射状交通轴线向外发展。在土地使用上,以结构轴线为主体形成不同的密度等级,最高的居住和商业区分布在轴线沿线,沿轴线开发的土地容积率可达到 6;距离轴线越远密度越低,严格限制距公交线路两个街区以外的土地开发。中心区以外的建设必须沿着五条结构轴线分布。鼓励沿这些交通轴线形成以商业服务业为主的高密度土地利用模式。通过这一系列的规划控制手段和其他土地开发政策,使高密度的住宅和商业开发项目都能得到良好的公交服务。总体规划实施的结果是库里蒂巴城市发展不再是无方向的蔓延,而是沿指定的交通轴线呈指状发展。交通走廊的高密度用地模式为公共交通系统提供了大量的乘客,促使公共交通取代小汽车成为城市主要交通方式。在具体的廊道布局上,土地利用规划将距离交通干道两个街区内的土地规划为商业办公用地,建设高密度的办公楼,拥有更多的乘客;在这两个街区之外,规划为居住用地。库里蒂巴市通过公交系统成功地引导了城市空间的拓展,虽然小汽车拥有率为每千人 300 辆,是巴西小汽车拥有量最高的城市,但城市内公交车出行比例达到 68%,小汽车为 22%,这一极高的公交分担率是库里蒂巴减少交通系统对环境的冲击、实现可持续发展的基础之一(图 6-6)。

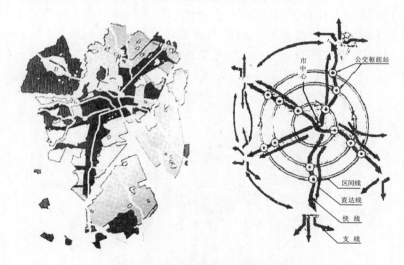

图 6-6　库里蒂巴总体规划结构图

　　新加坡作为一个公交典范城市,地铁在城市空间发展中起到了决定性的作用。新加坡于 20 世纪 60 年代提出了环形空间规划结构。1987 年,规划的地铁线路投入使用,东西线、北线和东北线三条地铁主干线交汇于新加坡主岛南部中央的城市中心区,呈放射状向东西向和北向延伸,形成了东、东北、北和西的四条发展廊道,各个廊道之间通过所保留的生态区域以及机场等用地分割开来,保证城市有良好的环境和自然生态特征。在城市发展廊道上连接了城市中心、区域中心和新镇中心。城市中心区为全市性的办公就业中心,沿轨道线的各区域中心和新镇中心主要以居住功能为主,至今超过50%的人口和就业分布在地铁1 km范围的交通走廊沿线。并且区域之间提倡就业与居住的平衡,保证早晚通勤高峰期地铁双向的车载量处于比较均衡的状态。确保城市结构充分发挥潜力,有助于分散一些经济活动以及容纳人口的增长,保证将来的扩建地铁周围的居住和就业区同样有良好的服务。

2)廊道发展的层级性特征

以上著名的案例都是基于城市总体层面对廊道发展的讨论,也是当前城市空间廊道发展的学术研究热点和重点。但是,从系统层级性的角度,公共交通系统廊道的发展必然具有分形理论中的自相似性和层级性特征。在优秀的规划典范城市的发展中不但在总体城市空间结构形态层面上具有廊道发展的特征,而且在不同的层面也具有不同性质的发展廊道。城市空间廊道发展应该具有更广泛的内涵和意义,具有层级性和多元化的特征。例如苏黎世市无论从城市人口还是空间面积都只能是一个中等规模的城市,但是仍然具有公共交通廊道发展的特性,而且这种廊道发展表现出很强的层级性和多元化特征,总体上有区域级、城市级和社区级公共交通廊道三级层级结构。

(1)区域级主要公共交通廊道

苏黎世区域级主要公共交通廊道有三条,分别为利马河发展廊道、苏黎世湖发展廊道以及温特图(Winterthur)——苏黎世发展廊道(图6-7)。作为一个世界级金融中心,虽然苏黎世市只有38万人左右的人口规模,但是约有33万人的工作岗位集中在城市的中心区以及副中心,导致苏黎世市与郊区和周边城市之间存在大量的通勤就业人员。这些通勤人口主要通过S-Barn所形成的公共交通廊道加以服务。利马河(Limmate)发展廊道是以苏黎世市为中心,沿着利马河向西北方向延伸,一直到阿劳(Argau)州的巴登(Baden)市。主要节点有苏黎世中心区—苏黎世西区—利马河两岸工业区—巴登。由于巴登市原为发达的工业镇,积聚众多的大型工业(如著名的 ABB 公司的就发源于巴登

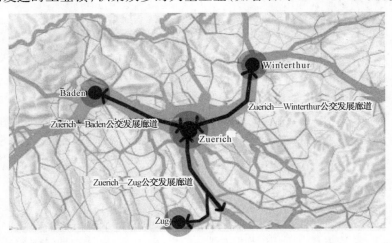

图6-7 苏黎世区域级公交发展廊道结构图

市),苏黎世西区原来也是工业化时期苏黎世的工业区(即著名的苏黎世西区改造项目),所以利马河发展廊道是以工业就业为主的大苏黎世区域的发展轴。

苏黎世—温特图发展廊道从苏黎世中心区开始向东北向发展,经过格雷特(Gllate)(未来的苏黎世城市副中心,包括奥利孔、苏黎世机场),直到温特图市。苏黎世—楚格发展廊道主要是沿着苏黎世湖发展,由于临湖靠山,风景优美,所以成为高收入人群的理想居住地,逐渐形成了较为单一的居住功能发展带。

苏黎世区域级的廊道发展有下面几个特点:第一,强调以公共交通为主导的城市发展模式,大部分的交通出行通过便捷的 S-Barn 火车达到出行目的。第二,在土地利用模式上,公交廊道上并不是全部提倡就业与居住的混合发展,而是具有规律性的功能分布,在廊道上某段或是某个节点的功能可以是单一的。第三,提倡在廊道上达到就业与居住的平衡发展目的,强调在廊道上达成双向交通流的平衡,实现城市交通设施利用的最大化。第四,廊道上的基础性设施集中发展,不单是客运交通廊道、公共交通,也是货运交通廊道、个人交通廊道,这样降低了政府在城市基础设施上的投入,达到集约化发展的目的。第五,强调就业岗位的相对集中。总体来说,就业岗位在廊道上的分布表现出很强的集中化趋势,一般来说形成相对集中的就业中心,即使在某段或某节点上也有居住。如苏黎世市中心或是温特图市既是强大的就业中心,也有大面积的居住区,但是在空间上表现为就业岗位集中在中心,居住围绕就业中心呈较低密度分布的特点。

所以,总结苏黎世城市区域层面的公共交通廊道发展特点,主要集中在就业与工作平衡发展的经验借鉴上。对于苏黎世区域级的交通廊道来说,其主要作用是起到就业与居住的平衡发展。经验表明,最经济有效的居住与就业的平衡发展是通过公共交通廊道来达成。平衡和混合的交通廊道发展模式可以减少人均机动车出行量及提高交通的有效性。但是这种平衡和混合的发展模式不是以每个交通节点为单位,而是在一段(15~20 km)交通廊道上寻求各种土地使用的一种平衡,这样大都市各部分可以相互依赖的,就业结构、经济和其他各方面都可以通过相互依赖来达到城市整体发展的利益最大化①。

(2)城市级公共交通廊道

苏黎世城市级交通廊道的主要作用在于连接市区内的各个功能区,在空间上表现为沿着主要有轨电车线路发展具有高"出行目的地"用途的空间,如城市级办公、商业、文化

---

① 区域级城市公共交通发展廊道的优点从洛杉矶与斯德哥尔摩的比较中也能得到佐证。洛杉矶和斯德哥尔摩都是在战后开始快速发展的,规模在当时都差不多。因人均污染状况的不同,洛杉矶人均损失的工作日是斯德哥尔摩的 5 倍;洛杉矶行人的交通事故是斯德哥尔摩的 6 倍;以自行车和步行为出行方式占总出行量的比重洛杉矶只有 4%,而斯德哥尔摩是 27%,后者是前者的 6.75 倍;人均年车公里数洛杉矶是斯德哥尔摩的 2.5 倍。几个指标(例如机动车出行量、非机动车出行率、交通事故率及交通堵塞)显示斯德哥尔摩的发展可持续性比洛杉矶更强一些。虽然洛杉矶有快速的铁路交通系统,但是这个铁路交通系统是服务于点到点之间,由于洛杉矶的蔓延式、低密度的城市形态,其点到点的交通系统对居民没有多少吸引力。而在斯德哥尔摩,通过各交通走廊与市中心相联系的各小城镇以土地使用为指引基础从而有序地发展。自从 1930 年代以来,斯德哥尔摩就沿着其放射状的交通走廊进行就业和居住的平衡,斯德哥尔摩出行方向的分布比例是 55∶45。而举一个反面例子来说,美国休斯敦出行方向的分布是 75∶25,即早晨有 75% 的交通量往市中心走,25% 的往郊外走,下午则相反,这样导致了总车公里数的增加。资料来源:丁成日,宋彦,黄艳.市场经济体系下城市总体规划的理论基础——规模和空间形态[J].城市规划,2004(24):71-77

娱乐等功能,并且连接城市中心、城市副中心以及各个空间发展单元的中心(图 6-8)①。城市级的廊道基本可以分成两种,一种是类似于区域级的公共交通廊道,在廊道上连接不同就业集中区和居住区域,达到交通出行流向的平衡。如有轨电车 10 号线为现运行线路离城市中心最长的有轨电车线,首发站为城市中心区的中央火车站而末站为苏黎世机场,直线距离 8 km,总行程为 12 km,耗时 45 min 左右,共有 22 个站点,其中主要站点有苏黎世主火车站、塞班瑞郡勃利克(Seilbahn Rigiblick)社区中心、苏黎世联邦理工大学主校区、苏黎世大学新校区、奥利孔城市副中心、莱森巴赫(Leutschenbach)商务区和苏黎世机场。在上

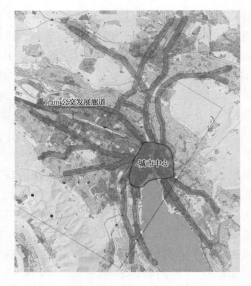

图 6-8　苏黎世城市级公交发展廊道结构图

下班高峰时段的公共交通线路出行方向分布比例为 55:45 与 45:55,形成比较均匀的流向分布。另一类为在廊道上就业与居住非平衡发展,大部分的廊道属于这一类型,即沿着有轨电车线路,形成外围居住—中心就业的廊道发展方式。如有轨电车 13 号线的直线距离为 8 km,总行程为 12 km,耗时 60 min 左右,共有 22 个站点,其中主要站点有布纳帕克(Bunaupark)社区中心、城市中心区、苏黎世主火车站、利马特广场(Limmat platz)和梅尔霍夫(Meierhof)社区中心。这类廊道在上下班高峰时段的公共交通线路出行方向分布比例为 4:1,交通双向流向分布不均。但是不论是哪一种城市级廊道,都强调土地开发与有轨电车交通建设相互整合,积极鼓励居住、办公和零售开发集中在车站附近,使居民能够方便地利用有轨电车出行,同时,设计友好的步行环境,将公交系统与完善的行人和自行车设施结合起来,努力营造一个宜人的生活环境。

城市级公共交通廊道发展具有下面几个特点:第一,以有轨电车公共交通线路为发展导向,沿有轨电车线布置城市较为重要的功能活动场所,如各层级单元中心、文化娱乐中心以及商业场所等,绝大多数的城市功能活动能够通过有轨电车达到出行目的;第二,土地利用模式在交通通道上的各个站点功能较为单一,且不强调在有轨电车线路上达成居住与就业的平衡发展,而是根据实际需求形成用地模式;第三,城市级廊道强调生活性和舒适性,通过对道路空间的重新分配和安宁交通工程的建设,限制小汽车交通在城市级廊道上的出行,提倡步行和自行车出行。

(3)社区级交通廊道

社区级交通廊道主要表现在社区单元的发展轴线上,通常是以有轨电车或是一般公

---

① 苏黎世在空间结构层级上,虽然可以清晰地看到整个主城区由"城市中心(C 级单元规模)——城市副中心(T 级单元规模)——社区中心(B 级单元规模)"组成。但是在实际布局上是通过强大的公共交通系统建设,形成星形的 Tram 线路的布局形态,直接连接各个社区中心和城市中心,弱化了城市副中心级的集聚能力。所以,城市中心与副中心之间的廊道并没有特别的凸显出。但是,由于城市规模较小,在目前阶段城市中心区仍然显现出积极的经济集聚效应,城市副中心也只是随着城市规模的不断增长才开始出现,所以这种不凸显并没有妨碍城市功能的正常运作。

交巴士线路为导向,沿线布置社区商业以及公共配套设施等,体现出很强的公交线路空间吸引效应。如在斯瓦门丁根(Schmendingen)社区的有轨电车9号线社区中心至卢克威森(Luchswiesen),由于有轨电车线靠近北侧,而供小汽车行驶的道路靠近道路南侧,结果只有北侧才有便利商店和超市等,体现出非常强的公共交通的导向发展趋势。地区级廊道的发展有下面几个特点:第一,以有轨电车或是一般公交巴士为发展导向,沿公交线布置社区配套设施和社区商业,一般为社区主要活动轴线选址的优先区位。第二,廊道周边土地利用一般为居住性用地。第三,强调生活性和舒适性,通过对道路空间的重新分配和安宁交通工程的建设,限制小汽车交通在城市级廊道上出行,提倡步行和自行车出行。第四,强调混合发展,也就是相应的城市功能活动集中在沿线或围绕站点枢纽就近布置。如在社区级单元中心围绕站点枢纽就近布置日常生活所需的多种互补性功能设施,方便多目的出行,减少交通出行时间和次数。

上述案例说明,公共交通廊道对城市空间的发展具有很强的引导作用。其原因是公共交通廊道的建设改变了城市的交通条件,引起沿线空间可达性变化,继而使道路沿线土地的适宜功能及对市场的吸引力发生变化,进而影响土地价格,引起使用功能在空间上的重新选择,沿线城市土地利用的多方位开发与再开发,使得城市的空间重新布局。

苏黎世的案例表明,"公共交通廊道"存在着不同类型的公共交通方式以及所对应的城市空间层级,产生了不同的空间吸引效应和空间分异效应[①],所以对沿线不同的土地性质和强度也产生了不同的吸引和排斥作用,产生了不同层级的"交通发展廊道"。再反观中国当前的"轨道交通"热的研究,往往只注重于城市高层级的交通发展廊道单层级的研究,没有对交通线路由于交通方式或是交通线路所在的区位、运量等各种原因引起的交通廊道层级的分化具有一种整体研究视角乃至产生认识上的转变,只能起到事倍功半之效。例如一个特大型规模的城市,应有四个层级的廊道来引导城市空间的发展。第一层级为区域级的发展廊道,强调在廊道上交通出行预算时间为1小时左右,能够达到工作与居住的平衡发展,增强城市与周边区域的交流,提升自身的竞争力;第二层级廊道为城市中心与副中心以及功能组团之间的廊道,通过地铁、轻轨或是BRT等现代快速交通联系,就业与居住之间的平衡发展也是其布局的最重要原则;第三层级为主城区内部或是功能组团内部的公共交通发展廊道,在本书中为C级或T级空间单元内的廊道发展,这种类型的廊道主要强调公共交通与非机动交通的联合出行,廊道上鼓励非机动车的出行,注重城市设计以及塑造良好的生活环境,功能上强调混合发展,减少出行的次数和距离,节省出行预算;第四层级为B级空间单元内部的交通发展廊道,强调社区商业以及公

---

① 城市公共交通廊道对城市空间的作用主要表现为空间吸引效应和空间分异效应。空间吸引效应表现在廊道的建设提高了沿线的可达性,由于空间可达性变化对沿线不同性质土地利用的影响作用及强度不同,使得不同性质用地在交通干线的不同影响范围内空间吸引强度不同,刺激了沿线土地开发与再开发,促进整个沿线地区的发展,形成一条土地开发通道。而空间分异效应表现为廊道的建设改善了沿线土地空间可达性,可达性水平以城市干道为轴线向外递减,使沿线不同影响范围内的土地适宜功能及市场吸引力发生变化,进而影响到不同性质的土地利用。按照土地区位要求及土地价格等特性,在交通干线影响范围内重新进行区位选择,使得城市土地利用的空间分布发生变化,引起城市土地利用的空间分异。一般来说,商业、办公等投资能力较强的公建用地将趋向于靠近交通线近距离范围内布局;居住用地等区位效应水平中等的用地在距离城市道路中等距离范围内布局;工业、仓储等区位效益水平较低的用地分布于距离城市道路较远的范围内。沿交通线由近到远,呈现出按交通区位效益水平大小排列的城市土地利用分布。

共配套设施结合公共交通发展,功能单一,不要求居住与就业的平衡发展。

6.3.3 "街""路"适度分离

早在 19 世纪 60 年代,由于小汽车交通所造成的生活环境质量下降,在对小汽车交通带来的土地征耗、能源浪费与环境公害进行深入反思的基础上,欧美等城市已开始设法减少和制止车辆进入某些街道以保护步行者和骑车人不受干扰,开始倡导非机动车出行,尝试用新的标准来衡量城市的活力与效率。当时"步行区"构想的出现反映了重视普通民众的最基本生活权利的人本主义倾向。几十年来,步行区思想在城市建设中日渐受到关注,近几年更是蓬勃发展。典型成功的城市如苏黎世,老城区内生活节奏百年不变,传统的市民生活和事件在城市的街道和广场上、在人们丰沛的可感受性中一一展开,自然生长的街道脉络舒展着步行城市的灵魂。但是在过去的几十年里,中国的城市交通和土地发展策略却往往忽略行人的需求,其结果是产生了大量缺乏吸引力的城市设计,步行环境恶化,导致更多的小汽车出行,污染排放加剧,进一步危害环境。正如肯沃斯(Kenworthy)所说:"除了一些特定的步行区和一些步行文化具先锋性的欧洲城市,在今天世界上的大多数城市,我们所能看到的就是私人小汽车的交通方式在无情地排挤非机动车交通,特别是北美洲和大洋洲的国家在第二次世界大战之后的迅速发展;更令人担忧的是在一些发展中国家,尤其是中国,私人小汽车交通方式快速排斥着步行和自行车交通。"①

1) 问题与困境

80 年前,为了能够减少小汽车发展对生活居住的干扰,佩里(Clarence Perry)提出了具有划时代意义的邻里单位(Neighborhood Unit)理论,而后在 1933 年正式将"邻里单位"写入了功能主义代表篇章"雅典宪章","住宅区应该规划成安全、舒适、方便、宁静的邻里单位","一切城市规划应该以一幢住宅所代表的细胞作出发点,将这些同类的细胞集合起来以形成一个大小适宜的邻里单位"。30 年代,美国规划师斯泰恩(Stein)在"邻里单位"的基础上又提出了"人车分流"的概念,鼓励居住区内步行化,将机动交通布置在居住区外围,进一步将居住空间内向化。但是这种内向式的"邻里单位"正如亚历山大所说的那样"忽视了生活需求的复杂性,将城市生活简化为树形模式,造成了城市街道生活的单调贫乏和城市活力的丧失,不符合社会生活实际存在的多样性要求和选择原则"(Alexander,1965)。功能主义分区原则和内向式的小区发展模式削弱了城市各种功能之间的联系,城市粗放大尺度的开发使城市逐渐成了汽车尺度的城市,延长了各功能活动之间的距离。出行的目的地(如公园、工业区、商业区、办公区)都远远超出了适宜步行的尺度。用于城市交通的时间比例越来越大,交通成本不断增加,人们休闲娱乐的时间越来越少,从而严重影响到人们的生活质量。

这些弊端在中国近几十年的城市发展建设中表现得尤为明显。随着人民生活水平的快速提高,在机动化浪潮背景下,机动化的交通方式已经逐渐成为中国居民交通出行的重要组成部分。全国范围内的大城市都遭遇到了前所未见的交通拥堵问题。一贯以

---

① Peter Newman,Jeff Kenworthy. Sustainability and Cities:Overcoming Automobile Dependence[M]. Washington D C:Island Press,1999

来的经验和"形象工程"的光环让城市管理者希望以更多、更宽的道路来解决交通问题，许多不加论证的宽阔道路在中国城市中不断涌现。直到今日，这种思路仍不时有所体现，全国城市高等级道路和宽马路仍时有大规模修建，并成为城市建设最重要的部分，如2008年年底南京汉口路西延改造工程获批后引起了巨大的反响①。随着媒体的介入，事件逐渐升级演变成社会公共事件。

这种被德国专家称为"城市街道公路化"的宽阔的高等级道路却并未能如人们预期的显示出更好的交通功能性②。此时我们才发现，仅仅通过持续大规模的道路修建，城市已经逐渐抵御不住日益强大的机动化浪潮的冲击：经济增长和当斯定律③（Downs Law）的共同作用使得民用汽车与城市道路面积产生了巨大的增长差异，正是这种差异造成了这一时期城市交通的每况愈下。并且，这种强调以公路建设提高城市机动性以适应机动化浪潮的行为也导致了人性关怀的缺失。由于大尺度的道路分割，城市中人群聚集空间不断减少，"城市的多样性濒临死亡"。机动车道的不断拓宽对自行车和行人也造成了威胁，再加上公共交通得不到重视，多方式的城市机动性很难实现。据调查，中国已经成为全世界出行时间最长的国家④。如在上海，每天花2 h在交通通勤上已然成为一种常态，有些市民通勤时间长达3～5 h。城市功能布局结构与城市的发展趋势不协调，大城市居民的休闲时间、家庭生活时间远远低于小城市，越来越多的大城市居民开始向往小城市的悠闲与便捷。

正如法国城市学家佛朗索瓦·亚瑟教授所说的："我们可以看到南美城市中，居民是如何自发建设街道，并把它们作为自身的生活场所；我们也可以看到中国城市如何把街道快速变成宽阔的道路⑤。"就在这种将街道逐步转化为交通性道路或其他非公共空间

---

① 按照规划，2011年工程完工后，拓宽成为双向4车道交通干道的汉口路将把南京大学彻底劈成南北两半，学生们将不得不经由隧道在教学区和生活区之间穿行；道路经过以宁静优美著称的南京师范大学校园的北围墙后，再连接一条净空高度大于3 m的地下隧道，穿越河海大学校区，从河海大学校门口钻出地面，设立隧道出口。11月6日，也就是市政府宣布工程获得立项批准的第二天，立刻引起社会巨大反响。南京大学BBS的热门讨论区——南大校园生活上，一篇名为《汉口路变成了主干道后的严重后果》的帖子，浏览量高达1 089人次，师生之关注可见一斑。"校园将不再宁静安详，环境将不再优雅健康，对百年历史文化积淀的破坏无法挽回"。这其中，以河海大学公共管理学院教师金林南、张健挺执笔的《城市建设为什么要以牺牲大学为代价》流传最广，一度在南京大学BBS上排名第一。金、张二人认为，汉口路工程建成后，南京大学将湮没于滚滚车流、商铺叫卖声中，"不知还能有多少文人风骨"；南京师范大学一遇道路改造就后退，尽失小桥流水、雕梁画栋，"才子佳人还能雅量高致乎？"引自：鞠靖，李邑兰. 要大学，还是要大路？[N]. 南方周末，2008-11-20

② 首先，一味增加道路宽度并不能相应提高道路容量。据交通工程统计，自道路中心线起，车道通行能力由内到外是一个递减的过程。如果最内侧的车道通行能力为1，第一条车道将仅为0.8～0.89，第三条车道为0.65～0.78，第四条车道为0.5～0.65，第五条车道为0.4～0.52。因此，从经济上看，即使是特大城市的主干道，双向4～6车道也就比较适宜。其次，修建过多宽阔的道路，虽然可以使得在规划中道路面积达到规范要求，但道路级配的不合理也会造成可达性较差，进一步增加城市道路拥堵程度，宽阔的道路使机动车辆大量集中，而出入口和支路的缺乏则让集中的车辆无法快速疏散。

③ 著名的交通专家安东尼·当斯总结并提出了著名的"当斯定律"，认为新的道路固然降低了出行时耗，但同时也引发了新的交通需求，因而经过一段时间之后，最终又恢复到原来的拥挤水平。

④ 英国某家咨询公司的一项调查显示，中国就业通勤的时间全世界最高，其中中国为42 min、印度39 min、比利时37 min、德国33 min、墨西哥31 min、法国31 min、英国30 min、南非28 min、荷兰28 min、澳大利亚27 min、西班牙26 min、美国23 min、加拿大22 min。资料来源：http://blog.qq.com/qzone/622002184/1260926994.htm

⑤ 卓健. 街道是属于我们大家的——访法国著名城市学家佛朗索瓦·亚瑟教授[J]. 国际城市规划，2007，22(3)：101-105

的过程中,城市生活性街道越来越少,城市干道、次干道和支路的结构呈现出倒三角状;城市生活性空间变得支离破碎,只有少数的商业性步行街区或公园孤零零地点缀在城市当中,而缺乏线性公共空间的连接与整合;大尺度的单一功能的街区使城市街道变得陌生冷清。宅前门后人们已经不能相互闲聊发呆、嬉戏打闹,所谓的街道变成一种穿越式的机动交通空间。更令人担忧的是在中国的汽车社会刚刚到来之际,中国的城市空间已经迅速成为汽车尺度的城市,很多人却还在拍手叫好,将之视为经济发展所带来的成果,是富裕的表现。与此相反的是,经历过小汽车过度发展之痛的西方国家城市,特别如西欧、北欧的大多城市却正在苦苦保留或扩展这些能给人们带来更美好生活的街道场所。那么,中国城市街道空间应该如何发展,又该如何在保证城市交通通达、功能正常运转的基础上,留住街道空间场所,让城市生活更美好?

2)个人机动车存在的必然性

造成"街道"公路化的主要原因是小汽车的快速发展,但是背后推动小汽车产业迅速发展的其实还有着其更深层的原因:其一,人的本能。从人类学的角度,人是一种领域性动物,而领域性动物的最基本本能就是扩张自己的领域,因为更大的活动范围意味着更多的资源和机会。所以,为了能够获取更多的资源和机会,人类总是在不断地提升出行交通方式的速度以及单独自由活动的能力,增加出行的自由度。在目前的交通工具中小汽车也就成了不二的选择。其二,经济利益的推动。自现代经济体系建立伊始,资本就开始主宰这个世界,各个国家都形成了以经济利益为中心的发展模式。小汽车产业这一现代经济的宠儿迎合了大众的需求,控制了国家的经济命脉,顺应资本运作发展的规律,有其存在的必然性。其三,城市间的竞争。在竞争已成为主旋律的背景下,速度已成为城市间竞争的法宝之一,信息交流、人物空间的转移都需要交通,交通速度越快,城市的竞争力也就越强。所以,小汽车在更快更便捷的个人交通工具出现之前,不可能在全世界的各个城市消失。创新性的城市空间发展模式概念只有承认小汽车交通存在必然性这一基本前提,才具有现实意义。

3)发展经验借鉴

在诸多世界公共交通典范性城市中,通过规划或是重新分配道路空间,限制其他非公共交通车辆在主要公共交通线路上行驶是这些城市共同的发展策略。限制小汽车在公共交通主要线路上行驶意味小汽车将被减少对道路空间的占有率和降低其可达性。这个策略中包含可达性的调整、停车政策、道路空间的重新分配几个方面。这里主要介绍在公共交通典范性城市当中如何对现存的道路空间进行分配,使主要公共交通线路与常规性的道路适度分流,使主要的交通线路能够从功能性的"道路"转变成生活性的"街道",从而实现城市向更具可持续方向发展。

重新分配现存的城市空间意味着改变现有的结构。这个策略也是可持续的交通和土地一体化发展的一项重要政策。道路空间重新分配的主要目标是降低小汽车所占有的道路空间,提高公共交通、自行车交通和步行交通等交通方式的道路空间。道路空间重新分配是通过土地利用措施来影响城市交通的策略。这种道路空间在功能使用上的简单变化能够使交通方式有很大改变,对创建一个高质量的生活环境,给予行人、骑车人和公交提供空间,形成"可滞留、可接触"街道具有十分积极的意义。

(1)库里蒂巴

巴西的库里蒂巴市采用快速公共汽车交通来构建公交发展走廊,该市也是将一般性道路和公共交通廊道进行综合安排、适度分离的典范。在五条结构性公交发展廊道中,每条廊道都由三条平行道路所组成。中间一条为中心轴,中间是 7.0～7.5 m 宽的公共汽车快线专用道,两侧是地区车辆的服务性车道;中心轴两侧是两条平行的单向交通快速道路,一条从市中心向外,另一条从外向市中心。公共汽车快线上行驶红色的特快车。快线每三站停一次(站距 3 km),由于站点停靠次数少,线路运行速度可以达到 30 km/h,几乎和轻轨相当,加上行车间隔密、容量大,交通量相当于一条轨道交通线。除了公交快线外,根据不同的交通需求分别设置了直达线、区间线和支线,共同构成城市公交线路网络系统:在公交专用道两侧的服务型道路上设置直达线,该种线路行驶蓝色公共汽车;城市环线上将中等容量的区间线联系起来,区间线上行驶黄色公共汽车,这些区间线将需要换乘的旅客集中在区间线与快线交汇的公交枢纽上;支线一般在城市各发展廊道末端和其他地段中,主要行驶绿色公共汽车,使外围居民可以通过换乘进入市区。

(2)苏黎世

苏黎世在主要公共交通线路上限制小汽车主要体现在 12 条有轨电车线路上,为了保证公共交通能够准时准点,塑造一个宜人的乘车环境,在 20 世纪 60 年代提出公交优先的发展策略之后,就开始对各条线路的两侧土地利用和道路空间进行重新分配,并通过各种技术措施对道路的线形以及设施进行不断的完善。具体措施主要有三方面:第一,加强对公共交通线路与两侧用地的研究与规划,因地制宜地增加零售商业、办公娱乐的用地,奠定"街道"氛围的基调。第二,对适当的道路空间进行重新分配,常见做法是减少或取消小汽车道路空间,将此转化成公共交通、步行道、自行车道或是绿化空间。第三,通过改变道路线形,加强交通信号灯管理,保证公交优先。采取措施的目的是为了能够使有轨电车线路上的道路空间变成市民能够"触摸"的街道,成为一种"滞留"空间,使各种城市活动能够在街道上发生。

(3)布里斯多

英国布里斯多(Bristol)市议会在《道路等级回顾与评论》(*Road Hierarchy Review*)中认为五分之二的道路应该被重新分配,并将交通性的城市干道转化成公共交通、步行道和自行车道等绿色通道,并在这个规划当中提出"环境细胞"(Environmental Cells),即主要道路将形成战略性的网络,而这些主要道路之间的区域成为生态环境区(Environmental Areas),在这些区间形成自己的小生态环境。另外一个概念是"家园区"(Home Zones)概念,即居住区内的街道空间是一个共享性的空间,不但是机动车,包括步行和自行车都可以利用这个空间。该规划报告的一个实施例子是历史中心区的道路空间重新分配规划。该规划通过一条环路来疏解拥堵状况,至今已差不多完成,中心区的步行化也按计划完成。在该环路完工之后的 6 个月,政府做的一次反馈性调研,发现机动车交通穿越中心的流量减低 15%。一些交通流量"蒸发"了,有一部分则转移到城市中心圈和其他地区。

4)"街""路"适度分离发展

虽然我们怀念"步行城市"的细致与典雅,然而,这个时代毕竟过去了。1950 年代路易斯·康(Louis Kahn)曾提出关于街与路的观念之别,要把城市的街道、广场等人的空间还给人,"让车辆走路,让人享有街"。但路易斯·康的想法只是希望恢复保护传统街道,如欧洲众多中世纪城镇遗留下来的石头铺地的步行街和广场,也并没有更多的理论阐释和实施策略,难以适应现在城市的发展①。1964 年,城市设计师、室内大型购物商场的创始人维克托·格仑(Victor Gruen)认为理想的城市应建设城市环城公路,而不应该修建通向城市中心的放射式道路,还认为应将步行林荫道广场的建设与主要街道结合起来。这些发展思路蕴含着街道与道路相对分离的发展理念。

现代城市的发展已经离不开汽车带给人们实现更多梦想和机会的可能性,在资本为原动力的经济运作模式下,城市更离不开"汽车产业"的发展。所以现代城市的发展必定是"快慢并置,动静共生",从而城市才能达到有机和谐的生长,人们既能体会传统城市空间的和谐亲切,又能享受现代小汽车交通的便捷。而"街""路"适度分离发展概念的提出正是通往这种理想的一种发展理念的尝试和思想的创新。

"街""路"适度分离发展概念意在通过城市空间与城市绿色交通的一体化发展,取得经济、环境和社会效益的平衡,促进可持续的城市增长,"街"指能够承载各种城市功能活动,以绿色联合交通为主要交通方式的"城市街道"。在这"街道"内通过各种有效的发展策略,限制小汽车交通,鼓励公共交通和非机动交通,形成良好绿色机动联合交通出行环境。空间尺度上回归到人的尺度,响应日常生活,形成一种"可滞留、可触摸"的街道空间。所有交通形式都应该通过与土地使用活动相联系的方式进行,目的是取得城市土地利用与公共交通系统的有机整合。主要组成部分包括主街与辅街。"主街"的主要交通方式为公共交通、步行和自行车交通联合出行。根据"街"的等级和功能活动与小汽车出行之间的矛盾程度,制定相应的小汽车限制出行措施,如城市级的"街道"在重要区位节点,应该严格限制个人机动车的行驶;在小区级的"街道",可以通过限速或其他技术措施达到"阻碍"目的。绿色联合交通线是"城市街道"最主要的组成部分,也是能够充分体现"街道"特征的部分,强调人性尺度空间场所的塑造和环境质量。强调"绿色联合交通优先"。"辅街"与主街相平行,为主街两侧的各种城市功能提供快速出行交通线路,它与活动主干线之间应该联系较多。辅路可以是为主街内主要公共交通(如地铁、轻轨或 BRT)提供换乘接驳的公交专用道,也可以是为私人交通提供服务的快速路。辅街上虽然以机动车为主,但是仍然强调对环境的塑造。

"路"是指与"街"相平行或是相垂直的,围绕在各空间层级单元外围的道路,主要交通方式以个人机动车交通为主,强调速度和通达,形成"个人机动车优先"的发展思路。如在社区单元四周的城市干道或整个城市的环路以及外围快速路等,形成不同等级的"道路网络系统"。"过渡区"指介于外围"路"与"街"之间的交通协调区域,在协调区里通过安宁交通工程、停车政策等发展策略,限制小汽车的可达性程度,鼓励非机动车的出行,达到城市的道路空间"人车共享"目的。

从系统层级性角度看,"街""路"适度分离的概念不但适用于城市发展轴线上,而且还适用于各层级空间层级上,形成具有层级结构特征的系统结构。在整体城市层级,"街道"应该是城市发展的主要绿色活动轴线,连接城市的各主要功能活动中心。在重要的

---

① 其实在霍华德的田园城市理论(1898 年)中就蕴含着城市交通在空间上进行功能分离的发展理念,田园城市通过不同性质用地沿直径方向分层布局,使工业区之间的货运交通在城市外围呈环向流动,居住区之间的生活性交通在居住区内部呈环向流动,工作与居住间的交通在城市外半部呈放射向流动,居住域购物休憩之间的交通则在城市内半部呈放射向流动。各类不同性质的交通因用地布局而互不干扰,实现了道路的功能分工。

城市商业中心和可以进入的空间上"街道"与"道路"绝对分离,例如形成步行街(区),限制机动车或小汽车进入"街道";在微观层面,如社区级的空间基本发展单元中心,可以在保证步行交通、自行车交通和公共交通优先的条件下,通过对个人机动车交通的速度、流量限制之后,有条件让个人机动车进入"街道"上。当然,具体的策略要依据显示的条件和具体情况而作出不同的决策。总体来说,越是交通问题严重的地方,越要使"街道"和"道路"在空间上分离。

　　"街""路"适度分离发展概念的提出具有以下几方面的意义。第一,在结构上,"街""路"的适度分离不但能够塑造宜人的街道空间,主街和辅路组成了完整的"街道",将各层级的城市公共中心整合到这个"街道"网络当中,形成以"街道"为导向发展的态势,引导城市空间有序扩张,并能更有效地使用已开发的土地和其他资源。这种土地开发模式能够建立一种弹性的策略,至少为某些居民提供机会,使他们可以迁移到现在城市结构内可达性更好的地点,这也为城市边缘可达性较差的地区提供了一种选择。第二,在交通上,"街""路"的适度分离增加了人们有效地使用可到达的场所和地点的可能,其中包含了由不同交通走廊形成的网络和多种土地使用功能,以满足人们日常活动的需求,并为他们的活动提供多样化的交通选择。将交通产生源布置在"街"两侧有益于交通的可持续发展。因为这种布置能够促进公交的高效服务,缓解通往城市中心区的放射形道路的交通拥挤,减少城市边缘地区的交通投资需求和城市交通出行距离和出行时间。这种空间布局也为向绿色交通方式的转变提供了机会,如提高非机动车交通方式的出行占有率。第三,在土地利用上,可以实现使长距离交通需求下降,全天交通线路得到更好的使用,各地区公共交通需求不断增加等目标。活动走廊结构为混合土地利用提供了可能,而混合土地利用能够提供更多的地方就业和购物的机会。另外,还能为大多数不同的居民群体提供公平的可达性,通勤时间更少,更便利地到达各种公共服务设施。

7 城市空间结构重构

要引导城市空间有机疏散,减少交通出行需求,鼓励公共交通的使用和非机动车交通在适度的空间范围内出行,改善自然环境质量和改善社会公平等目标,都应该有适宜的城市空间结构形态作为根本性的物质支撑基础系统,以推动城市可持续发展。那么什么是理想的城市空间结构形态? 芒福汀认为:"在这个资源日趋枯竭、臭氧层持续受损、污染不断增加、温室效应日益加剧的时代里,任何脱离环境问题而展开的城市研究都是毫无意义的。"[①]本章正是基于这种低碳空间发展理念,以空间层级系统的规模尺度研究为基础,借鉴国内外的典范性城市空间的发展经验和教训,对中国的城市空间结构进行重塑。力图建立起一个理想的"绿维都市"——K8系统空间发展模型,引导城市空间向更具可持续的方向发展,以解决当前城市空间存在的种种问题。利于城市经济健康、稳定、有序发展,整合劳动力市场,提高城市规模经济效应;保持空间完整性和对机会和服务的获取同时,减少交通出行需求;鼓励绿色交通,合理有效地利用城市交通资源。

7.1 城市空间结构发展态势理论研究

在西方世界的近几十年城市发展研究当中,对城市空间可持续研究发展策略主要聚焦在两组概念之上:"单中心与多中心"、"集聚与扩散"。所以本书在建立新的空间结构发展模型之前,也以这两组概念为出发点来探讨在后工业化时代下未来城市空间结构形态的发展趋势,以便把握城市空间结构演化过程中内在的发展动力机制。

7.1.1 中国城市多中心发展概念的失效

随着城市化进程的加快和国民经济的持续增长,中国城市发展步入一个崭新的阶段。作为高速城市化的地区,在过去的三十多年里中国城市完成了西方花费上百年的城市化进程。伴随着城市化进程,城市发展面临机动化的巨大压力,城市空间结构和交通系统之间所存在的矛盾和问题激化,出现了种种严峻的问题。主要表现在城市空间层级结构不合理,城市空间结构的层级模糊和缺失,大多城市的空间结构形态呈"圈层式"扩张模式,城市整体空间结构绩效低下。主城区内部土地利用呈无序的高密度混合发展状态,每个土地利用单元内土地利用类型的混杂带来的后果就使城市就业分布过于分散,使城市交通流呈现无序状态。城郊土地空间开发在80年代之后新开发的郊区用地功能单一化严重,主要表现为居住用地郊区化、工业用地郊区化、商业用地郊区化和教育科研

---

① 克利夫·芒福汀.绿色尺度[M].陈贞,高文艳,译.北京:中国建筑工业出版社,2006:6

用地郊区化,从而构成了一个个相互分离的、单一功能的土地利用单元①。这些用地与主城区缺乏先导的交通基础设施联系,体现出"城市蔓延——相互分离的单一土地使用功能"的特点;各种交通方式与出行空间范围的不匹配,如非机动车出行距离过长,特大城市只有常规性巴士公共交通作为主导公共交通系统,各交通方式之间的转换不便等问题,使各种交通方式和各个方向上的交通流量之间的相互干扰最大化,导致了低效的城市交通组织结构。小汽车产业的蓬勃发展,城市公共交通系统建设的迟缓,非机动交通出行环境的愈加恶化导致了中国城市交通陷入了前所未有的危机之中。

对于城市空间无序蔓延等种种城市发展问题,多中心组团式的城市发展概念已成为最受欢迎的发展应对策略。但是从城市分形理论的角度看,城市空间存在着自相似特征,无论从小城市或是特大巨型城市,城市空间系统都存在着多层级相互嵌套特点,单中心或多中心的城市概念并不能准确概括一个城市的空间结构。因为空间结构存在尺度效应和分形特征,在不同尺度层面上对城市空间结构进行观测,其结果是不一致的。在一定意义上,每个城市都是多个中心或者是单中心城市。如一个所谓的多中心结构城市从更高的层面来观测,多中心也可能被抽象为一个单中心;一个村庄聚落也会有多个层级结构以及多层级的中心。单中心或多中心城市发展概念基本上是从城市的宏观层面来观测城市的空间结构,注重城市的高等级中心的布局结构,而中微观层级空间结构单元被"抽象"掉,其类型相似的众多单元被合并。应该说单中心城市和多中心城市的概念只是对城市的空间形态作出一个简单抽象的描绘,是在一个单尺度层面对城市空间结构的静态观测所得出的结论。所以单中心或单中心发展概念并不能完整系统地把握住城市发展中的问题所在。

在几十年前的规划中,中国就开始强调规划多中心城市空间结构,但是总是难达到预设目标。如北京早在 20 世纪 50 年代就规划建设郊区 10 大边缘组团,1982 年北京城市总体规划再次重申这一规划原则,至今仍然是"摊大饼"空间发展的典型。上海的历次规划都将疏散作为最主要的指导思想,进行了多次的卫星城规划建设。从开始提出建设卫星镇到第二代卫星城的建设发展都遵循了人口与产业向外疏解的思想,但在实际实施中并未达到预期目标,中心城区的人口仍然不断增长,体现出强烈的向心集聚趋势。尽管在近 10 多年来,上海不断推进不均衡空间发展理念,但在快速的增长过程中,上海的人口分布仍然按圈层式结构向外蔓延。马清裕运用 GIS 技术研究认为:上海人口重心的实际位移很小,近 50 年的新城和卫星城战略并没有从根本上改变上海城市人口在空间上的分布结构②。

所以,多中心发展概念并不是一剂万能药,多中心发展概念由于过分强调城市高层

---

① 如早期北京的回龙观、天通苑等较少考虑用地的混合使用和在一定区域内提供足够的就业岗位,导致城市中大量的钟摆交通与长距离通勤,每天上下班时间,几十万人长距离地倾巢出行、回家,造成道路拥堵、空气污染、耗时过长、能源浪费,这是土地使用规划过分单一的代价。又如上海的安亭新镇,占地约 5 km²,一期占地 2.38 km²。建设采用了多项先进的节能环保技术,与传统的住宅相比,在建筑负荷、能源消耗、住区排放上都有大幅度的改善。但是安亭新镇用地性质单一,缺乏必要的服务设施和就业岗位,导致居民生活通勤交通长,乘坐公共汽车到市中心上下班需要 1.5~2 小时左右,居民上下班主要依靠出租车和私人小汽车。数据引自:潘海啸,汤锡,吴锦瑜,卢源,张仰斐. 中国"低碳城市"的空间规划策略[J]. 城市规划学刊,2008,6(178)

② 马清裕,张文尝,王先文. 大城市内部空间结构对城市交通作用研究[J]. 经济地理,2004,24(2):217

级中心的作用而忽视了城市空间的内在结构整体性(即对空间系统层级性和自相似性的理解和把握),导致了作为治疗空间结构病作用的失效。本书并不否定多中心发展策略是特大城市或巨型大城市空间结构有序化的一剂药方,是应对城市集聚不经济效应机制的一个空间发展策略,但是城市空间结构的优化并不只是城市高等级中心结构的优化,而应该是整个城市层级系统结构的有序化过程,应该具有动态、系统的结构特征。片面强化或弱化某一层级的结构,将造成头痛治头足痛治足的局面,与城市中心体系结构的完整性背道而驰。

7.1.2 后工业化时代城市空间结构形态的发展趋势

城市研究作用之一在于通过重要因子预测和判断事物的发展态势,为以后的城市发展指明方向,奠定理论基础。故本节通过对后工业化时代所出现的主要影响因子对城市空间所产生的作用进行分析,进而判断未来城市空间结构的发展态势,为新的城市空间发展概念提供理论支持。

1) 城市规模集聚效应的作用

经济活动聚集是城市的最本质特征,也是城市活动集中的主要原因。正如恩格斯在描述当时全世界的商业首都伦敦时所说的那样:"这种大规模的集中,250万人聚集在一个地方,使这250万人的力量增加了100倍。"聚集经济活动是促使城市不断更新、保持其活力的根本原因所在[①]。就业岗位的位址分布趋势通常就是在这种集聚效应的作用下,类似的商务办公机构聚集在一起,进行生产管理与生产服务,形成了一定的规模,以保证在这个地区的商务机构能够以较低成本获得所需类型的劳动力、好的通信技术设施、充分的市场信息、良好的可达性、频繁的人际接触机会、特殊的地域形象价值以及相关商务延伸产业的支持,从而获取劳动力市场的规模效应[②]。如CBD这种商务产业集群的地方,企业能得到各种技能的人才供给和完善的配套服务,相关商务延伸产业的支持,使商务集群内的公司机构可以得到专业化的服务,从而提高机构的整体效率与综合竞争力。这些商务延伸产业包括技术服务业、广告展览业、信息咨询业等。在这些相关延伸产业的发展和竞争中,可以形成一个成熟的专业服务市场,促进商务产业集群的出现。所以,就业岗位的集中是为了获取产业的聚集效益,企业作为一个理性的经济人,办公位址高密度集中地是其不二选择。也就是说,在集聚经济效应的作用下,就业岗位集中发展是一种必然选择。

但随着城市规模的扩大,城市的办公就业中心由于空间的有限性,必然导致办公物业成本的提高、通勤成本因交通拥挤而上涨,等等。在集聚不经济效应的作用下企业会进行重新选址。即当这个企业在入驻生产就业中心的集聚成本超过集聚经济效益时,也就是企业的边际成本高于企业的边际经济附加值时,将向外围分流转移,作出扩散选择。这种扩散化趋势引导了城市产业和人口的疏散,使其部分工业职能外迁,城市外围出现一些新的制造中心区域,从而使城市的功能结构得以纯化,空间区划更为明晰。所以集

---

① 同济大学主编. 城市规划原理[M]. 北京:中国建筑工业出版社,1991
② 劳动力市场的规模递增性是大城市存在和发展的内在动力。劳动力市场规模递增性指的是每增加一个劳动力所带来的边际效应是递增的。这也解释了尽管城市病在东京和纽约都相当突出而这些城市规模为什么又不断地增长。

聚效应对城市功能活动的集聚或扩散始终起着决定性的作用。

2）后工业化的新产业集群效应作用

在后工业化时代,就业岗位在城市空间的集中有了新的集聚因素,例如大量偏重于研发创新的科技型企业,考虑到本身的产业性质、劳动力市场、运营成本、办公环境、企业文化建设等因素,在地理区位上脱离了传统的就业中心(如城市中心区、CBD),寻求更合适的区位。这些企业一般集聚在大学、研究所等创新机构附近。通过产业集群效益的作用,更符合企业的根本利益和长远发展。所以企业总部选择更多的是由该区域的产业聚集链是否适合自己决定的。还有很多中小企业、创业型企业在土地价格级差地租的作用下,从运营的成本考虑,甚至还会离开高科技园区一类的核心区,入驻运营成本更为低廉,办公环境更舒适的区域。当然,这些区位离城市的中心区也更远,一般位于城市边缘区或远郊。这样,各种不同的企业在寻找符合自身的产业集聚因子,从而集中在城市的不同区位上,促使形成大分散小集中的发展趋势,并在规模和功能上产生层级上的分化。

3）交通信息通讯发展

另外,在信息通讯和交通技术迅速发展背景下,准确、迅速的信息网络削弱了物质交通网络的主体地位,网络的"同时"效应,取代了一些面对面交流的作用,使城市不同地段的空间区位差异缩小,城市各种功能在信息互联网络的影响下,其空间位置的灵活性大大提高。而且随着交通技术的提高,单位时间的出行距离由于交通工具技术以及城市交通管理水平的改善而不断加长,出行成本下降。在生产方式上,像大批量生产的福特式向多品种少量定做生产的后福特式转化,使得制造业的区位选择更加自由化,往往趋向于城郊或者区域的边缘部,以追求更加便宜的地租和劳动力资源,形成了分散趋势。另外由于经济水平的提高,交通出行成本也会有相对性的下降。所以,办公区位的选择不再拘泥于传统的就业中心,在土地级差地租机制作用下,企业一些常规性办公服务功能会向次级中心商务或郊区就业中心扩散。主要沿地铁、轻轨、主干道等交通交汇点集中分布,主要有三种类型:一是位于功能较为齐全的郊区中心,二是独立的办公园区,三是位于工业区内。

根据以上分析以及相关研究可得出三方面的结论:第一,在集聚经济效应以及产业集群效应机制作用下,企业办公区位的选址需要集中在一定的区位内,以谋求最大规模经济效益。所以城市产生就业中心是必然的,符合企业作为经济人利益的最大化。第二,在积聚不经济效应,交通信息技术的发展以及在后工业化时代新的办公区位积聚因子的存在,必然导致城市其他的就业中心的出现,呈现一种大分散小集中的空间布局态势。如高科技总部位址选择的非CBD化及后台办公、远程办公、电子商务的出现使城市的就业中心出现扩散化,这对就业的空间区位分布带来分散化的作用,导致了城市空间的分散化趋势得以加强。但是这种交通信息通讯发展所产生的城市空间结构的网络化不是均质化而是多元化。性质相同的城市功能活动在产业集群效应机制的作用下在空间分布上表现得更为集中。第三,城市的各个就业中心存在层级性,不同的企业办公在产业积聚因子以及级差地租机制的作用下,必然有不同的规模和辐射范围,从而产生不同的层级。所以,可以得出以下结论:城市空间作为城市各种功能活动在物质空间上的投影映射,在集聚经济效应的作用下,未来的城市空间形态发展必然形成了一种小集中大分散的集中簇状的发展态势。而且对于中心城市来说需要有一个强大的主要就业中心存在,并形成层级结构。

7.1.3 城市空间布局结构形态与交通

　　城市交通对城市空间结构有着决定性的作用,城市交通与空间一体化发展是研究理想的城市空间结构的一个不可或缺的领域。由于工作通勤有固定的时间限制,是形成早晚高峰的主要原因;交通出行相对于其他交通出行的距离和时间预算要长,在整个城市交通出行中占主要部分;所以工作交通通勤对城市交通来说有着更大的影响。故本书将日常工作通勤作为切入点来观察不同的城市空间结构形态对交通所产生的不同影响。

　　假设居住地为交通出行的出发地,工作就业岗位地点为出行目的地,那么怎样的城市空间结构形态既能够减少交通的出行距离和出行次数又能最大限度地促进城市经济社会的发展? 马克(Mark C. Walker)通过对居民通勤的出发地与目的地的布局情况探讨了城市的发展与城市交通的关系①。该研究将空间布局分为:居住和就业都分散布置;居住集中布置,就业岗位分散布置;居住分散布置,就业岗位集中布置;居住和就业岗位都集中布置;居住和就业集中、簇状混合布置等5种类型,从通勤的角度出发探讨城市的空间结构形态问题。

　　1) 居住和就业都分散布置类型

　　当出发地和目的地都是分散布置时(图7-1),特别在城市空间低密度发展国家,公共交通将由于失去了足够的目标乘客数量而难以生存。几乎所有的出行都要通过个人机动交通到达出行目的地,形成以小汽车为导向发展的城市空间分散化格局,典型的例子有美国的洛杉矶和盐湖城等北美城市。

　　与美国低密度分散化土地利用格局相比较,在中国城市的主城区,由于当年计划经济下所产生的小而全单位制土地利用模式,形成了以工作单位为单元的土

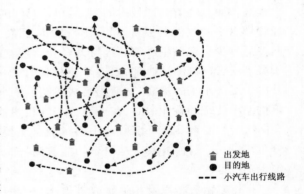

出发地
目的地
小汽车出行线路

图 7-1　出发地和目的地都分散布置

地利用模式,在市场经济体制下所带来的后果就是城市居住就业分布过于分散混杂,使城市交通流呈现无序状态。在经济发展水平较为低下的情况下,通常会以步行或自行车作为通勤的主要交通方式。由于这种非机动的出行距离受到生理机能等因素的限制,抑制了城市空间的过快扩张。但是随着经济水平的提高和城市空间的不断扩张,通勤距离也会不断拉长,随着距离的增大,非机动车出行将转化为个人机动车方式来完成,推动城市空间的迅速扩张,导致城市进一步的无序蔓延。

　　2) 居住集中布置,就业岗位分散布置

　　第2种类型为居住出发地集中,出行目的地分散布局(图7-2)。在这种布局形态下,大部分的出行仍然要通过个人交通来完成。因为这种居住集中布置便于公共交通收集

---

① 　Mark C Walker. Mixed Development for Sustainable City [DB/OL]. http://www.informaworld.com

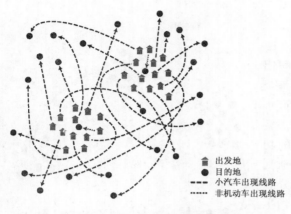

图 7-2 出发地集中布置,目的地分散布置

乘客,但是由于出行目的地的分散,使公共交通服务的效率变得非常低下。所以这种空间布局除了探访朋友或是在居住区内就近上学,通过内部的公共交通来完成。其他出行目的地将高度依赖个人交通方式来完成。如类型 1 一样,在经济水平低下时,依赖自行车或步行进行长距离出行来满足出行需求;然而随着经济发展,必然转向个人机动交通方式。所以只是集中居住是不可能提高有效的公共交通,也不可能有利于非机动车的发展。当然,就整个城市来说这种布局几乎不可能,比较类似的布局是城郊功能单一的巨型居住区。这些居住区较少考虑用地的混合和在一定区域内提供足够的就业岗位,几十万人长距离的倾巢出行,分散到城市的各个就业岗位的角落里,造成道路拥堵、空气污染、耗时过长、能源浪费,这是居住过于集中的代价。

3) 居住分散布置,就业岗位集中布置

假如居住是分散布置,出行目的地集中分布(图 7-3),这种布局形式与现在很多城市的空间结构类似,往往是低密度的居住围绕着有相当规模的就业中心呈圈层状布局。这种模式使公共交通出行成为可能,公共交通服务可以沿着去城市中心的方向,获得所需的乘客数量,假如居民驾车从住处到 P&R 设施,也可以换乘公共交通,但是那些需要大数量乘客的公共交通系统,如 MRT、BRT 等还是比较难形成。这种结构在比较小规模的时候,居民也可以通过自行车或是步行达到出行目的地。而且,由于出行目的地的集中,

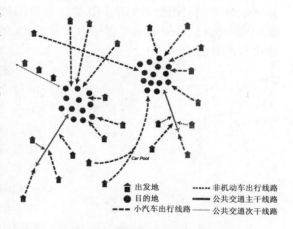

图 7-3 出发地分散布置,目的地集中布置

形成了比较明确的交通流向,有利于引进现代化交通道路管理手段,促进高效的城市交通组织结构形成。所以居住集中分布和出行目的地的集中分布的区别在于:居住集中分布不会自动生成一种有利于公共交通或步行的结构;然而,出行目的地的集中发展相对于居住的集中分布,有利于公共交通和步行发展。公共交通的发展程度依赖于很多的原因,但是没有出行目的地的集中簇状分布,要建成具有吸引力的公共交通是不可能的。

但是,随着城市空间规模的扩大,出行目的地的集聚经济效应逐渐小于积聚不经济效应时,常规性的公共交通难以应对中心区的人流量,而且空间规模的扩大逐渐不适宜步行和自行车交通,很多原来依赖公共交通和非机动车交通出行的居民就会开始转向个人机动交通方式。所以,在一定规模内这种模式有着其自身的优点,但是超过一定规模

时就不再适合。

4）居住和就业岗位都集中布置

假如出发地和目的地都集中分布（图
7-4），由于大量的人流只是在各中心之间出
行，所以各种公共交通都可以得到发展，各个
集中区域内也可以通过步行或自行车出行，小
汽车出行程度大幅降低。但是，这种布局需要
非常发达的公共交通系统联系各个簇状的功
能节点，而且由于都是集中发展，从出发地到
目的地的出行距离相比于第 3 种类型的分布
要长。没有必要集中布置在目的地，如日常生
活用品等商业设施如果全部集中在中心，将会
形成巨大的交通流量和不便。

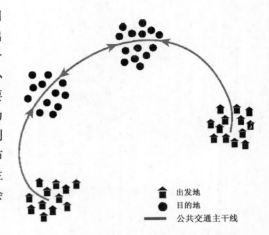

出发地
目的地
公共交通主干线

图 7-4　出发地与出行目的地都集中布置

5）居住和就业集中、簇状混合布置

在上面四种模式当中，只是探讨了出发地
和主要目的地之间的关系，但是，为了减少交通出行的次数以及距离，很多出行目的往往
是通过"顺便"的方式来完成的。为了更便于探讨，按照出行目的地吸引出行的强度，本
处再细分为主要出行目的地和次要出行目的地。主要目的地是那些区别于居住地，能够
吸引巨大出行量，形成主要出行的目的地；次要目的地是那些去主要目的地时，作为顺便
性出行的目的地。

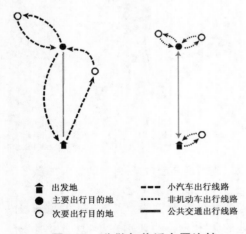

出发地　　　---- 小汽车出行线路
主要出行目的地　···· 非机动车出行线路
次要出行目的地　—— 公共交通出行线路

图 7-5　分散与临近布置比较

主要出行目的地和次要出行目的地在决定
出行选择时起到不同的作用。如图 7-5 的左侧
所示，假如次要出行目的地没有靠近出发地或主
要目的地，那么，通过公共交通出行就会变得不
切实际或打折扣，即使有良好的公共交通线路联
系主要目的地和出行出发点，所有的出行都有可
能倾向于通过小汽车方式来完成出行。如图 7-5
的右侧所示，次要出行目的地布置在主要目的地
的周边，或者公交站点在居住区步行的范围以内
的，那么这些出行目的地通过公共交通或步行可
以方便到达，从而鼓励绿色交通的发展。

所以，如果考虑到次要出行目的地，那么第 3
种类型的出发地分散布置目的地集中布置和第 4
种出发地与目的地都集中布置都有很大的局限
性，假如人们想一次出行能够到达多个目的地，但是这些中心又没有通过良好的公共交
通连接起来，那么他们很有可能是通过小汽车来方便达到多个目的地。

图 7-6 拓展了前面集中类型的发展方向。主要和次要的出行目的地集中布置，形成
混合的簇状发展单元结构，并且这些单元通过公共交通、自行车和步行都能够便捷到达。
另外一些重要的公共场地如飞机场、体育中心等，不但要可以从家里，而且要能够从其他

出行目的地通过公共交通方便到达;并将日常生活设施布置在公交站点边,进一步加强公共交通和步行的效率。

通过以上分析,城市的空间功能布局应该尽可能将"出行目的地"集中布置,并且将居住围绕在就业中心的外围,形成大分散小集中的混合簇状空间布局形态,并围绕着公共交通枢站点或沿着绿色交通活动走廊布置。这包括了四个概念:集中簇状、绿色联合交通导向、混合发展、层级结构和规模尺度。

集中簇状:集中簇状空间结构是后工业化时代城市空间大分散小集中发展趋势的体现。集中遵循了城市集聚经济效应以及产业集群效应机制;簇状满足了集聚不经济效应以及信息技术的发展所带来的新的集聚因子所造成空间布局上的分散。总之,集中簇状是城市功能活动在产业集群效应机制的作用下在空间分布的体现,意味着紧凑集约的土地空间有效利用。

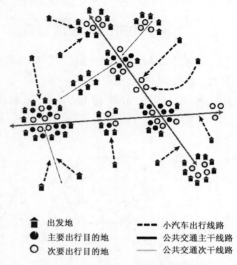

出发地	---- 小汽车出行线路
主要出行目的地	—— 公共交通主干线路
次要出行目的地	—— 公共交通次干线路

图 7-6　主次出行目的地通过绿色联合交通连接的簇状集中混合布置

功能混合:混合发展是基于临近性和多样性的原则,将互补功能集中布置,形成功能之间的错位发展和协同复合利用。混合发展也包括就业与居住在一定空间尺度内的平衡发展,从而缩短了出行的必要性,使一部分出行成为一种"顺便"的出行,从而增加出行的便利性和出行次数,减少对小汽车的依赖,促进非机动模式发展。

绿色联合交通导向:绿色联合交通导向发展不但要以公共交通为导向发展,而且还要形成步行和自行车交通为导向发展的城市发展模式,相对于公共交通导向发展来说,绿色联合交通导向发展的城市空间利用必将更加紧凑,具有更加清晰的空间层级结构。绿色联合交通导向考虑各层级空间的规模和结构,并在适当的空间层级强化短距离出行空间结构,使非机动车的出行更具吸引力和实际意义。

层级结构:不同的就业岗位在各自的产业集聚因子以及级差地租机制的作用下,必然有不同的规模和辐射范围,从而产生不同的层级。所以,城市空间作为城市各种功能活动在物质空间上的投影映射,也必然形成相应的空间层级单元和规模尺度。

7.2　中国城市空间层级结构的重构

前面篇章从城市交通系统和城市空间结构的互馈作用入手,分别讨论了社区层级的城市空间基本发展单元(BDU);适宜通过步行通勤或自行车换乘的 T 级城市空间单元(TDU);适宜于自行车作为通勤交通工具的 C 级城市空间发展单元(CDU);并且对不同公共交通方式所形成的主导空域的层级性予以研究,对各层级的城市空间规模尺度在中国当前城市发展背景下的可行性予以论证。在这些研究的基础上,本章节对中国城市的空间层级结构进行重构,形成一个以绿色为导向发展的,符合城市规模集聚效应的 K8 城市空间发展模型,希冀建立起理想国——绿维都市。

7.2.1 K8空间层级系统理论推演

中心地理论中克氏在假设性的理想条件基础上,根据市场因素、交通因素和行政因素,通过理论推导分别建立起 K=3,K=4,K=7 三种中心地空间系统结构模型。而且认为每一个城市的市场因素、交通因素以及行政因素共同对城市空间发展起作用(图7-7)。

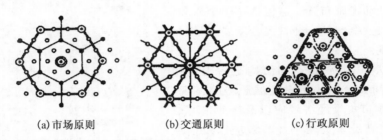

(a)市场原则　　　　(b)交通原则　　　　(c)行政原则

图7-7　中心地理论中三种空间等级结构系统模型

一个具有可持续发展的城市空间结构,其每一级的城市层级空间单元中心都应该依赖于公共交通进行构建,中心节点沿着交通线分布,各级中心地都应位于高一级中心地之间的交通线上。每个空间层级的最优中心位址选择应该位于最高公共交通可达性之上,所以交通原则制约着整个城市的中心等级体系,具有明显的公共交通发展为导向(TOD)的城市空间发展模式,在地理景观上应该呈现 K=4 的地理景观系统。而且,对于每个城市从世界典范城市的空间结构分析,每个层级的空间单元有着比较清晰的发展边界,如新加坡新镇与其他新镇之间通过绿化开敞空间隔离,有完整的行政权辖范围和边界以便于城市管理。所以行政原则仍然具有明显的作用,在地理景观上应该是 K=7 的地理景观系统。另外,在上文中对于中心地理论的假设做了一些解释和补充,但是中心地拓扑地理景观中还有一个重大的不足,即在克氏的三个地理景观系统中,中心单元大小规模与其他单元的规模一样,但是,在现实中由于中心单元的城市发展要素密度和规模都要大于周边单元,所以表现出的地理空间规模和人口规模(包括居住人口或就业岗位数)往往要大于周边的单元,在这一点上仍然与现实产生了巨大差异。所以,如何建立一个以公共交通为导向发展,保证每一个层级单元的中心与公共交通枢纽相耦合,并满足市场原则和行政原则的双重作用,又能改善中心六边形单元和周围六边形单元规模一样的缺点的地理景观图景成了构建新空间发展结构的首要问题。

在交通原则主导作用下,中心地不是以初始的、随机的方式分布在理想化的地表上,而是沿着交通线分布,道路系统对空间层级体系的形成有着深刻影响,各级中心地都位于高一级中心地之间的交通线上,次一级中心地的分布位于连接两个高一级中心地的道路干线上的中点位置图。从交通联系的便捷程度出发,六边形6个顶点的各级中心地都布局在六边形六条边的中点上,这样任何一级中心地之间的交通线都可以把低一级中心地连接起来。每个中心地提供给周围次一级6个中心地的总服务量为 $6 \times 1/2 = 3$,加上自身包括的1个,形成 K=4 的地理景观系统。在行政原则作用下,K=3 系统的六边形规模被扩大,以便使周围 6 个次级中心地完全处于上一级的高级中心地的管辖之下。这样,中心地体系的行政从属关系的界线和供应关系的界线相吻合。根据行政原则形成的中心地体系,每 7 个低级中心地有一个高级中心地,任何等级的中心地数目为较高等级的 7 倍(最高等级除外),从而形成 K=7 序列。

由于所构建的新的城市空间结构要与城市公共交通系统相互作用,公共交通与城市空间发展高度耦合,各级城市的中心地应该分布在相对应层级的公共交通站点枢纽上。所以新的地理景观系统首先以 K=4 系统模型作为基础。假设单元中心以公共交通线路枢纽站点为中心并不断发展,在行政原则的作用下,将周边的次一级的单元包含进来,形成如图 7-8 的地理景观图景,那么可以发现次一级的单元中心没有分布在公共交通网络之上。

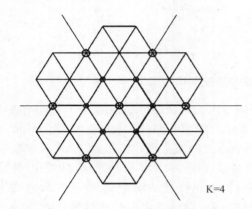

图 7-8　K=4 中心地系统拓扑图

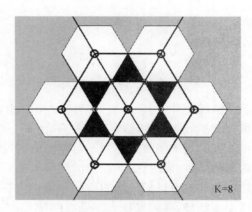

图 7-9　K8 城市空间发展模型拓扑图

假如将次级单元的中心移至公共交通线路站点上,并考虑行政原则的作用,那么将会出现图 7-9 的地理景观图景。高级中心地之间的公共交通线可以把低一级中心地连接起来。每个中心地提供给周围次一级 6 个中心地,加上自身 1 个单元以及次级单元之间的缓冲协调区,总体规模为 8 个次级单元大小,故将该拓扑发展模型称为 K8 地理景观发展模型[①]。

但是,本书作为一篇实证为主的应用性书,与其说是要建立一个新的基础性理论观点,不如说是借用经典的学科理论来阐释基于绿色交通上一种新的城市空间发展模式更为恰当。所以,K8 空间发展模型的构建意在能够利用一个比较恰当的拓扑图式来推演新的空间层级结构的发展过程,阐释城市空间复杂性的发生和演化机制。

7.2.2　K8 空间层级系统演化机制

在系统论中,层级是指系统和要素(子系统)之间的地位、等级和相互关系。任何系统都是有层级的,其中的子系统还可再分下去,自成系统。在一定范围内是系统,在更大

---

① K8 空间结构系统与社会城市结构的相同点是层级结构,易接近化绿化空间,主次分明,每个单元有明显边缘与领域,通过公共交通快速联系。不同的是 K8 发展模型提倡高密紧凑增长,注重规模尺度,更重要的是社会城市的空间结构不具有可生长性,难以将所有中心分布在公共交通线上。

的范围内则是要素;反之,在一定范围内是要素,在更小的范围内则是系统。所以低层级空间单元必然包含于较它更高一级的层级空间单元之中,更高一级的空间单元是由低一级的空间单元构成的。通过由低一级的空间单元向高一级的空间单元的不断演化,逐步形成了多层级、相互嵌套叠加的复杂城市空间结构。那么在 K8 发展模型中,从低一级的城市空间单元如何演化成高一级的城市空间单元?

1)集聚经济效应机制主导下的空间层级结构演化

假设在集聚经济效应机制主导下,次一级空间发展单元为高一级空间发展单元中的一个发展要素,在发展动力机制的作用下,K8 将按以下的演化路径发展(图 7-10)。

图 7-10　集聚经济效应机制主导下空间结构演化

阶段 1～3 为轴向发展阶段:在 K8 中由于不同方向公共交通可达性的差异必然导致城市在扩展时存在速度上的差异,使某个或几个方向呈现出明显的扩展特征。因为城市新开发的用地能够在沿线一定范围内有效地利用交通上的便捷性,故交通沿线具有潜在的高经济性;同时,由于交通沿线具有相对较好的基础设施,城市沿轴推进可获得较好的建设效益。所以低一级的空间单元由内向外扩展,沿绿色交通活动走廊,特别是公共交通走廊延伸,其伸展轴方向是空间单元扩展的最优方向,沿轴线定向扩展是城市发展的一般形式。K8 发展模型通常表现为沿着绿色交通廊道推进的特征,公共交通线的开辟与建设往往引导城市空间的扩展方向。由于空间发展单元的边缘具有特有边缘效应作用,故会在公共交通发展轴线和城市边缘处形成发展节点 B′。但是由于外围边缘节点 B′与中心单元的中心 A 出现所服务的腹地重叠,中心 A 的集聚效应远远大于单元边缘的节点 B′的集聚效应,对边缘节点产生"空洞效应",压制了边缘节点 B′的进一步成长,成为与它自身具有同等竞争力的中心。接着低一级空间单元的扩张仍然沿着交通轴线继续扩张,将会在交通可达性良好的区位上作为新的生长点(在 K8 发展模型中一般选择公共交通可达性高的区位作为生长点),形成次级单元中心 B。这时空间开始形成新的层级,原有的单元中心 A 的等级提升,成为更高级的空间发展单元中心,同时沿着公共交通线路形成轴线发展态势。在具体的空间形态上会有不同特征,典型空间形态有放射状星状、带状、手掌状,等等。快速、便捷的绿色交通网络将使分散的城市空间联系为一有机整体,成为城市空间生长发育的基础。

阶段 4～5 为发展轴线间的填充阶段:如果整体空间单元规模的集聚仍然处于经济集聚正效应下(上文研究当空间发展单元的规模在 C 级空间发展单元等级之上时,即人口规模大于 40 万～100 万人的范围时,经济集聚负效应凸显,应该开始考虑多中心的城市空间形态),空间发展单元的扩张往往是对发展轴线间的区域进行填充式扩张。因为空间单元由内向外扩展,大多是沿交通干线延伸,形成伸展轴,其伸展轴延伸的方向,是城市扩展的最优方向,这是由城市空间结构的经济性要求所决定的。但是城市伸展轴的延伸并不是无限的,它与城市的扩展速度之间存在一种相互制约的关系,当城市沿伸展轴向外伸展到一定程度时,轴向发展的经济效益将低于横向圈层扩展发展的经济效益,所以城市扩展便开始集中在城区内部的调整和轴线之间空地的填充。在阶段 4,由于边缘效应,形成填充型发展节点 C′;在"空洞效应"的作用下,形成填充性单元 C,城市形态也转向"同心圈层"式扩张(阶段 5)。随着轴线之间空间的填充,公共交通网络进一步完善;各个次级单元之间也通过公共交通相连接,开始形成网络体系结构,形成完整的高一层级的空间单元。这种点轴发展与轴线之间填充发展是一个非常复杂的发展过程,上述各类伸展轴和同心圈层的填充式可能同时存在于城市的扩展过程中,而各类伸展轴的长度、数量、方向的轴向扩张和圈层同心圆的横向扩展相互作用,共同构成了城市空间形态发展的基础。

总体上短距离出行城市空间结构的演化表现出明显的周期性发展特征,即:由城市形成—沿轴纵向发展—稳定—内向填充—再次沿轴纵向扩展—向更为复杂的形态发展。强大的聚集正经济效应促使城市不断更新、保持其活力,促使规模经济效应快速增长,保证经济活动能以最小的投入获得最大的回报。在城市发展到 C 级空间发展单元阶段时候,其集聚经济效应作用远远大于集聚不经济效应,所以 T—C 级空间单元的演化与 B—T 级空间演化发展机制相似。随着 T 级空间规模和经济实力的不断增强,新的交通干线开拓,城市伸展轴再次外延,仍然遵循着先点轴发展,城市形态又向"星状"或"带状"演变,然后进行发展轴线之间填充,呈圈层状扩张的空间发展结构形态。

2)集聚不经济效应机制主导下的空间层级结构演化

但是这种点轴发展与轴线之间填充发展的周期循环并不会一直贯穿于整个 K8 空间发展模型的全过程。当城市规模在 40 万～80 万人时,在城市集聚不经济效应的作用下,原城市中心容量饱和,不能满足需要,为抑制原中心的过度拥挤与膨胀,需要增添新的空间层级,可能会在距离主城区一定距离的地方出现副中心或次中心,形成所谓的多中心城市空间结构形态。

就 K8 空间发展模型的演化规律来说,当空间单元规模达到 40 万～100 万人时,城市在边缘效应以及经济集聚效应以及路径依赖的多重机制作的作用下,又可能在公共交通发展轴线和城市边缘处形成次级城市中心节点 B′,整体空间形态上仍然呈现连绵成片的发展态势。但由于主中心 A 的集聚效应远远大于单元边缘的节点 B′ 的集聚效应,将对次级中心 B′ 产生"空洞效应",压制了边缘节点 B′ 的进一步成长。随着城市空间的进一步发展,低一级空间单元的扩张仍然沿着交通轴线继续扩张,并在距离主城区一定距离,交通可达性良好的区位上作为新的生长点,形成次级单元中心 B(新城或新的功能片区)。

与集聚经济效应机制主导的发展演化路径不同的是,在集聚不经济效应机制的作用下,城市空间的扩张主要遵循点轴空间发展规律,低一级的空间单元沿快速公共交通走廊,特别是公共交通走廊延伸,引导城市空间的扩展方向,选择公共交通可达性高的区位作为新的城市副中心位址。横向圈层扩展发展的经济集聚效益将低于集聚不经济效应,过度的城市横向轴向之间的填充将导致城市圈层式蔓延状态,使得就业空间与居住空间两者间的距离不断拉大,产生交通拥堵、交通组织费用陡增、公共设施边际效益递减、城市生态环境质量下降、办公商业租金提高等问题,使集聚活动的积聚成本大于集聚经济效益,城市的总体集聚效应开始下降(图 7-11)。

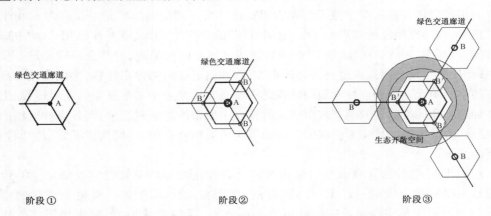

图 7-11 集聚不经济效应机制主导下空间结构演化

所以,比 C 级更高的空间发展单元的扩张不再提倡城市发展轴线之间的填充来强调城市经济集聚效应。而是各城市功能组团之间通过大型生态廊道或是生态绿楔相隔离,以快速便捷的绿色交通网络将城市空间联系为一有机整体,形成集中簇状的城市空间格局。在具体的空间形态上会有不同特征的城市空间形态,典型的有星形放射状、带状、手掌状等等。

3) K8 空间发展模型的总体演化特征

K8 空间发展模型能够比较完整地推演一个具有高度可持续性的城市空间结构演化过程。从总体发展动力来看,仍然遵循对城市空间形态有着根本性影响的动力作用机制——城市集聚经济效应机制和集聚不经济效应机制,但在空间结构演化过程中的各个阶段并不是都具有一样的发展动力和演化特征。

在集聚经济效应机制主导下,由于城市规模的扩大以及集中发展能够带来正经济集聚效益。更加强调临近性和便利性原则,这也就意味城市空间需要更紧凑集约地开发利用。从交通和空间的互馈作用上也促成这种集中紧凑的空间利用模式。在短距离空间结构中,一方面采用非机动车的适宜出行范围来决定各层级的空间地理尺度,以鼓励非机动车在适宜的出行范围内出行,由于非机动车出行速度较慢,增加了空间的摩擦力,促使空间更加高强度地开发利用。另一方面,高强度的土地空间利用提高了在一定的空间尺度内包容更多的城市发展要素的可能性,所以有利于混合发展,减少出行的距离和次数。但是如前所说,短距离空间结构紧凑高密度发展并不意味着如同现在很多中国城市那样均衡密集的发展,而是一种层级、簇状的空间发展结构。

集聚经济效应机制主导下,随着城市规模的扩大,城市中心办公物业成本提高、交通拥挤、空气污染加重、热岛效应提升,集聚不经济效应凸显。城市功能活动作出扩散的选择,这种扩散化趋势引导了城市产业和人口的疏散,使其部分工业职能外迁,城市外围出现一些新的制造中心区域,从而使城市的功能结构得以纯化,空间区划更为明晰。特别是中国目前大部分大城市在快速城市化背景下城市中心极化严重,主城人口密度过高,亟须通过建新的城市功能组团来疏解内城区的发展压力,有机疏解人口。所以,新的功能组团的主要目的是要形成具有较大反磁力作用的功能区以吸引内城区人口。这包括以下几个方面：第一，要有一定的规模，因为只有一定的规模才能达到较高的反磁力作用，并且容易达到工作与居住的平衡发展。第二，副中心与城市中心之间最好有一定的距离，当然这只是一个相对的距离，距离的远近主要是城市中心与二级、三级中心之间的功能活动、通勤的预算时间成本等因素的博弈关系。距离越长，城市主要中心对副中心的影响越小，有利于副中心的增长；但是过长的距离又将会丧失城市的整体集聚效益。所以这与城市的规模、辐射力、基础设施水平都有很大的关系。但相对于短距离空间结构来说，长距离出行空间结构更表现出分散的特征(图 7-12)。

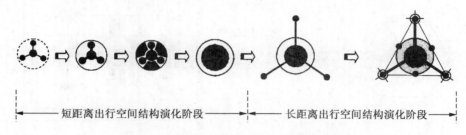

图 7-12　K8 发展概念总体空间演化机制

7.2.3　K8 空间发展模型的建构

根据前面对 K8 空间发展演化所分成两种不同的演化阶段，可以将城市空间层级结构划分为集聚经济效应机制主导下的短距离出行空间结构和集聚不经济效应机制主导下的长距离出行空间结构两部分来分开讨论。

1）短距离出行空间层级结构

在过去的二三十年中，中国的城市交通和土地发展策略往往忽略了行人或骑车人的需求。在多重因素作用下，人们的城市交通出行正快速转向小汽车出行方式。严峻的现实使我们不得不重新认识城市空间、交通之间的紧密联系，本书根据空间与交通的互馈关系程度，提出"短距离出行空间结构"这一概念。

短距离出行是指在一定的空间范围内能够通过生态低排的步行、自行车和一些特殊代步工具(如轮椅、滑板等)等非机动交通工具便捷达到出行目的。短距离出行空间结构就是指以合理的人口门槛规模以及非机动车出行的合理范围作为相应层级的城市空间规模尺度，在城市集聚经济效应机制的作用下，通过城市不同层级空间的规模、密度、功能以及形态的合理布局，形成一种低碳绿色的空间发展结构。短距离出行空间结构能够减少交通出行距离和时间，有着多样化的交通出行选择；能够降低有毒废气的排放，缓解城市交通拥堵，抑制对小汽车的依赖，促进公共交通的发展，创建一个低碳减排的生态友好型的宜居环境，降低环境污染和大气温室效应；鼓励城市紧凑集约发展，减少资源浪费；促进社会和谐和城市功能高效运作；改善环境质量，节省资源；利于人与人之间的交往，激活社区生活；促进城市商务活动，恢复城市活力，拓展城市公共生活空间，并且体现了人与人之间的平等关系。对于中国当前的空间发展来说，发展短距离出行空间结构能够适当增加空间摩擦力，利于中微观层级的空间单元中心的培育和发展，清晰化空间层级结构，改善城市空间无序扩张蔓延。短距离出行空间结构总有 3 个层级，分别为 B 级空间发展单元、T 级空间发展单元和 C 级空间发展单元。

（1）B 级空间发展单元(BDU)

B 级空间发展单元即城市空间基本发展单元(BDU)，指的是在一定的地域范围内，社会经济功能结构能够相对独立的城市有机体。在这个空间基本发展单元内，能够满足日常生活的多样性需要，产生强烈归属感，有相对稳定的社会关系，适宜步行的城市空间发展细胞单元体，也是建构新的 K8 空间结构体系最基本的空间单元(图 7-13)。

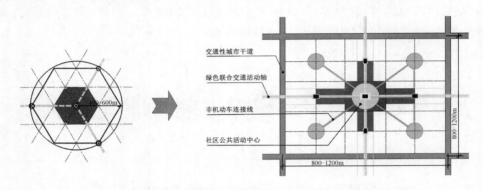

图 7-13　城市 B 级空间基本单元(BDU)创新发展模式示意图

B 级空间发展单元的人口规模在 1.5 万～2.5 万人要[①]，这样的人口规模能够满足塑造一个比较强大的社区中心。单元中心的服务半径为 400～600 m，空间单元的空间尺度适宜步行出行，降低交通出行对机动车的依赖。除了规模尺度以外，B 级空间发展单元还具有以下特征：公共交通系统在单元空间功能结构布局中起到了骨架性作用，公共交通可达性为单元中心选址的重要参考因素，公共服务设施围绕公交站点和线路分布；单元中心功能有序混合，为居民提供一系列的短距离出行目的地并将其集聚，以满足他们的日常需要，达到各种功能之间互补，提高居民避免远距离、分散化出行的可能性，减少非通勤交通的出行距离；中心在空间布局上采取集中与沿街自由式布局方式，塑造宜人空间尺度；BDU 在路网布置上提倡开放性路网结构，提高了街道活动和步行意愿，将住区生活融入城市生活，而且减低交通拥堵等一系列问题；并推崇小街区密路网，避免了大地块功能单一的倾向，方便中小单位开发土地，降低开发的门槛，产生更多的地块可供选择，能够吸引不同层级的开发者加入进来，有利于不同需求的共存，提高土地混合利用的机会。

（2）T 级空间发展单元

T 级空间发展单元(TDU)类似工业化早期的"步行城镇"(Walking Town)，在该空间层级单元内，人们可以通过步行到达单元中心或在适宜的时间内能够通过自行车达到换乘目的。T 级空间发展单元适合的人口规模在 10 万～25 万人，以便能塑造一个比较强大的单元中心。单元中心的服务半径为 1.5～2.5 km，在空间尺度类似于前汽车时代

　　[①]　在中国当前空间利用强度下，完全有可能是理想的空间步行尺度内实现该门槛值。即混合型空间基本发展单元的人口门槛规模应为 1 万～1.5 万人，工作岗位数量约为 1.5 万～2.5 万人，建议服务半径为 400～500 m。社区型空间基本发展单元的人口门槛规模在多层利用强度下建议为 1.5 万～2.5 万人，上限为 3.5 万人，建议服务半径为 600 m；在中高层和高层混合开发利用强度下规模建议为 1.5 万～3 万人，上限为 4 万左右，建议服务半径为 500 m。

的"步行城镇"的尺度,能在半小时内通过步行到达单元中心或就业场所,还可以利用自行车交通与轨道交通或 BRT 等快速公共交通进行换乘,降低交通出行对小汽车的依赖,以达到低耗减排,塑造宜居城市环境的目的(图 7-14)。

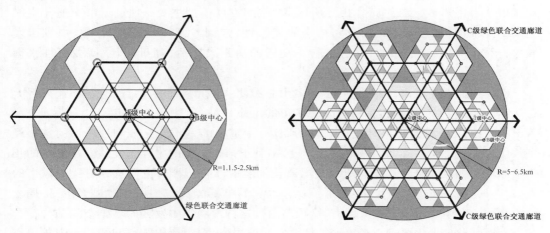

图 7-14　T级空间发展单元模型图　　　图 7-15　C级空间发展单元模型图

(3)C 级空间发展单元

C 级城市空间发展单元(Development Unit of Cycling City)意指在城市适宜的地域空间范围内,符合经济集聚规模效应原则下,能够通过自行车到达空间发展单元中心,享受公共服务设施服务或是就业岗位,形成一个低碳发展的"自行车城市"(Cycling City)。C 级城市空间单元的人口规模在 40 万~100 万人,比较理想的人口规模门槛为 70 万~80 万人①。C 级空间单元中心的服务半径应在 6.5 km 以内,理想的服务半径为 5 km 左右。这种单元能够充分利用集聚效应所带来的经济正效益,而且能够在自行车半小时出行的服务半径内到达空间单元中心,促进自行车交通和公共交通的发展,形成一个较为紧凑的空间发展单元(图 7-15)。

总之,短距离出行空间结构发展概念旨在解决现实的城市发展问题,而不是抒发对过去历史的怀旧情绪,是创建一个步行和自行车友好型的宜居环境,兼容历史上不同交通条件下形成的不同的空间布局形态,同时适应城市居民新的需求。通过短距离空间发展空间结构的规划、密度的调整、步行和骑车环境的改善,来降低必要的交通出行距离,促进公共交通的发展,不使用汽车达到门到门的交通出行服务目的,鼓励多样化的交通出行,最终达到提高整体城市的生活环境质量和城市的宜居性,推动经济和社会的和谐发展。

中国大城市,特别是发达的特大城市中心区面临着中心城区人口密度高、布局混乱、土地配置效率低、交通拥挤、环境恶化、公共设施短缺、名胜古迹遭受破坏等诸多问题。如南京老城内集中了几乎全部中心城市的服务职能,据不完全统计,主城 67% 的就业岗位、77% 的三产就业岗位集中在老城;主城在建或已建的高层建筑 80% 集中在老城;老城也是主城内人口最密集的地区,在 50 km² 左右用地内住了 150 万以上的人口,人口密度

---

① 事实上,规划设计单位在实践当中也通常将 70 万~80 万人口作为 C 级空间单元的人口规模。

达到 3 万人 /km²（主城平均为 1.5 万人 /km²）[①]。所以缓解老城的人口增长压力，拓展新的城市发展空间，优化城市结构已成为当前大城市规划中的关键问题，也是当前城市规划亟须解决的问题。在空间结构上就是要构建有吸引力的城市二级、三级中心，对城市中心区形成"反磁力"作用。所以 K8 空间发展模型主要是通过城市交通与空间之间的互馈作用，强化短距离空间结构的完整性，强调 CDU 的功能和作用，以利于发展培育城市的二、三级中心，促进自行车交通的短距离出行，利于居住、就业更加平衡发展[②]。

以往人们批评城市"摊大饼"，于是多中心组团式城市空间结构备受推崇，让郊野大自然穿割城市中来，这确实有利于改善城市的生态环境，但往往使城市被人为地划分成若干小城镇，不但增加了彼此交通联系的距离，更重要的是不能充分利用城市的集聚经济效应，切断了人气，降低了城市的繁华度，不利于第三产业的生存与发达。从简单的几何学原理也知道，同样的面积，圆形的周边长度最短，即最紧凑，也就意味着提高城市的效率。只是当城市规模过大之后，造成城市与大自然的隔离，这时打破"摊大饼"格局才成为必要。在中小城市甚至大城市，短距离出行这种紧凑集中发展的城市空间结构符合城市发展利益最大化要求。在集聚经济效应的作用下，短距离出行空间结构呈现单中心圈层式向心发展态势。围绕市区中心这个增长极为中心点，通过区域资源及资本向这个增长中心聚集，带动城市边缘区的开发建设，而且随着空间规模不断扩张，短距离出行空间结构也在不断增加空间层级性和复杂性。

与传统单中心圈层发展的城市不同的是，K8 空间发展模型的短距离出行空间结构的发展是基于绿色交通系统之上，所以，在城市空间扩张的过程中强调首先通过绿色交通轴线和交通枢纽的点轴极核发展模式拉动城市空间的扩张，然后再通过轴线之间的填充，形成高密紧凑簇状的空间发展单元结构体。这样的发展也符合增长极核理论和波兰玛里斯泽（B. Maliszhe）及扎若芭（Peter Zareba）所提出的点轴发展理论等城市不平衡增长发展理论。

2）长距离出行空间结构

在 C 级空间发展单元之后，随着城市规模的扩张，城市中心城区的发展已达到相对饱和的状态，城市中心由于空间的有限性，必然导致城市运营活动成本的提高，诸如出行距离增大、交通拥堵、交通组织费用陡增、公共设施边际效益递减、城市生态环境恶化、物业租金提高等问题，使集聚活动的成本大于集聚经济效益，城市的总体集聚效应开始下降。由于集聚不经济效应也在扩大，简单的城市空间层级结构难以满足城市规模更大、功能组织更复杂的需要。城市的生产商贸活动开始根据自身新的集聚因子重新选址。也就是说，城市在功能活动上要求城市作出相应的结构性调整，要求分化出更多层级的城市中观空间结构组织，培育二级、三级中心来应对这种需求，抵消由于城市规模扩大所带来的空间结构低绩效的问题。所以在城市规模达到 C 级空间单元规模以上时，城市应该如何调整空间结构？何时调整？这都是一个巨大的挑战。这不但需要把握好恰当的

[①] 汤培源，等. 基于新城市主义理念的新规划与建设的反思 [OL]. http：//c. kaifa01. com/theory02/theory02090918052_all. htm(城市运营网)，2009-09-18

[②] 相对于世界规划典范性城市而言，强化短距离空间结构主要在于强调 C 级城市空间单元的功能和作用。

时机,而且本身的空间结构还要有足够的弹性和可持续性来迎合这种非平衡的发展需求。

当城市的规模超出 C 级空间单元规模时,原城市中心容量饱和,不能满足需要,为抑制原中心的过度拥挤与膨胀,应在其他地方出现其他的次中心;或者原有的中心功能发生分化,使一部分功能在其他区位集中,而保留下来的部分功能也因专门化程度提高而使集中程度加强,形成所谓的多中心城市空间结构形态。对于整个城市的空间层级结构来说,需要增添新的空间层级。

(1) M 级(特大城市)空间层级建构

M 级空间发展单元意为公交都市(Metropolis of Public Transportation),指 C 级空间单元之上的空间等级发展单元。M 级空间单元中心地的服务半径开始超出非机动车所能服务的距离,强调开敞式的空间结构,城市功能组团之间通过城市大运量快速公共交通的作用,形成公共交通发展廊道,联系城市中心和副中心之间城市功能的联系。城市的空间层级将由 B 级的空间基本发展单元、T 级的步行城镇、C 级的自行车城,以及 M级的公交都市组成。

由于 K8 城市空间发展模型由中心地理论演化而来,所以先天具有"多中心"的本质内涵,所以,K8 空间发展模型推导出的 M 级的城市空间结构已经是所谓的多中心组团式开敞空间结构。当然,这种"多中心"是一种含有结构、序列、等级特征的"多中心",与近几年的多中心城市概念不同。K8 空间发展模型的各个单元之间存在一定的自由度,可以根据各个城市的空间发展演化阶段、规模、目标、地形地貌作出相应的变化,通过各组团之间的隔离性开敞空间的调整,形成不同的空间形态。从规模尺度和空间层级的关系角度,在 M 级的空间层级单元内可以分为"城市副中心在主城区内"、"城市副中心在主城区外"、"主城区内外都有城市副中心"三种空间结构形态(图7-16)。

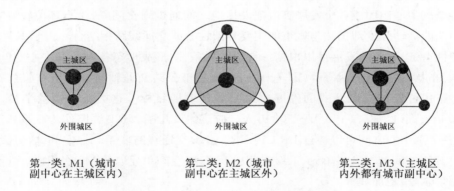

第一类:M1(城市
副中心在主城区内)   第二类:M2(城市
副中心在主城区外)   第三类:M3(主城区
内外都有城市副中心)

图 7-16 M 级空间发展单元结构类型

第一类(M1)是城市的副中心在主城区内。从空间形态上看并没有明显的多中心分散布局的形态,但是城市的功能活动强度却仍然与城市的主要骨架性公共交通线路相结合,呈点轴发展,围绕公共交通枢纽节点和沿着公共交通干线的用地容积率和公共活动强度高,在结构上与其他类型的多中心形态有共同之处。这类格局结构的城市往往是从单中心向多中心发展的初级阶段,由于城市的扩散能力不足,如交通、市政等基础设施建设①,办公贸易功能扩散化的内在要求等都不足以让城市有能力在长距离外建设新的城市中心,所以主要在主城区形成城市副中心。这类城市建议当量半径在 12 km 以内,人口规模在 80 万~250 万人。适合建设 LRT 或 BRT 公共交通系统以作为主导公共交通方式或作为以后建设 MRT 系统的过渡。在空间结构层级上由 B 级空间基本发展单元、T 级空间单元、C 级空间单元以及 M1 级组成(图 7-17)。这个层级规模的典型城市有巴西的库里蒂巴、德国的慕尼黑等。库里蒂巴在 20 世纪 60 年代大胆地接受了以公共交通为干线发展轴的

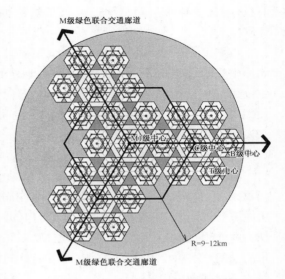

图 7-17 M1 级空间发展单元模型图

空间结构,虽然在二维平面上没有明显的轴向发展形态,各条轴线之间也通过大的绿化生态分割,但是,无论从土地利用还是三维空间都可以清晰地辨认星型的空间结构形态。另外,根据自身的经济发展水平和城市规模尺度,创造性提出了 BRT 公共交通概念,对全世界城市的公共交通建设有着重大的借鉴意义。

第二类(M2)是城市的副中心在中心城市的外围区域。这类城市一般是经济总体水平较高,有能力建设如地铁等重大的公共交通基础设施,在距离城市中心较远的区位上寻找适宜的区位建设副中心(C 级单元),以实现跨越式的扩张。与第一类城市相比,这类副中心更具有反磁力作用,空间形态上多中心分散布局的形态更为明显,城市中心组团与各个副中心组团或各个发展廊道建设用地之间通过绿化间隔,生态环境较好。但是城市的功能活动强度却仍然与城市的主要骨架性公共交通线路相结合。由于 K8 具有高度的弹性特征,城市的发展可以根据各自的发展条件,形成形态各异的多中心空间结构,如带状、指状、星形放射状等等(图 7-18),实现城市公共交通轴向扩展②。当然,在一定的条件下也可以通过跳跃式的发展方式来达到发展目标。这类城市当量半径一般在 15~20 km,人口规模在 150 万~500 万人。应该建设几条 MRT 线路作为联系各个主要中心,各个副中心之间可以通过 LRT 或 BRT 公共交通线路联系。在空间结构层级上也同样由 B 级空间基本发展单元、T 级空间单元、C 级空间单元以及 M2 级组成。典型城市有斯德哥尔摩、新加坡等。

---

① 如在交通基础设施上没有财力建设 MRT 公共交通系统,直接约束了城市的进一步空间的发展。

② 轴向扩展是指城市沿一定方向扩展形成比较窄的城市地区,轴向扩展依附于城市本体,向周围地区放射扩展,城市的带状增长、指状增长、放射状增长均可视为轴向扩展的一种变异,伸展轴形成的基本条件依附于城市对外交通线路,各时期交通运输方式的不同,形成伸展轴的类型也有一差别,在 K8 系统中强调空间的扩展依附于公共交通轴线。

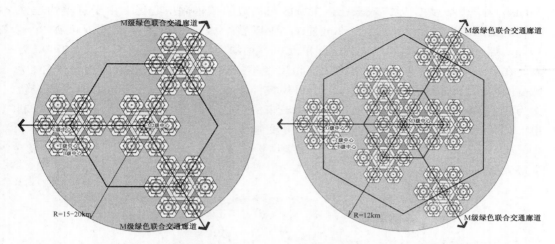

图 7-18　M2 级空间发展单元模型图　　　图 7-19　M3 级空间发展单元模型图

第三类(M3)是主中心城区和外围城市区域都有城市副中心。这类城市一般由第一类或者第二类进一步演化而来。城市的主城区内的主中心和副中心会在功能上有所分工,功能出现纯化,如分为综合性城市中心、商务中心、商业中心或高科技生产研发贸易中心等类型,这种中心在功能上互补协作,形成一个集聚扩散能量较大的网络型中心集合体,辐射外围的城市副中心以及周边的城市,不但是城市的中心,而且往往还是都市区域层面的中心。这类城市应该具有发达的公共交通网络系统,MRT 公共交通系统应该成为城市的主导公共交通系统,连接城市高等级中心以及中观层面的中心,有条件的城市应该建设城郊火车轨道交通系统,进行有效联系周边的城市。当量半径建议在 20 km 以内,人口规模在 300 万～800 万人。在空间结构层级上也同样由 B 级空间基本发展单元、T 级空间单元、C 级空间单元以及 M3 级组成,典型城市有柏林等(图 7-19)。

（2）S 级(巨型)城市空间层级建构

随着城市的进一步扩大发展,城市空间规模也必然向巨型化趋势发展,城市的人口规模往往在千万以上,城市当量半径超出地铁等城市快速公共交通比较适合的出行时间预算范围,像上海工作通勤时间 2～3 h 已成为常态,有些甚至高达 3～4 h,所以有必要通过新的交通方式和空间结构进行调整和重构,以达到正常的交通出行时间预算。

在 K8 发展概念中,随着城市规模的增加,空间的层级也应该随之增加,以形成一个开放的可持续的城市空间发展结构。所以当城市的规模尺度超出 M 级空间单元所能容纳的能力时,应在该级的城市空间单元之上增添新的空间层级单元 SDU,意为超级巨型城市(Super Megacity)[①]。

根据交通出行预算恒定理论,S 级空间发展单元的地理空间范围应该在 1 h 的出行时间预算以内,以大运量快速轨道交通系统,如法国巴黎的 RER(Regional Express Railway),德国、瑞士的 S-Barn(Stadt Barn),美国的区域 RRRT(Regional Rapid Rail

---

① 新加坡刘太格先生在 2002 年出版的《塑造城市的环境纲要》一书中对超级巨型城市的空间结构也曾经提出"星座式城市结构"概念,即在大都市圈的老城以外,增加几个 250 万～300 万人口的星座式城市组团层级,形成超级城市——星座式城市群的城市结构。

Transit)等各种公共交通方式来连接主城区与周边的城市副中心区。由于这类快速铁路轨道交通的时速一般可达 80 km 左右,所以整个城市的当量半径范围可在 30～40 km,那么这么一个空间尺度的空间单元可容纳的人口规模可达到 800 万～3 000 万人。在 S 级空间发展单元中,主城区空间尺度不应该超出 15～20 km 的当量半径,主城范围内的出行时间在 35～45 min,人口规模控制在 400 万～600 万人,以地铁或轻轨作为其主导的公共交通方式;周边的组团城市的当量半径适宜在 9～12 km,以便于利用 LRT 以及 BRT 的作为周边组团的主导交通方式,人口规模可以控制在 200 万～400 万人。这样,一个超级巨型城市的层级结构将由 S 级、M 级、C 级、T 级以及 B 级 5 个层级所组成(图 7-20)。

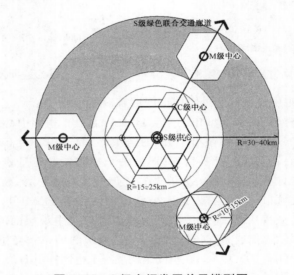

图 7-20 S 级空间发展单元模型图

由于城市空间具有分形结构特征,所以在 B 级空间基本单元之下还可以有社区组团以及组团层级之下的庭院等空间等级。但是由于在 BDU 之下的等级相对来说对城市的整体的空间结构所产生的影响比较微弱,所以本书的研究只从 B 级空间层级开始。在 S 级之上还有更大的空间单元,如都市圈或是大都市连绵区,但对于单个城市范畴来讲,S级空间发展单元已经能够容纳现有的单个城市人口规模。所以就单个城市来讲,空间层级总体上可以由 S 级、M 级、C 级、T 级以及 B 级 5 个层级组成。

(3) 城市空间层级结构重构

K8 空间拓扑图式综合描述了各个空间层级序列和网络结构。但在等级过多,网络结构庞大时,拓扑图式表现得过于复杂。巴蒂(Batty)的空间循环细分理论认为空间网络与等级体系是"一枚硬币的两个方面"[1],所以依据 RMI 原则,即关系(R)—映射(M)—反演(I)原则[2],可以对 K8 空间发展模型进行图式转化,即将 K8 的空间网络转换为等级体

---

① Batty M, Longley P A. Fractal Cities[M]. London: Academic Press, 1994

② 陈彦光,王义民,靳军. 城市空间网络:标度、对称、复杂与优化——城市体系空间网络分形结构研究的理论总结报告[J].信阳师范学院学报(自然科学版),2004,17(3):311-321

系。以便更容易理解城市的空间等级关系,并建立起综合性的架构(表7-1)。

表 7-1　城市空间层级规模尺度重构

空间层级类型		适合人口规模 (万人)	服务半径 (km)	城市空间等级体系结构
短距离出行空间发展结构	B级	1.5～3	0.4～0.6	
	T级	15～25	1.5～2.5	
	C级	40～100	5～6.5	
长距离出行城市空间发展结构	M级 M1	80～250	9～13	
	M2	150～500	12～20	
	M3	250～800	15～25	
	S级	900以上	30～40	

城市空间结构系统是各个层级空间的有机结合,而城市空间结构的演变就是由若干子系统组成的城市空间结构系统在外部各种作用力驱动下,按照由初级向高级、由简单向复杂,通过反复的"无序—有序"、无穷适应调整的发展、演变、组合、分化、重构的过程,一直到形成现代城市这种空前纷繁复杂的城市空间层级结构。或许随着城市的发展,还将有更大规模、更复杂纷繁、更高级形态的空间层级结构系统。

7.3　K8空间发展模型的特征

相对于单中心紧凑发展以及多中心分散发展概念,K8发展概念是针对中国城市空间发展所产生的种种问题,在低碳发展理念和中心地等理论基础上,借鉴世界上规划典范性城市经验,通过多尺度层面来观测城市空间结构的动态演化过程,进而构建K8空间发展模型。这一发展概念强调城市空间结构作为一个系统的整体性、层级性和结构性,形成以绿色交通为导向发展的嵌套式、多中心、集中簇状的空间发展结构,力图能够解决当前中国城市在高速城市化发展过程中城市空间无序化蔓延状况,继而引导中国城市在城市空间的扩张过程中更具可持续性。总的来说,K8空间发展模型体现了以下几个发展特征:系统发展特征、不平衡发展特征、适度发展特征、有边界发展特征、弹性发展特征、城市空间与交通高度一体化发展特征、集中簇状发展特征等等。

1) 整体性、层级性系统特征

城市空间组织结构的系统性、层级性、协同性等内在特性,要求由不同层级规模尺度空间结构才能组成完整的、开放的系统结构。在这个结构中,任何一个空间层级的中心过多、过少或缺失都是一种不协调、不稳定的结构。虽然这种结构也会在城市的自组织力和他力的作用下逐渐达到自身的平衡,但是这种平衡经常是不理想的或是绩效低下的城市空间结构。具体到中国城市空间结构问题,其根本原因在于中国城市空间等级系统结构的不合理性造成了城市中心极化严重,商业商务或公共设施大部分集中在城市中心,如大型商场过分集中在城市中心似乎成为当代中国许多城市的通病①。反观近年来所推崇的多中心发展理念,由于该发展理念过分强调了城市高层级中心的作用而忽视了城市空间的内在结构整体性,即多层级和整体性的理解和把握,导致了作为治疗空间结构病作用的失效,使城市特别是大城市及特大城市近域圈层式蔓延这一顽症长期无法消解。

针对中国城市发展问题,K8空间发展模型紧扣城市作为复杂系统所具有的整体性和层级性等基本特性,不但对空间结构和城市交通系统等级结构进行系统把握,还对城市交通和城市空间两个系统之间进行协调和整合,体现系统的整体性特征。K8空间发展模型更突出的特性是具有系统层级特征,在城市绿色低碳联合交通的创新性城市交通发展战略基础上,根据理论推导以及实证研究,得出了BDU、TDU、CDU、MDU、SDU等5个空间层级的规模尺度,从而建立起层级分明的城市空间层级系统结构,有效避免了由于只关注单一空间层面所带来的解决问题的片面性缺点,综合体现了K8空间发展模型的整体性和层级性特点,保证城市空间系统有机统一。

2) 不平衡发展特征

不平衡发展作为城市空间发展的前沿理论能够体现城市空间发展要求经济利益最大化的要求。从K8空间发展模型的演化路径看,城市空间演化伊始就表现出不平衡的发展趋势。在短距离出行空间结构发展阶段,城市扩展通常表现为沿绿色联合交通定向推进的特征,在绿色联合发展廊道沿线一定范围内利用交通区位上的优势,引导城市空间的扩展方向。城市空间发展呈现以绿色联合交通为导向的点轴不平衡发展模式。而后,在集聚经济效应的作用下,城市的发展开始在发展轴线的未开发用地上进行填充。形成周期性发展特征:低层级中心地形成—沿轴纵向发展—稳定—轴线间填充发展—再次沿轴纵向扩展—更为复杂的形态发展。强大的聚集经济效应促使城市不断更新、保持其活力,促使规模经济效应快速增长,保证经济活动能以最小的投入获得最大的回报。在C级空间发展单元之后,K8的空间扩张仍然是以绿色联合交通线为导向发展,经常沿公共交通线定向推进,并在公共交通廊道上寻求适当区位形成城市副中心。并且,在集聚不经济效应的作用下,通过规划干预,空间的扩展不再以横向填充式发展,而是保持多中心、开敞式的城市空间结构。并根据自身的发展条件,形成与自身城市相符的城市空间结构形态。所以从K8的空间演化路径看,一直遵循空间点轴不平衡发展

---

① 据统计,北京市现今人均拥有百货商店面积量已达到西方发达国家的5倍,而且还在增建。大型商场盲目投资和过分集中的结果使得业主得不到效益,国家浪费资金,城市环境和交通也大受其害。导致城市在整体宏观结构上呈"近域圈层式"蔓延扩张。

规律,这种不平衡发展规律相对于均衡圈层式空间发展更加符合城市空间发展的利益最大化要求。

3) 适度混合发展特征

城市是一个动态演化的复杂矛盾体,城市空间发展的过程总是在有序与无序之间寻求平衡的一种复杂运动过程,因此城市规划不可能找到完美无缺的解决方案。为了解决城市空间结构的紊乱和功能混杂的问题,人们创造了功能分区的办法①。《雅典宪章》将有机的城市功能活动分为生活、工作、休息和交通四项基本功能。但是实践证明这种过分追求功能分区牺牲了城市的有机性,忽略了人与人之间多方面的联系……"②。从 19世纪 60 年代起,简·雅各布斯(Jane Jacobs)提出城市结构复杂性的重要性,她认为一个好的生机蓬勃的城市在形态上的四个要点之一是用途要混合③。在 90 年代之后,随着紧凑城市和精明增长发展理念的提出,混合功能作为一种最重要的发展策略被广为应用和借鉴。但是在实际应用当中很多时候却表现出毫无规律可言的功能混杂,过分强调建筑综合体或街区微观层面的混合功能,这种在微观层面上的功能混合特点在宏观上可能是一种无序的混杂。如中国当前主城区中计划经济时代的单位制度的就业居住小而全的发展模式在经济市场体制下却表现的是一种混杂,造成了种种问题。城市演化似乎是"挣扎于有序与无序之间的一种矛盾运动"④,无论是提倡或放弃功能分区似乎都无法避免新的问题,这显然是城市发展过程中所产生的发展理论上的悖论。城市规划却又必须试图消弭各种矛盾,这种企图本身又引发了一些新的矛盾。

必须指出,城市的功能混合是一个相对概念,在小范围内表现出来的单一功能在更大的范围内可能表现为功能混合,所以功能混合的讨论存在着尺度的依赖特征,也就是功能混合总是一定规模尺度内的功能复合化利用;同时,功能混合也是一定功能的混合,也就是将哪些功能作为混合的对象。所以功能的混合发展应该体现一种理性的适度混合,这种适度混合概念是在不同尺度范围内应有不同的混合程度和混合特征,混合的种类和程度存在其内在的关联性和逻辑性,表现为一定时空尺度内各种互补功能的复合利用。K8 城市发展概念体现了这种适度混合概念,通过对规划典范性城市的实地研究,对不同的空间层级的空间功能混合有不同的理解。K8 发展概念根据适度发展原则,依据空间层级规模等级、公共交通可达性的高低以及就业群体的分布范围,形成一种根据空间层级尺度来适度混合平衡发展。

对于那种提倡小空间尺度范围内的平衡发展,以达到就近就业目的良好愿望的设想,违背了大都市需要一个大且整合的劳动力市场以保持其经济竞争力的规律。违背了产业的集群效应等最基本的发展规律,所以微观层面的居住与就业的平衡发展只能是乌

① 陈彦光. 分形城市与城市规划[J]. 城市规划,2005,23(2):33-36
② 同济大学主编. 城市规划原理(第二版)[M].北京:中国建筑工业出版社,1996:16
③ 她认为城市生活有很多需求,是要交叉混杂在同一地区才能具有优化效应,才能每天大部分时间有人气。以功能来分区的结果是扼杀城市活力、制造生活不便,出现各市中心晚间死城甚至犯罪黑点,并因分区而制造了无法解决的交通拥挤问题。
④ White R, Engelen G. Cellular automata and fractal urban form: a cellular modeling approach to the evolution of urban land-use patterns [J]. Environment and Planning A, 1993,25:1175-1199
White R, Engelen G, Uljee I. The use of constrained cellular automata for high-resolution modeling of urban-land dynamics [J]. Environment and Planning B:Planning and Design, 1997, 24: 323-343

托邦式的空想。而在城市中观层级的 T 级空间单元建议应该开始考虑就业和居住的平衡发展问题;而在 C 级空间单元应该强调居住与就业的平衡发展。对于一般性功能的混合(除就业与居住之间的混合发展以外),K8 空间发展模型根据区位和空间层级规模尺度,进行不同层面、不同功能对象的适度混合发展,是在遵循城市集聚效应机制的基础上,依据临近性原则,使互补功能集中布置,产生集聚正效应,达到减低对个人机动车交通的依赖,减少出行距离。

4) 有边界发展特征

美国"城市生长边界(UGB)"①是一种严格控制蔓延并引导城市空间合理增长的规划途径,是城市发展过程中的一种预期增长边界,边界之内是为满足城市未来增长需求而预留的土地,边界之外是生态开敞空间,禁止在边界之外进行城市开发和建设小的新城镇。在 K8 空间发展模型当中,强调在各个层级中的单元之间都要有明显的发展边界。在单元与单元之间以开敞空间或各种边界区(缓冲协调区)相隔离,使各层级的空间发展单元有了明显的发展边界(图 7-21)。从生态学

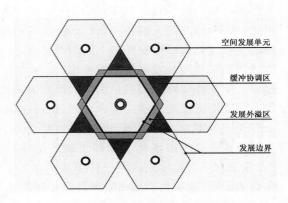

图 7-21 C 级空间发展单元模型图

角度看,这实际上是承认城市发展以及城市人类赖以生存的生态系统所能承受的人类活动强度是有极限的,同时城市的发展存在着生态极限。从心理学的角度看,一个明确的边界对于人们的心理界定也起到了积极的作用,更易形成一种认同感和归属感,有利于塑造各自单元归属感和标志性,这种空间单元的个性对整体城市来说意味着多样性的产生,从而有利于增进城市的活力。从安全角度,K8 这种有边界的空间形态也有利于城市的安全性,例如流行病爆发时的隔离,为生物的多样性和洪水等安全提供足够的开敞空间。另外,对各个层级单元进行有边界的增长使各个层级单元的发展能够在一定的规模尺度以内,保证了空间层级结构的稳定性。这种边界特别是在城市规模超过短距离出行空间结构所能容纳规模尺度之后而转向分散式发展时将起到更大的作用。所以通过强调各层级发展单元的有边界发展,不但能防止城市无计划蔓延,提高各层级发展单元的可识别性和归属感,能够很好地缓解人们出行对交通工具的依赖程度,缓解城市交通的压力,同时能够增强城市的安全性,以及空间结构的稳定性。

5) 弹性发展特征

K8 空间发展模型中,各个单元之间可以通过绿化开敞空间的缓冲协调区进行间隔,

---

① UGB 的划定需要多方参与,最终由当地政府确定,并通过州土地保护和发展委员会的审查。划定的方法是首先确定城市发展需要的面积,这取决于对城市预期增长的规模预测。市政府官员通过人口预期或利用某些州、地区机构已经作出的预期来估计城市增长规模。由于 UGB 通常会划定一个环绕城市的城市增长地区,地区内的土地并不位于该市共有边界之内,而是属于与该城相邻的城镇管辖范围。因此需要在城市与城镇之间签定"城市增长管理协议"。UGB 可以进行调整,但必须经过政府审查批准。

为整个结构带来空间生长上的弹性。由于城市作为一个复杂巨系统,必然存在宏观上的对称和微观上的对称残缺空间发展规律。每个城市或者空间发展单元的发展必然有其共同的规律,也就是存在宏观上的对称规律,但是也会存在自身的特定因素。反应在空间各层级具体的规模尺度上,必然存在微观上的差异,也就是对称性破损。所以每个城市中的空间发展单元虽然会有一个大致的规模尺度,但是具体到每个单元,由于地形地貌、人口密度、行政制度等因素的不同,必然存在规模尺度上的差异性。另外,由于城市发展所具有的复杂性和不可预测性也需要城市空间结构具有一定的弹性才能够适应未来发展中所出现的变数①。所以,K8 的层级单元周边所预留的协调性空间使各个单元之间存在一定的自由度,可以根据各个城市空间单元的规模、发展目标、地形地貌等因素作出相应的变化和调整。如在发展过程当中由于发展的不可预测性或是不可抗拒力需要改变用地功能或需要更多的土地空间,那么在 K8 空间发展模型中可以通过协调区内的预留"白地"或通过一定的法定程序来适当更改缓冲协调区内的用地性质以满足城市的发展需要。这样 K8 空间发展模型可以在不改变空间结构的情况下,提供由于城市发展中的不确定性和差异性所需空间,形成一种具有高度弹性的城市空间发展结构。

6) 城市交通与空间一体化发展特征

K8 空间发展模型中的城市交通与城市空间一体化发展主要体现在城市绿色联合交通与城市空间的高度耦合发展方面。这种耦合具体体现在两个方面:第一,公共交通枢纽站点与城市空间中心系统结构在区位上的高度耦合。城市空间中心等级系统与公共交通枢纽节点等级系统的耦合程度决定了城市空间发展和城市交通一体化发展的程度。K8 空间发展模型遵循交通枢纽与城市公共活动中心这两个系统节点的一体化发展,这不但能够促进城市公共活动中心的发展,而且也为交通枢纽及公共交通系统提供了充足的客流,使公共交通发展有了基础保障。因此,K8 这种绿色交通与城市空间公共中心系统高度的耦合是保证城市空间和公共交通一体化程度的最重要因素。第二,K8 空间发展模型的耦合也体现在绿色联合交通廊道与空间系统的相对应层级之间的耦合上。在 K8 中各层级的绿色交通廊道与相对应等级的城市空间中心节点和发展轴线之间相耦合。高等级的城市公共交通枢纽站点对应高等级的城市空间中心节点和发展轴线,低等级的城市公共交通廊道对应低等级的城市空间发展廊道或发展轴线,形成了两个系统在层级上的耦合。

所以,K8 发展模型建立了以层级化公交系统来支撑城市发展,各层级的公共交通枢纽与相对应层级中心地的高度耦合的客运系统组织,每一级地理单元都以相应层级的公共交通站点为集聚中心,相同等级的若干个地理单元围绕一个中心聚合成上一级地理单元,并且被更高等级的公共交通系统所支撑。同时,各层级的绿色联合交通走廊与相对应等级的城市发展轴线之间相耦合。使城市绿色交通网络和城市的公共中心网络体系之间得以充分整合,各层级公共交通枢纽成为空间系统结构性节点,将不同等级的公共

---

① 如深圳市在高速城市化过程当中,利用生态绿化走廊将各城市功能组团相分隔,形成极具弹性的开敞组团式的城市空间结构,满足了城市发展当中的不可预测性特征。

服务设施布置在这一节点周边地区以保证邻近性和可达性的统一,并通过精心的城市空间设计,将节点或公共交通发展廊道转化为功能复合的中心或者是内涵丰富的具备归属感的人性场所,从而缓解当前的交通矛盾。

7)集中簇状发展特征

中国面临的最严峻问题是人地矛盾,土地空间资源的硬约束迫使中国城市只能采用高密的发展模式。虽然说在严格的土地利用控制政策下,从整体城市空间土地利用强度来说仍然保持着 100 人 /hm² 这种较高强度的土地利用状态①。这种传统的密集型城市模式从区域层面上看,由于城市内的出行距离以及城市对周围区域性的生态空间侵入都很有限,被认为是较具可持续的城市形态。但是,在中国大部分城市的主城区所采用的缝插针式的均衡密集的发展模式,由于不能保证良好采光和通风,市区交通压力增大,交通堵塞、拥挤不堪,空气污染严重,公共空间和开放空间缺乏,噪音及光污染产生,增加城市热岛效应,城市管理难度大,防灾、治安隐患多②,热岛效应恶化,空气污染严重,生态多样性遭受破坏,同时使人们接近自然和绿色环境的途径减少等问题,使得可持续发展难以实现。

K8 空间发展模型的可持续发展主要以集中簇状空间结构发展来应对当前中国均衡密集型的发展模式。从经济学角度,K8 的空间形态结构符合后工业化时代城市空间大分散小集中发展趋势(集中地分散)。集中簇状发展遵循了城市集聚经济效应以及产业集群效应机制。集中发展表示了性质相同的城市功能活动在产业集群效应机制的作用下在空间分布上更为集中的发展规律;簇状分散满足了集聚不经济效应以及信息技术的发展所带来的新的集聚因子导致的产业总体布局上的分散。集中簇状的发展也意味着紧凑集约的土地空间被有效利用。

从交通与空间一体化发展的角度,簇群形态是由于公共交通各级的枢纽站点与空间各层级的中心地所形成的组团簇状的功能节点或区域,各层级空间单元以这些空间功能节点为中心,形成相对独立的城市空间发展单元,而这些层级空间发展单元又通过步行、自行车或公共汽车所形成的绿色交通层级网络相衔接,形成集中簇状的可持续空间形态结构。另外,采用高密集中的开发模式能够为公共交通提供足够的客流量;同时,由于集中能够在更小的空间范围内容纳更多的城市功能,这种空间上的临近性鼓励了骑车和步行,人们能够在一次性的出行中处理多件事务目的。而有机簇状分散的空间形态能够提供更多的公共空间和开敞空间,能够最大程度地将城市各个层级单元的边缘区与生态绿化、自然景观结合起来③。增加人们接近自然和生态、休憩和娱乐地区的可能性,同时还

---

① 仇保兴认为"我国已经成功建立了与城镇化基本相适应的规划调控体系,坚持了紧凑式的城市发展的模式"(仇保兴,2006)。因此对紧凑城市理论的理解和运用不能局限于西方学术界限定的所谓"在城市里发展的认识",而宜将紧凑城市作为一种城市增长的理念、一种科学发展观的目标。探索适合我国城市特征的可持续增长的形态更多着眼于建立宜居城市,节约用地集约发展(耿宏兵,2008)。

② 由于建筑密集可用于避震和自救的空间少,无法满足生命线工程的需要,一旦发生灾害,存在潜在的次生灾害可能,如 2003 年"非典"。深圳由于采用开敞组团式结构,各组团之间由于通过生态隔离带相隔离,几乎不受到影响,而广州均衡密集型的空间发展模式却受到极大的影响。

③ 由于楔形绿地在生态作用方面优于环形化带,也更便于管理。所以,在 K8 中强调各层级的楔形绿地,并尽可能扩大与自然的接触面。

可以减少对小汽车交通的依赖,减少交通拥堵等城市交通问题①,节约能源减少污染和温室气体排放;有利于居民拥有短距离出行的工作,便利的服务设施;有利于土地混合使用,促进城市多样化发展②。总体上集中簇状城市空间发展形态,目的是在中国城市高密发展的基础上来促进城市经济、社会和文化的活动和控制城市的尺度形态、结构,从而获取社会环境和全球可持续发展利益。

---

① 大城市的交通问题,主要是城市功能布局的不均衡,如城市公共设施,就业岗位太过于集中在市中心等,而集中簇状的空间发展结构意味着城市交通流量的分化,对各方面交通流都采取了对策,如让居住就业相对平衡,其具体措施如把无害工业与居住区混合布置,或在工业区内设置工业小区,或使工业区与居住区相毗邻,就地解决工作和居住之间的矛盾。层级空间单元结构都有相应的公共服务设施,合理分布商业服务网,扩大居住区与小区的商业供应点,以便尽可能就地供应,减少不必要的跨区流动;合理分布中、小学教育网、医疗机构和文艺演出场所,扩大居住区与居住小区的文化服务点,以做到一般文化教育活动都能就地解决,减少不必要的交通流量。所以集中簇状的城市空间结构,可以简化城市规划结构,适应现代大城市功能日趋复杂的发展需要,对特大城市具有重要的意义。

② 勒·柯布西耶认为:"集中能够腾出大片旷地拥有良好的采光和通风有更多的绿地供人们休憩。"在 K8 发展概念中,不但提倡集中发展,更重要的是如何在集中高密发展的基础上,提出簇状发展概念,将集中密集发展的弊病降到最低。

8 发展策略建议与实施

在借鉴学习欧洲城市的一些发展经验和教训的基础上,本书系统地总结归纳较为切实可行的实施策略来实现 K8 空间发展模型,引导城市有机疏散,控制无序蔓延;改善交通系统,实现多元化的交通方式,提高城市可达性,最终实现具有中国特色的城市空间与绿色交通一体化发展模式。

8.1 构建绿色联合交通导向发展的空间结构

构建绿色交通导向发展的空间结构(Green Transportation Oriented Development),最重要的就是要构建清晰的城市空间层级结构。城市空间的层级结构是决定空间发展模式的根本性因素。中国目前的城市空间等级结构的主要问题之一就是高等级中心极化严重,中观层面的片区中心缺失和微观层面的社区中心弱化。所以针对中国城市空间结构和城市交通所产生的问题,界定城市各空间层级,清晰空间层级结构,以改善城市空间形态无序蔓延发展态势。在空间层级划分上可以依循本书所研究的各个层级系统的规模尺度进行划分,形成有着清晰序列等级的城市空间发展结构。如根据不同的城市规模,可以按照本书所研究的各层级空间单元之间的层级规模尺度关系,形成不同的空间层级系统结构①。鉴于空间层级结构在上文中已有大量的探讨,故再此不再赘述。

除了构建清晰的城市空间层级结构之外,要构建 K8 空间发展模型还有以下几个重要策略:第一,树立绿色联合交通的发展战略;第二,建立多层级的绿色活动走廊,优化两侧土地利用;第三,促进公共交通站点枢纽与城市各层级单元中心的高度耦合发展,提高城市公共交通站点周边的利用强度(包括功能和密度);第四,保证缓冲协调区的落实,引导空间结构有边界弹性的发展等策略。

8.1.1 树立绿色联合交通的发展战略

如何构建以绿色交通为导向发展的可持续空间发展模式? 首先就要深化绿色交通理念,从现实的国情出发,转变当前以小汽车发展为导向的发展思路,只有树立起绿色联合交通发展战略,才能构建起新的绿色交通与空间高度一体化城市发展模式。

生态学研究表明:"物种在生态系统中竞争,寻求与自己相适应的生态位,通过分化达到共生,从而避免了资源浪费而形成有序结构。"我们可以把城市交通系统看作一个由

---

① 如小于 50 万人口规模的城市,一般情况下可以形成 BDU—TDU—CDU 三个层次的梯度序列空间结构。对于特大城市在宏观结构上结合绿色交通枢纽站点,开发建设紧凑平衡组团,培养富有活力的二级、三级功能活动中心,形成 BDU—TDU—CDU—MDU 四个层级空间单元结构。

不同交通方式的子系统之间的相互竞争、相互协同,通过交换与合作以寻求效用最大化而形成的具有一定时空尺度的复杂系统。正是由于这样一种连续不断的运动,就使得城市交通系统出现一种协同性,从而趋向于某种更优化的状态。所以一种单一的交通方式不能孤立地被研究,我们应该以复杂巨系统的整体性来看待公共交通与非机动交通之间的发展问题。而不能只是"头痛医头,脚痛医脚",单单从交通技术的角度来解决交通发展问题①(Matthias Daum,2008)。从对当前城市交通发展的约束条件、各种交通方式的环境社会经济外部性和交通效率和能源的消耗情况分析比较,个人机动车交通无论从社会经济环境外部性,还是中国的资源约束条件的客观条件,在中国目前整体经济水平条件下,社会经济环境边际效益低,因此并非理想的资源利用模式。即使在中国经济水平大幅度提高后,能源和土地相对稀缺的基本国情也不会改变,资源条件决定了我们不可能像发达国家(特别是北美国家)的市民一样生活。所以在中国现实国情下,不能采用以个人机动车交通作为城市的主导交通出行方式。

非机动车交通与公共交通的关系是相互依存、相互促进、错位共生的关系。两者之间也是一种相互矛盾统一的博弈关系,在当前公共交通与非机动交通发展水平低下的背景下②,两者目前的博弈体现出的更多是一种和博弈。因为对于长距离的出行而言,公共交通和非机动方式的本身优势相对于小汽车来说都相对较差。非机动交通的出行意愿与出行距离成反比,往往只有将非机动交通方式与公共交通出行方式结合起来才最有可能替代小汽车的出行。如果城市的大多数市民愿意通过非机动车到达常规公交车站点、轻轨或地铁站点换乘,这样非机动车出行就很自然地成了整个出行的一部分。所以,优质的公共交通服务,良好的公共交通站点可达性、人行环境和换乘设施的改善将大大提升这种联合出行方式的质量。公共交通与非机动交通两者之间的协同合作是避免资源浪费,使城市交通形成有序结构的重要因素。只有两者之间的协同合作才能使资源的效用得到最大化发展,降低对小汽车的依赖。

所以绿色交通应该是公共交通和非机动交通联合在一起的"绿色低碳联合交通",公共交通或非机动交通都是发展绿色交通不可或缺的一环。要将提倡绿色联合交通作为城市的交通发展战略思维,这也是构建 K8 空间发展模型的重要部分。

8.1.2 通过绿色活动廊道引导土地开发

城市绿色活动廊道是指能够承载各种城市功能活动,以绿色联合交通为主要交通方式的城市各级空间单元的发展轴线。这种发展模式突破了单个节点的开发形式,在充分挖掘每个节点开发潜能的基础上,将它们有机衔接在一起,形成整合优势,在较大的范围内发挥规模效应,改变城市的用地形态和出行特征。在活动廊道内通过各种有效的发展策略,限制小汽车交通,鼓励公共交通和非机动交通,使空间尺度回归到人的尺度,形成一种"可滞留、可触摸"的街道空间。绿色活动廊道的发展必然具有分形理论中的自相似性和层级性特征。不但在总体城市空间结构形态层面具有廊道发展特征,而且在不同的

---

① 为瑞士苏黎世新闻日报(Neue Zuercher Zeitung)记者马蒂亚斯(Matthias Daum)在对杭州、上海等城市调查之后得出的结论之一。

② 不争的事实是:"挤公交"仍然是当前市民对乘坐公共交通最贴切描绘,高峰时段超载率常达 150%~200%,在目前阶段,不存在自行车交通的发展会对公共交通乘客率造成威胁。

空间单元层面也有相对应层级的城市活动廊道①。

在绿色交通活动廊道布局上,首先应该考察城市各层级空间发展单元的土地利用和人口分布情况,以确定相对应的绿色交通方式、活动走向以及枢纽节点的布局。并根据城市发展战略以及城市的功能定位进行优化与调整,形成多层级绿色交通活动廊道系统结构。以特大城市为例,在宏观层面②绿色活动廊道为主城中心与外围功能组团中心的快速公共交通发展廊道。主要目的是把城市中心与外围各组团、次级中心之间建立起方便的联系,改善城市郊区与中心区之间的交通条件,使得出行时耗并不随着出行距离的增加而增加,通过地价和环境的吸引,形成各级中心协调发展的多中心嵌套网络结构。在绿色活动廊道的交通枢纽节点上布局紧凑的城市组团、各级中心,形成城市发展廊道。并通过合理的功能布局,一段距离内($10\sim20$ km)的绿色活动廊道上形成居住与就业的平衡,方便了城市功能组团之间的联系,使居民享有城市所特有的就业、居住、教育等多样化选择的便利。在中观层面,绿色交通活动廊道为主城区内部或是功能组团内部的公共交通与非机动车交通联合出行的绿色交通活动廊道(C 级或 T 级空间单元内的发展廊道),该层级的活动廊道要适当考虑居住与就业的平衡问题,并强调公共交通与非机动交通的联合出行,廊道上鼓励非机动车的出行,注重城市设计以及塑造良好的生活环境,功能上鼓励混合发展,减少出行的次数和距离,节省出行时间预算。在微观层面,绿色交通活动廊道为 B 级空间单元内部的交通发展廊道,强调社区商业以及公共配套设施结合公共交通发展。在社区中心,在保证步行交通、自行车交通和公共交通优先的前提下,通过对个人机动车交通的速度、流量限制之后,可有条件让个人机动车进入到"街道"上。

在绿色交通廊道的开发方面,应该结合自然环境要素的保护要求,控制绿色活动廊道上的开发类型和强度,实行"紧凑开发"原则,形成相对于其他区域更高强度的开发;同时,限制一般地区的高密度开发,以优化城市密度分区,容纳城市人口增长;避免主要交通生成点在廊道以外随意性分布,更有效地使用已开发的土地和其他资源。两侧高密度开发将交通产生源布置在活动廊道内并邻近居住人口,有益于交通的可持续发展。另外,廊道两侧土地要实行混合开发,由于商业和就业活动邻近居住区,活动廊道也为向绿色交通方式的转变提供了机会,如步行和自行车。在宏观层面上,可以实现双向平衡的对流交通,使交通廊道在平时也能保持一定的客流量,提高快速公共交通系统的利用率。

8.1.3 促进城市空间系统与公共交通系统高度耦合发展

要实现城市空间与绿色交通高度一体化发展,需将城市的公共中心网络系统与绿色

---

① 相对于我国当前的"轨道交通"热的研究,往往只注重于城市高层级的交通发展廊道的研究,没有对交通线路由于交通方式或是交通线路所在的区位、运量等各种原因引起的交通廊道层级的分化有整体的研究和认识上的转变,只能起到事倍功半之效。例如苏黎世市无论从城市人口还是空间面积都只能是一个中等规模的城市,但是仍然具有公共交通廊道发展的特性,而且这种绿色活动廊道发展表现出很强的层级性和多元化特征,总体上有区域级、城市级和社区级三级层级结构。

② 在宏观层面主要指 M 级的空间单元层面,如是整个区域性的发展廊道,强调在廊道上交通出行预算时间为 1 小时左右,能够达到工作与居住的平衡发展,增强城市与周边区域的交流,提升自身的竞争力。如果是就特大城市的市区范围而言,出行的时间预算为 45 min 左右,在廊道上也要强调工作与居住的平衡发展,建立起中心组团与外围功能组团之间的联系。

交通枢纽系统处于高度耦合状态[①]。K8 空间发展模型的各级公共交通枢纽与相对应等级的城市中心应该有机结合设置,使公共交通网络成为城市公共中心网络体系发展的有力支撑,有利于整个空间结构系统的最大效益化。每个空间节点都要作为交通高可达性的综合性平台,公共交通枢纽节点与城市各层级空间单元中心的耦合使不同等级的公共服务设施布置在相对应的公共交通枢纽地区,保证设施邻近性和可达性的统一,再通过精心的城市空间设计,这些耦合节点将转化为多功能复合中心或者是具有社会学意义上内涵丰富的具有归属感的人性场所。

在城市建设上,各层级单元中心的选址应该充分考虑公共交通的可达性,在 K8 空间发展模型中,公共交通的线路和站点在空间功能布局中应该起到骨架作用,各层级空间单元中心的位址应是公共交通可达性最高的公交线路交汇处或重要站点。如在微观层级,社区中心的公共设施应该围绕公交站点和线路分布特征,这样人们在生活、购物时就能较为方便地到达。公共交通能为社区中心的商业或社区集会等功能活动提供运送大量客流量的能力,又可以化解车对商业活动空间的干扰和侵占在城市宏观中观空间单元层面,应该如同微观层面一样,公共交通可达性应为该层级中心的最重要择址标准。一般对于一个特大城市来说,其城市主导公共交通方式的站点,如地铁、轻轨站点应该与城市中心相结合。中观层级单元中心的人流输送主要通过绿色联合交通的方式来完成,满足商业以及各种公共活动设施所需的人流量,以构建强大和富有集聚力的中心。

在空间功能布局上,公共交通枢纽节点应进行高密混合土地开发。站点周边用地布局主要受可达性影响,即各功能用地与站点的距离成为用地布局的主要决定因素。因此站点影响范围的用地在平面上呈围绕站点紧凑的环形布局形态,公共设施往往集中在靠近车站的局部地段,临近用地大多为居住用地,总体空间形态呈围绕公交枢纽站点开发的环状空间形态,沿站点径向呈同心圆环状向外扩展,越靠近站点枢纽开发强度越高,由中心向周边密度逐步降低的梯度分布,在三维空间上呈"婚礼蛋糕"的土地利用开发模式[②],城市空间发展总体上展现出整体有序集中簇状的空间网络状结构。

在城市环境塑造上,应该充分把握现状的土地利用和站点的功能定位,精心设计土地开发的细部环节,注重步行和自行车友好环境的创建,在道路系统的设计、周围环境的营造以及停车设施的建设等方面都充分体现出以人为本的理念。另外,应以公交交通枢纽站点为核心,将公共服务设施、商业零售、办公和公共空间组织在一个适宜的步行范围内,形成人体尺度意义上的城市街道空间。同时在中心区域应有效地控制小汽车的使用,保证人在城市各种活动中的安全性,提高公共空间的环境品质。

---

① 这种耦合程度的最主要标准应该包括两方面:其一是交通枢纽与公共中心节点在空间区位上的一致度;其二,还应该包括连接度的一致性,即城市空间的高等级公共活动中心所对应的公共交通方式具有交汇线路数量多、等级高的特点;低等级空间功能节点具有对应公共交通方式等级低、数量少的特点。

② 据相关研究表明,居住密度与机动车使用率呈负对应关系,居住密度越大,城市机动车使用率越低。同样居住密度也是影响交通周转量—车公里数(VMT)最为重要的因子。根据 1995 年的一项研究,在对美国和加拿大的 19 个城市的 261 个轻轨站点的调查数据分析中发现,轨道交通的使用与人口密度具有正相关关系,弹性系数达到 0.6,也就是说,人口密度每增加 10%,相应的,城市轨道交通的使用率就上升 6%,JHK & ASSOCIATES 公司(1987)与 Cervero(1993)均发现由中心向周边密度逐步降低的梯度分布形态——"婚礼蛋糕(Wedding Cake)"状,将最大程度地提高轨道交通地使用率。

8.1.4 引导城市空间有边界弹性地生长

各层级空间发展单元周边的缓冲协调区是 K8 空间结构应对城市发展中不可预测性以及避免无序蔓延的最重要元素,保证各个层级单元的发展在一定的规模尺度以内,防止城市无序蔓延,有效缓解人们对交通工具的依赖程度和城市交通的压力。同时,清晰的城市空间发展单元边界更易使人产生认同感和归属感,有利于塑造各层级发展单元的个性,这种个性对整体城市来说意味着多样性的产生,有利于增进城市的活力。另外,缓冲协调区也能让各个单元可以根据各个城市空间单元的规模、发展目标、地形地貌等因素作出相应的变化和调整,可在不改变总体空间结构的情况下,为将来发展过程中所产生差异性提供所需的空间,形成一种具有高度弹性的城市空间结构。所以各级的城市空间单元的缓冲协调区对 K8 空间发展模型具有非常重要的意义,是一种严格控制蔓延并引导城市空间向集中簇状合理增长的最重要规划途径,从而引导城市空间有序发展,以实现城市的可持续发展。

对于仍处于规划阶段的未建成区域,在城市宏观层面可以根据地形地貌、大型生态廊道走向,通过区域规划、城市总体规划或分区规划等相关规划,保留江、湖、河脉、湿地、农田、山丘、森林等大型自然空间作为城市功能组团单元之间的发展界限,在中心城区与外围组团之间形成清晰的边界,并通过绿色快速公交廊道连接,通过清晰的城市边缘有效地遏制中心城区继续向外圈层式蔓延扩张,这样使得中心城区、新城结构日益得到内在的巩固。在中观和微观层面,可以根据现有的河脉、生态廊道、交通快速通道以及主次干道等作为中微观单元的缓冲协调区。但短距离出行结构中(包括 B、T、C 级空间单元的),在经济集聚效应机制作用下,提倡集中高密发展,各空间发展单元之间的协调区面积按照等级单元的要求,可以适当减少。

对于已建成区,主要要把握住两个时机。其一,在依据各层级空间发展单元的规模尺度重新划分各层级发展单元区域界线时,应参照现有的自然地形地貌以及道路等具体情况,让该空间单元具有明显的发展边界,清晰化单元的空间形态。其二,利用城市建成区的改造契机,通过适当拆迁,保留或拓展各层级单元的边缘开敞空间,降低开发强度,并提高单元中心或公共交通枢纽周围的开发强度①,形成集中簇状的紧凑空间发展形态。

最后,要保证缓冲协调区能够在空间上落实到位,特别是绿化生态开敞空间能够不受到侵蚀。最重要的是制定相应的法律制度,通过政策和法律的权威性、严肃性、强制性和公开性来保证缓冲协调区在实施过程中有法定依据和约束。

8.2 强化短距离出行空间结构发展

短距离出行空间结构是指非机动交通方式所能达到的适宜城市空间范围内,通过城市不同层级空间单元的规模、密度、功能以及形态的规划布局,形成紧凑发展的空间结构。通过强化短距离出行的空间结构发展,利于发展培育二、三级城市中心,促进自行车

---

① 但是,在 K8 空间发展模型中提倡在单元中心以及绿色活动走廊提高开发强度,但同时也要注意公共空间的保留,而不是见缝插针式的开发利用。

交通的短距离出行,减少交通出行距离和时间,形成多样化的交通出行选择;利于居住与就业更加平衡发展;利于创建一个生态友好型的宜居环境,降低环境污染和大气温室效应;鼓励城市紧凑集约发展,减少资源浪费;促进社会和谐和城市功能高效运作,激活社区生活,促进城市商务活动,恢复城市活力,拓展城市公共生活空间,体现人与人之间的平等关系。所以短距离出行空间结构是在非机动车交通出行空域的研究基础上进一步推导出的创新性城市空间发展模式,也是 K8 空间发展模型最主要发展特征之一。

构建短距离出行空间结构的策略主要包括两个方面:第一,构建短距离出行空间结构,改善土地利用模式,鼓励空间适度混合发展,改造城市棕地,提高土地利用效用;第二,改善建设非机动车交通系统,包括改善步行或骑车的环境,有吸引力的人行步道和自行车道,提供不同交通方式转换之间的便利设施,规范信息标识系统,设计人性化的出行线路等措施。

8.2.1 构建短距离出行空间结构

1) 构建适宜规模尺度的短距离出行空间结构

短距离空间结构发展是立足于紧凑式而不是蔓延式的土地利用基础上。一方面,在不同交通方式下将会形成不同的城市空间形态模式,机动车出行方式可以推动城市功能分离和空间分散式发展,而非机动车交通方式能够将各种城市功能有效集中,约束城市空间的松散式蔓延发展的可能性(图 8-1)。另一方面,紧凑高密的发展方式为短距离出行空间内提供了各种基础设施和公共设施,为市民提供一系列短距离出行目的地,以满足各种需要。因此,短距离出行空间结构具有紧凑集约发展的内在必然性。无论在 B 级、T 级还是 C 级空间发展单元内,这种基于临近性原则之上的紧凑空间结构都是最应该遵循的原则之一。

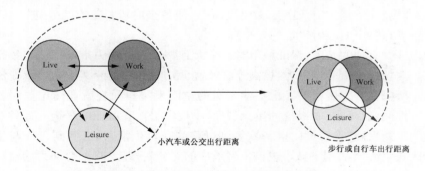

图 8-1　机动车与非机动车出行方式下的空间发展模式

例如,奥尔堡市的城市总体规划(1998—2009)阐述了城市未来的空间发展结构,表明要通过紧凑式的发展,促进非机动交通方式出行模式形成。规划将城市各个等级的中心和能够维持一定商业规模的居住人口看作城市空间发展的关键因素,编制了一整套城市公共中心系统规划,主要目标是要在城市功能活动和交通区位之间获得良好的耦合关系,以减少交通出行的需求。对于每个公共中心来说,都规定了应有的配套服务设施(如商业零售、办公、学校、公共配套设施、工业等)。这些公共中心网络形成了整个规划结构的框架,并规定活动中心所服务的人口数量。为了保证工作与居住之间的平衡,减少出行,新房只能在规定的区域内建设,房子的面积和数量被严格规定,预防不断地蔓延。

所以,要减少交通量,促进非机动模式以及公共交通,使城市土地空间资源集约化发展,应该根据非机动交通的特性以及自身的城市特点,构建短距离出行空间结构。在各个层级的空间发展单元内,各种互补功能应集中簇状分布,并在步行或自行车交通适当出行距离范围内提供相对应的设施,减少居民远距离出行的可能性。短距离结构的空间地理尺度根据非机动车的出行特性,形成三个层级的空间单元:B级空间发展单元(城市空间基本发展单元)、T级空间发展单元和C级空间发展单元。

2)鼓励适度混合发展

混合功能发展近年来已成一种广为流行的发展概念,但是混合发展并不是将众多的功能混杂在一起,而应该是对各种功能特性的深入考虑之后,将各种功能有序地布置在"应在"的空间位置上,达到各种功能之间的互补,以形成最大的规模效应。

从减少非通勤交通的角度,功能混合发展缩短了交通出行距离,并促进非机动车发展。因为单一功能的土地开发使得人们在完成不同目的出行时,必须通过几次相对独立的出行才能完成,导致小汽车使用的增加。而混合功能的土地开发则可以通过互补的功能混合并积聚一起,使一部分出行成为一种"顺便"的出行,从而增加出行的便利性,减少出行次数,抑制小汽车出行。所以,要将各种公共设施位于安全便捷的步行可及范围之内(如商店、学校、交通站点等),紧凑布局,使步行成为可能。在城市设计中应考虑步行者、自行车使用者、公共交通使用者和小汽车使用者的需求。如在B级空间单元层面,功能混合利用的作用是在单元中心提供各种基础设施,为居民提供一系列的短距离出行目的地并将其集聚,强调生活必需品的采购、上学、娱乐以及社区居民之间的能够通过功能之间的复合化利用促进交流,提高社区的社会和谐,减少居民远距离、分散化出行的可能性,这利于减少机动车交通出行。在市级层面的中心,功能混合经常表现为提供混合型的写字楼、商场、住宅楼宇以及康乐文化设施等,使各个时段都会有人在进行活动,这样就增加步行者在各个时段时步行的安全感。

从减少通勤交通的角度,保证城市有一个大且整合的劳动力市场是城市集聚效应的根本保证。对保持城市的竞争力、提高经济效益、增加就业机会、缓解城市就业压力起到积极作用。所以混合发展就要考虑不同层级的空间发展单元在就业岗位与居住的平衡发展的差异性问题。如在B级空间单元层面,不提倡工作和就业的平衡。那种提倡小空间范围内的平衡发展,设想可以重新恢复到以前的乡村生活,或者回到工作与生活一切就近的街区式生活①,限制了城市规模集聚效应的充分发挥,忽略了劳动力的流动性和相关性,违背劳动力市场原则。使城市交通需求和交通流量空间无序分布,造成城市交通拥挤,增加交通出行成本。而在城市中观层级的T和C级空间单元就必须考虑就业和居住的平衡发展问题,以避免产生钟摆式通勤交通。通过平衡发展,提倡多样化的住宅、办公、服务设施的混合发展,有利于增强城市各相关产业和服务机构之间的联系;促进多样性的成长;有利于住宅和就业岗位的均衡分布,减少钟摆式交通引发的能耗和污染,使交通设施的占地面积大大减少;有利于改善生态环境,提高整体人居环境质量;有利于资源

---

① 如克里尔提出的城中城理论认为,每个"城市区域"必须满足日常都市生活的各项功能,包括居住、工作、休息等,功能混合发展,真正成为一个独立的"小城市"是虚幻而不切实际的。

共享,以达到土地的经济最优化。如新加坡新镇中心就布置一定的办公面积,并在新镇的外围临近高速路布置一定的工业用地,以避免土地功能利用的单一化而产生的钟摆式通勤。在 C 级空间更是强调居住与就业的平衡发展,如区域中心的办公面积高达 20 多万 m²。但是这种平衡发展也不是提倡绝对性自给自足的平衡发展,因为绝对平衡的发展模式在实践中将使城市劳动力市场零散,违背了大都市需要一个大且整合的劳动力市场以保持其经济竞争力的规律。所以对于居住和就业平衡的发展问题应该要有层级梯度概念,不同层级的空间规模单元应该有不同的混合程度。一般来说空间发展单元的等级越高,就应该越强调就业与居住的平衡。

　　3) 有效利用城市空间

　　要强化短距离出行空间结构,就要在一定的地理空间范围内集聚足够多的空间发展要素。这需要对城市中效益低下的土地进行功能置换,并尽量在城市功能节点和公共交通枢纽周边集中发展,使更多的城市发展要素集中于适宜的非机动车出行范围之内,鼓励步行和自行车交通,降低各层级单元周边的发展压力,形成紧凑集中簇状的空间发展模式。在各个城市中,主城有很多丧失原有功能的棕色地带或一些空间利用率不高的土地可供城市的复兴改造。因为这些区域一般都有市政设施老化,公共交通可达性差,步行交通和自行车交通设施不完善等特点。但是这些区域往往离城市中心和其他文化等现存的公共设施较近。所以通过对棕色地带的复兴和发展,经常是发展短距离空间结构的极佳机会。因为可以借此机会,大力改善非机动车交通环境,建设必要的基础设施,提供更良好的步行和骑车环境。通过精心的城市设计,形成宜人的街道景观和建筑,促进非机动交通出行。居住、工作、休闲、购物的布局一般是混合利用,为更短的出行距离创造条件,达到减少机动车交通出行的需求,完善城市空间中心体系结构,增强城市的吸引力,改善城市形象等目的。

　　如苏黎世的城市"空心化"现象虽不如北美等城市,但也不可避免地出现城市不断向外蔓延的迹象。很多社会精英或较为富裕家庭乐于就住在郊区,特别是在苏黎世湖东岸和西岸一带。为了保持城区的吸引力,阻止城市的蔓延,政府近年来不断地加强老城区的环境改善,通过改造原有的棕地(如苏黎世西区工业区改造、奥利孔(Oerlikon)北部工业区改造),提高土地利用强度,挖掘土地利用潜力,填补空地,发展紧凑式土地利用模式,改善步行交通环境。由于那些已经失去原有功能的城市棕地对城市整体意象有不良影响,而且步行连接度往往比其他地区要差,所以苏黎世政府在重建棕地时,认真考虑行人的需求,如通过提高土地利用强度减低出行距离,提供适当的基础设施和仔细设计的街道和建筑物,而且还对出行目的高的城市功能节点进行评估,调整城市的居住、商业、休闲和商业零售的分布,使城市的整个空间结构有利于非机动车的出行,从而达到促进步行化发展的作用。

8.2.2　建设非机动车系统

　　从城市空间与交通互馈机制可知,高速度的交通方式将造成居民的空间活动范围大大增加,高等级中心地的影响与作用得到进一步地提高,更有利于高等级中心地的发展,同时导致低层级中心地重要性的降低,不利于低等级中心地的发展。慢速度的交通工具,将提高空间的"摩擦作用",从而有利于低级中心地的发育。所以短距离空间结构的建设要重视非机动车交通系统本身的建设,改善非机动车交通的出行环境,进而起到促进低等级中心地的发展建设。非机动车系统的建设不但有对基础设施的建设和维护①,还包含网络系统的规划建设,塑造艺术化的出行环境,规范化信息标识系统以及设计人性化的出行线路等诸多方面的发展策略。

1)网络化非机动车系统

通过改变空间结构,提倡功能适度混合利用能够有效减少长距离的出行需求,但是同时也要为行人和骑自行车的人建设一个宜人、富有吸引力的非机动车网络系统,并发动全面的综合性的运动来影响出行模式的选择。因此,全市范围、等级分明、环境优美的步行和自行车系统网络应该被建立,以连接不同的功能区域和设施。这意味着,街区层面的自行车和行人网络必须与更高级的网络相连接,从而实现安全、舒适、方便的步行系统。同时应该减低自行车、步行和机动交通之间的矛盾,保证行人和骑车人的安全。为了减少骑自行车者、行人与机动车之间的冲突,自行车道及行人道应被明确划分。路线的选择应该与交通安宁区、绿色走廊以及有吸引力的标志性建筑结合在一起。在某些条件下,骑自行车可以被允许在行人专用区,但在这种情况下,必须确保对行人没有危险。另外,一个完善的步行或自行车网络系统应非常重视线路之间的连续和贯通,而不是让行人经常走"断头路"。所谓的网络系统就是网状结构,而不是树状结构,可提高步行道之间的连接度。如在苏黎世因施工原因导致步行道堵塞,必须搭建临时的步行道,连接中断的步行系统,保证步行系统之间的网络性。又如德国的根特市,从 1992 年就开始对自行车交通建设加大投资,形成系统的自行车交通网路。该系统总共分为三个层次:第一层次是沿着放射性道路和环形道路设置单独的自行车专用道,构成自行车系统的框架性结构;第二层次是辅助性的道路;第三层次是休闲性的自行车道。

2)便捷化换乘设施

提供不同交通方式之间的便捷换乘设施是城市交通发展的重要环节。绿色联合交通的实现除了改善出行安全和建设优美的步行、骑车环境基础设施以外,还应包括良好的换乘设施和安全的自行车停放设施。自行车—公共交通换乘设施一般应分布在公共交通枢纽站点附近以便于存取和换乘,但是换乘点的交通组织应减少自行车存取对行人和公共交通系统正常运行的干扰;而且还要保护自行车停放不受天气和被盗窃的影响;在火车站和其他重要的目的地应提供不同的服务,例如租赁、修理等服务设施;另外,还要考虑视觉景观方面的问题;等等。

如德国明斯特市通过众多的措施联合各种环境友好型的交通方式来替代私人汽车,从而改善交通环境。如在一个自行车友好城市规划中提出了公交站台周边布置 B&R 设施。这些设施的目的是提高那些通过环境友好型交通方式进行工作通勤,使超过 5 km 的出行变得更加宜人②。1998 年,明斯特市议会决定实施这个计划,在市内公交站台和火车站周围设置自行车停车场,使市内公共交通系统和火车对骑车的人来说变得更具吸引力。如在中央火车站就有 2 500 个有顶自行车停车位,而且还在一直增加当中,大部分的公共交通站点也已布置了大量自行车停车设施。

---

① 由于基础设施的改善与 K8 城市空间与交通的一体化关联度不是很密切,故未作重点阐述。

② 在 5 km 以内,荷兰极力提倡通过自行车交通出行。

3）艺术化出行环境

城市环境塑造设计总是会影响人们的行为活动和心理意象。如通过步行去城市的某个地方（如闲逛或观光，而不是作为一种区位转移的方式），会受到所经过地方的设计质量、特征等影响。因此，处理好土地利用、城市活动和区位与交通线路的关系至关重要。城市环境艺术化处理作为短距离出行空间发展的主要组成部分，也就是给予行人一个愉悦的空间变化，在富有吸引力的环境活动，可能会鼓励人们通过步行或骑车来出行更长的距离。

能够直接提升空间环境艺术水平最有效的方法是在视觉焦点处布置优秀的艺术品，如雕塑、喷泉、艺术构件等。如在苏黎世街头或公园里，不经意间就可以碰到精美的雕塑作品。植被的艺术塑造也起了很重要的环境烘托作用。苏黎世城区60％的地表是在绿荫掩盖之下，通过不同植被种类的搭配，考虑不同的季相变化，会使空间环境艺术迅速升华，有时单是一棵树就会成为视觉的焦点。另外，为了提高城市的视觉印象，必须要提高城市的建筑质量，进行综合性的城市设计。特别是公交系统以及显眼的建筑物本身就会带来很大的城市形象变化。例如拱廊具有审美和保护功能，特别是在车站或公交站，人们需要等待，拱廊可以保护人们不受气候变化的影响。比如说你想步行到城市的某一地方（漫游式的观光成为这一活动方式的必然），这样就会受到这一地方的特征、场所感以及设计水平所影响。在人步行的方式下，让人们认识到美好的城市景观。富有吸引力的环境可能会鼓励人们步行或骑车更长的距离。并通过它的艺术和雕塑的贡献，帮助人们记住车站。因此，人行道的规划需要创造高质量的空间环境，有意识地处理建筑物、空间、颜色、植被等等。除了视觉以外，噪音也会影响出行模式的选择。

所以，短距离出行空间发展不但要包括提供全面的基础设施以及实行土地混合发展使用，提高用地强度等策略，而且必须辅之以城市设计以改善环境。在慢速运动下，让人们认识到美好的城市景观，提升生活品质。

4）规范化信息标识系统

改善城市标识以及相关信息对于塑造短距离空间发展来说也是一个重要方面。信息标识的规范化可以使行人感受到受尊重和欢迎。此外，非机动车出行由于自身体能等原因，对弯路非常敏感，明了的信息标识对告知行人和骑车人如何便捷有效地到达目的地具有非凡意义。

所以对于短距离出行的信息标识系统而言，其目标就是整合交通出行、信息提供，将可识别性和艺术融为一体，把城市不同的区域联系起来，鼓励人们通过非机动车交通方式来到达公交车站，提高人们对城市的理解和体验。一个高可读性的城市，可以增强该区域的吸引力和功能性。通过连贯的标识设计将城市的不同部分串联起来，提高城市的可读性，加强吸引力和功能性，促进非机动车活动的提高。

新的标识和信息系统应该提供统一的模式标准，以方便大家使用，特别是对残疾人。如苏黎世现在步行标识系统主要可以分为两大类：一类是依附于公交站点上的信息标识，其功能性较强，主要包括内容详尽、格式统一的公交线路时间表和1∶2 000区域地图，地图上标有各种不同的交通类型线路以及各类具体信息，给予准确的所在位置，这对于还未熟悉该区域的行人有极大的帮助。另外一类是在公园内或专门步行道上设立的各种信息标识，包括区域地图、动植物的介绍、地名介绍、历史典故等，让行人能够加深对城市的了解,信息标识格式较为丰富,艺术性强。另外,标识和信息系统的建设可以在城市的层面,也可以在更小的区域里(如一些文化或其他公共设施的区域)。

5)人性化出行线路

短距离出行主要依赖步行和自行车交通,其特点是身体体能易消耗,所以对于绕路、坡度都很敏感。所以在非机动车交通系统的规划建设当中应该注意三个方面:最小化出行线路距离,同层化活动的高差,并提供适宜的街道家具为行人或骑车人休憩。

第一,各种目的地之间的线路距离应最小化。由于出于人天性的"南山捷径"情结以及自身体力的原因,如果条件许可的话,人们一般希望能够直线到达目的地。如在苏黎世的步行网络中极力遵循这一法则。虽然由于体制的不同,出于对私有财产的保护,政府及他人不得占有土地所有人,所以,居住区里步行道经常显得有些绕。但是在可能条件下,还是尽可能地以最短的路径连接。例如在利马河架起了多座步行桥,缩短东西岸之间的距离,联系重要的空间活动节点。当然,这需要行人和机动车驾驶人员有较高的公民道德意识,但同时也反映了城市对行人的充分尊重。

第二,活动高差同层化。在苏黎世主城区,你很难见到步行天桥或地下通道,绝大多数行人的活动都在最舒适、最便捷的地面层活动,特别是公共活动度较高的场所。不建步行天桥或地下通道一方面是因为过街天桥一般是有碍城市景观的塑造;阴郁的地下通道给行人脏乱和不安全感,往往体现的是城市的消极面。在需要立体交通的地方,也是尽力将行人交通优先布置在地面层。如在尹格火车站(BahnhofEnge)公交枢纽附近的贝德大街(Bederstrasse)与瓦砀大街(Waffenstrasse)两条大街相交时,按行人的流量和方向,将贝德大街布置在地面层,使行人能够在统一高差下活动。如苏黎世大学新校区为高速路所分割,但是利用地形地貌,高速路从下穿越,人在校内缓坡中的同一层面上活动。

第三,街道家具布置人性化。因气候的变化以及体力的原因,需要对行人提供挡风避雨和恢复体力的设施,特别对老弱病残的行人。同时,人性化的街道家具使步行道不仅仅是一种交通空间,还是一个休憩、见面、交流的场所。一般而言,座椅是街道家具里最重要的组成部分,根据人的体力、景观视线、使用频度和数量,座椅都会相应地布置在行人所需的位置。在苏黎世,无论你徜徉在老城区的街头还是漫步在林荫湖畔,即使在行人稀少的城市边缘区,你都可以看到各种各样的街道家具,如座椅、桌子、免费饮水池、遮阳避雨棚,以及小品装饰,等等。

8.3 限制私人机动车导向发展

强化短距离空间结构的发展和提倡绿色联合交通导向发展两方面的发展策略可以正面引导城市空间向 K8 发展模式的方向发展,但是城市的良性发展不但需要"胡萝卜"策略,也需要"大棒"策略才能够更有效取得成功。不但要提倡绿色交通,促进公共交通、非机动车交通发展,同时也要对小汽车过度发展进行限制,如限定速度,阻止小汽车过度发展,降低其所造成消极的影响,使小汽车的外部成本内部化,特别是通过对一些重要的城市发展轴线进行对小汽车的限制,使"街""路"适度分离,形成以城市绿色活动走廊为骨架的城市空间发展结构,改善城市土地空间的有效利用,最终达到改善城市生活环境质量的目的,促进经济社会的进一步发展。限制个人机动车导向发展主要策略是:改善城市交通空间环境;规划新的城市功能活动;制定停车管理条例和建设法规。

8.3.1　改善城市空间环境

重新分配现存的城市公共空间意味着改变现有的空间结构。这个策略是保证 K8 城市发展概念最重要的策略之一。限制小汽车发展意味着小汽车将被减少使用空间和降低个人小汽车交通的可达性。从而达到"街""路"或是"生活性活动空间"和"通过式交通性空间"适度分离的目的。其策略包括可达性的调整、停车政策、道路空间的重新分配几个方面。

1)重新分配道路空间

道路空间重新分配的主要目标是为在绿色活动廊道上减低或是取消汽车交通所占有的道路空间比例,提高绿色交通方式所占用的道路空间比例。道路空间重新分配一般是改变空间功能利用来影响城市交通的策略,这种在功能使用上的简单变化往往能够使交通方式有很大改变,如将街面的停车空间转换成骑车、步行空间或活动广场等,减少在城市中心停车时间,建设 P&R 设施,让自行车道、步行道有更大的道路空间等措施。

道路空间的重新分配需要有综合性的发展规划,如人行道拓宽、停车场的功能转换、安宁交通以及单独自行车道的建设都要在一个公认的综合性规划的基础上进行。中国城市当前最迫切的问题是确定城市绿色活动廊道系统,通过以上种种措施重新分配道路空间,将可接触可滞留的街道性空间的"街"与以小汽车为主的高速运动的通过性道路空间的"路"适度分离。

如英国布里斯托市(Bristol)议会希望在城市的区域性购物中心周围提供短时间的停车空间(这些购物中心一般在城市中心之外,沿放射性道路布置)。在《道路等级回顾与评论》(*Road Hierarchy Review*)中,认为五分之二的道路应该被重新分配,将交通性的城市干道转化成公共交通、步行道和自行车道。该规划的一个实施例子是历史中心区的道路网络重新优化。通过历史中心区的放射状道路空间进行了重新分配,减少或取消小汽车的可达性,提高公共交通、自行车和步行使用空间,小汽车交通通过中心区外围的一条环路来疏解。在该项目完成之后的 6 个月,政府作了一次反馈性调研,发现机动车交通穿越中心的流量减低 15%。一些交通流量"蒸发"了,有一部分是转移到中心区环路和其他地方。

2)推广安宁交通工程技术

安宁交通(Traffic Calming)是限制私人机动车交通导向发展最普遍的策略。1963年科林·布恰南发表的《布恰南报告》中提出一种新的交通策略,该报告警告交通增长对城镇产生影响,并制订可供选择的解决方案,这种新的交通策略就是如今的"安宁交通",他本人也被视为"安宁交通之父"。安宁交通主要是通过设置障碍物、改变道路线形等地理措施以及制定相关法律,降低机动车过境交通对社区居民生活质量及环境的负面影响,改变机动车驾驶员驾驶行为,改善行人及非机动车道路交通环境,以保证道路交通安全、可居住性及其他公共利益。安宁交通工程的实施对于体现以人为本的绿色交通理念,保护弱势交通群体的利益,构建机动车、非机动车、行人在公共道路空间和谐共处的街道气氛等具有重要意义,在瑞士、荷兰、德国、丹麦、英国等欧洲国家广为推广。早期主要应用于社区道路设计,降低以社区道路作为捷径的过境交通流对社区居民生活影响。随着城市居住者对高质量生活的追求以及安宁交通技术的发展,其应用的区域空间越来越广,内涵和外延不断丰富,目的和目标也趋向多元化。

安宁交通理论的核心就在于通过道路技术工程的改善促使心理上产生变化。例如通过速度限定(Speed Limit)、人行道的拓宽(Sidewalk Widening)、单向行驶(One Way Traffic)以及减速带(Speed Hump)、减速垫(Speed Cushion)、路中间隔离岛(Speed Island)、波纹型道路(Speed Chicanes)及路段宽度缩减(Speed Choker)等工程技术上的改善措施,让驾驶人员更加注意行驶,从而使路面更为安全,改善了道路交通安全。营造行人、社区居住者、非机动车、机动车和谐共处道路空间的局面,为该地区居民设计出宜居、舒适、环境优美的庭院式道路空间;使交通流畅,减少交通量,改善道路的环境。但是这些措施都要具有丰富的工程技术经验和各部门之间的紧密合作才能完成。

如苏黎世已在 1974 年时将安宁交通策略,运用到社区和城市历史中心区。当时,"安宁交通"这一词还未被广泛,所以这一交通策略在那时还是被称为"渠化交通以保持社区宁静"(Channel Traffic Out of Residential Areas to Keep Them Peaceful)。至今,安宁交通工程的实施在苏黎世的所有住宅区以及重要的商业区都可以见到。在住宅区,一般的行车速度被限定在 30 km/h 以内,直接减低了噪音以及提高对行人的安全保护。通过对道路线形的改造和停车位的布置,汽车只能通过"S"形来行驶;在道路交叉口或拐弯处,经常用减速带、减速垫、波纹型道路来提醒驾驶人员减低速度;通过绿化、座椅、雕塑、饮水池等街道家具的布置强化社区感,使驾驶人员产生自家院落的视觉印象,塑造出良好的生活环境。这些措施迫使车速降至安全速度,减少交通事故的数量和严重性,降低机动车对居住环境的消极影响,从而创造出富有人情味的生活空间。随着安宁交通工程在居住区实施的完成,苏黎世现在更关注这类工程在主干道以及公共广场的实施情况。主要的动力是由于想利用改善步行环境来提高商贸、商业的吸引力。其核心理念就是通过各种交通措施,使车流能够匀速地流动,而不是快行—停顿的方式来完成,从而达到既保持原有的交通流量,又扩大步行区域的目的。例如,在空间活动节点处,通过公交车站的重新布置,缩小机动车交通路面,改善交通信号灯管理;在商业区域经常将公交专用道与其他车道并在一起,留出更多空间给行人;有些路段,通过自行车与机动车混行来降低车速,提高非机动车出行的安全性等富于创新的交通策略。

3) 限制小汽车交通的可达性

限制小汽车交通的可达性主要是规定特定的车辆只能进入特定的区域,最重要的原则是建立一整套措施来限定车辆和区域范围。例如,规定时间、车辆类型、使用者类型(当地居民、访客)、滞留时间,交通工具种类自动识别系统等。这些措施严格限制小汽车使用的时间和区域,如图毕根市(Tübingen)小汽车只能在清早的时候进入城市中心。具体策略一般有:在区域进行限制,如限制小汽车进入中心区,对特定街道或街区进行可达性限制。在时间上限制,又如德国明斯特市(Munster)为减低 MIT,提出了交通换乘环(Transfer Circles)概念,力图通过三个同心的交通换乘环来解决这个问题,通过这三个换乘环,实施各种措施来促进巴士、有轨电车和自行车的发展。第一圈:郊区火车站在城市的边缘上形成了第一个中心环。在这里可以通过换乘城市巴士到达城市的各个目的地。第二圈:在到城市中心区的 3~5 km 处,小汽车出行者可以通过 P&R 或 P&B,转换成公共交通、自行车、步行或另外的交通方式。第三圈：在城市中心区边缘，集中停车场和停车楼，保证个人机动交通的使用，使中心区环境成为非机动车交通友好型的空间，成为步行者天堂。

8.3.2　规划新的城市功能活动

规划城市新的功能或调整原有的城市空间利用方式意味着创建新的城市结构。为创建一个更集约紧凑和可持续发展的城市空间利用模式，重点在于如何将更具可持续的绿色交通方式代替以小汽车为导向的发展模式。根据交通方式的不同而规划不同的城市功能活动可以被认为是一种新维度上的规划方法，因此也是 K8 空间发展模型的一个重要实施策略。

1) 发展无车化生态社区

无车化生态邻里社区在大规模的机动化时代到来之前（一般认为西方国家为 1945 年以前，中国为 1990 年之前），人们的脑海里没有停车场的概念。然而，西方国家随着战后经济的增长，汽车产业迅速发展，导致人居环境充斥着噪音、有毒废气，同时也丧失了维护生命的安全。所以在过去的十多年，由于城市交通环境的恶化，欧洲国家都重新将目光聚焦于无车化社区的发展，并将这一空间发展概念加以贯彻。主要发展政策有：一方面结束原来所采取的财政补贴①；另一方面，无车化社区发展主要目的是要解开居住建设和停车位提供的捆绑销售的问题。在一些案例中，无车化社区发展改变了国家的房屋建设条例，在通常情况下，停车位是一户一个车位，在一些无车化的发展项目中平均每户的车位数是 0.1~0.2 个。

无车化生态住区在选址要求上一般青睐受小汽车交通影响较小、有良好的公共交通服务和完善的步行和自行车道路系统。这种区位一般是位于离城市中心不远的城市重新发展的区域。无车化生态社区特点是：有密集的日常商业网点和公共设施和高比例的绿化空间；丰富的公共空间，以提高生活的舒适度；公共设施的高度共享（例如绿化、运动游乐场和休憩设施的等），增强社会的公平性；限制汽车的可达性，去除停车库和停车场；鼓励公众参与。这些都让居民远离噪音和污染，使老年儿童可在一个安全的环境下生活，正如苏黎世规划局局长弗朗自·爱伯华德（Franz Eberhard）博士所说"无车化社区等于居住在绿荫葱葱的郊外，没有噪音和废气，孩子们可以在街道上随意游戏……"

阿姆斯特丹的特雷社区（GWL-Terrein）是欧洲著名的无车化社区项目，该项目位于阿姆斯特丹主城区，在前市政水利局的位置上建设生态社区，其主要特征是将停车设施布置在边缘，减少小汽车对生活的负面干扰。该项目相对来说容积率较高，共有 600 户，每公顷达到 100 户左右。这个区域完全禁止汽车出入，包括出租车和厂家的商品供给车辆，只有在紧急的情况下才有一条特定的道路被使用，主要是供消防车和市政抢修车等使用。不管是业主还是出租户都要签署一份声明书来支持社区无车化的发展。由于社区内部严格的小汽车限制，为了缓和矛盾，在社区的边缘，提供 110 个停车位，约每户 0.2 个。另外的一个重要策略就是提倡通过公共交通来解决城市交通出行问题。

无车化社区在中国有着天然的优势。第一，高强度的城市土地开发模式，必然要提

① 这种政策往往对停车设施以公共财政政策的补贴，直接鼓励了小汽车的发展。

升公共交通以及非机动交通的交通出行比例,降低个人机动车的出行占有率,有利于无车化社区的建设;第二,现有居住小区开发单元较大,小区规模往往在 6～15 hm² ,该规模尺度适合提倡无车化小区建设;第三,相对西方国家,中国居住区的停车设施空间少,特别是 90 年代以前的小区几乎没有停车设施建设,所以应降低对个人机动车的依赖;第四,民众较为乐意通过非机动车交通方式出行。以上因素都为无车化社区的建设奠定了坚实的基础。

2) ABC 区位政策

根据城市功能活动的性质和公共交通可达性的高低来限制小汽车的可达性引导城市可持续发展是欧洲很多城市的常用发展策略。比较流行的做法是采用荷兰的 ABC 土地利用原则。ABC 区位政策第一次被提出是在 1988 年的《荷兰第四次城市空间规划报告》上,提出要将不同的城市功能活动根据不同的交通条件,布置在恰当的区位上,以此来降低小汽车出行的公里数。即针对不同城市功能活动对于可达性的要求以及不同区位的不同可达性,将恰当的城市功能活动布置在恰当的地方。ABC 区位政策的核心要素在于划分出不同类型的区位和不同的城市功能活动类型。主要是通过不同交通方式的可达性以及各类城市功能活动对不同交通类型的可达性需求来划分。具体来说就是当一个区域有比较高的公共交通可达性需求,该区域的停车空间应该减少(A—区位);当一个区域都能通过公共交通到达,对小汽车来说也有良好的可达性,就该减少一定的停车位(B—区位);当一个区域要依赖于小汽车进行通勤,就为(C—区位);当一个区域的公共交通和小汽车可达性都很差,就为(R—区位)。这些原则在荷兰首次提出并在欧盟国家中广受欢迎(表 8-1)。

表 8-1　ABC 区位政策可达性分类

公共交通可达性	小汽车交通可达性	
	差	好
差	R 类区位	C 类区位
好	A 类区位	B 类区位

如德国根特市极力推行 ABC 区位政策,提倡"正确的企业在正确的地方"(the Right Company at the Right Place)。对于现有在城市中分散的办公主要是通过公共交通联系起来,其次才是在考虑环境承载力的基础上采用小汽车交通方式。为了能够将各种区位和交通分类转换成政策措施,策略设计者通过比较直观的图示方式,标出每个城市区域。其中划分成三种办公区位:需要大量空间的企业、人工密集型企业和吸引客户到访的企业(表 8-2)。同样的策略也被运用到零售业上,该策略是通过市政府条例来改善零售业的空间区位,编制了《商业零售战略规划》(Strategic Commercial Plan Retail)。该规划主要支持在中心区发展非日常的商业,压制郊区购物中心的发展;在居住区发展分等级的、集中式的日常零售系统,这些地方级的零售中心通过主要的有轨电车线路连接。但不赞成在居住区内过度集中商业活动,以免破坏社区的宜居性。规划共划分了 7 种不同区位以供不同层级、不同氛围的商业活动选择,每种类型的商业节点做出了最大和最小底层面积的规定。

表 8-2　ABC 区位政策的可达性和交通特征匹配表

交通特征	可达性分类		
	A 类区位	B 类区位	C 类区位
就业岗位密度	密集	一般	分散
对小汽车通勤的依赖程度	低	一般	高
来访者或顾客的情况	密集	一般	稀少
对货运交通的依赖程度	低	一般	高

　　一般来说,停车政策包括在空间规划里,虽然 ABC 停车规范很少能够完整地被执行,在地方层面,停车政策不能像国家政府所签署的政策那样被严格执行,但是仍然有相当多的城市已经有了积极的成果。如在靠近海牙中心车站,在停车政策出台以前,以小汽车为通勤工具占到 40%,之后占 28%。公交的使用从 30% 增至 65%,大约有 70% 的雇员改变了交通出行模式。

8.4　策略实施

　　如何实施以上三个方面的城市空间和绿色交通一体化发展策略是一个复杂的系统过程。很多因素会导致策略实施效果不理想或者失败。如人力资源、财政资源的缺乏,发展意识与目标错位,时机把握不对,各部门之间没有紧密合作,对策略实施复杂性考虑不足,等等。所以本书在总结各个优秀城市的成功经验或失败教训基础上,提出一些在实施过程中的具体方法和措施的策略。

8.4.1　树立长远目标

　　要使 K8 空间发展模型得以成功实施,首先要富有远见卓识和树立起长远的发展目标。美国加州伯克利大学的罗伯特·瑟夫洛教授在《公交都市》一书中对 12 个世界典范性公交城市案例的土地利用和交通系统规划互动关系的 4 点总结中,有 3 点就是关于在城市发展中树立长远目标的重要性。他认为这些规划典范性城市所共有的特点是城市具有远见卓识,不论在北欧的哥本哈根、南美的库里蒂巴还是东南亚的新加坡,成功的前提是在城市规划的初期阶段就清楚地确定了城市的交通系统与城市空间结构形态演变的未来格局。这些城市通过概念性城市总体规划建立城市长远的发展目标,形成城市空间与公共交通高度一体化的发展模式。

　　要树立远见卓识和长远目标:第一,要有前瞻能力的规划人员和领导作为这种具有远见的土地利用战略和相应的未来城市格局的倡议者。例如,早在 20 世纪六七十年代,新加坡和库里蒂巴政府当局高瞻远瞩,提出了建设世界一流城市交通与空间一体化发展的规划远景。第二,必须具备富有绩效的行政体系和积极进取、有战略眼光的城市规划管理工作者。因为这种和谐的土地利用和交通体系的进程要用几十年的时间去推动和实现。除了采用城市土地利用及交通规划的经典理论方法外,这些成功城市还普遍采用以下方法来保证主要绿色交通设施与土地利用未来的配合:其一,预留公共交通专用土地;其二,通过规划上的优惠来鼓励和提高混合型土地利用的密度;其三,通过减免地税发展一般百姓买得起或租得起的廉价房屋;其四,有意识地投资一些如行人便道之类的辅助基础设施,并改善公共空间的质量。所以,只有一个富有绩效的行政体系和城市规划管理者才是能够长期坚持并逐步推进各种策略实施的最坚实的基础。

8.4.2 制定政策和法规

城市发展策略与公共政策、公共干预密切相关,城市发展策略往往表现为一种政府的权力行为。根据现行政法制原则,城市规划行政管理的各项行为都要有法律的授权,并依法施行管理。如孙施文在《城市规划哲学》一书中就明确指出:"在不断变换的社会经济外部环境下保证城市规划干预的权威性的最有效途径是城市规划立法。"

如苏黎世的城市空间步行化发展过程中,城市步行化政策的制定起到了巨大的推动作用。第二次世界大战之后,苏黎世伴随着城市人口和经济迅速发展,私人小汽车的数量也急剧膨胀,导致了各种各样的交通问题,造就了"黑色交通年代"。那时,在功能主义规划思路的影响下,城市对交通问题的解决是通过建设交通设施系统(如新的高速路和铁路线)来满足不断增长的交通需求。到 20 世纪六七十年代,人们开始对 50 年代的规划理念进行反思,例如美国简·雅各布的《美国大城市的生与死》、英国的《布恰南报告》中都提出了对过度发展小汽车的忧虑,并开始提倡步行,这种思潮波及苏黎世,对民众产生重大影响。同时,苏黎世在这个时期也经历了自身的身份认同危机。由于经济上的快速发展,商业界希望苏黎世成为一个欧洲大都市;然而苏黎世民众却逐渐厌倦了经济发展所带来对生活质量下降的消极影响,特别是交通堵塞、空气污染、通勤时间变长以及不适宜步行等等,渴望塑造一个宜居的城市。而且加上对建设地下轨道交通和高速路需要巨额资金持续性投入的忧虑,所以在 1962 年和 1973 年,苏黎世市民在两次重大公投中否决两大公共交通改进计划和若干新建高速路计划(Tiefbahn Plan 和 U-Bahn/S-Bahn Plan[①])。希望通过改善原有的公交系统来解决城市的交通问题,并通过加强城市的步行来活化城市生活,最终制定了一系列有利于步行交通发展的政策,奠定了城市步行化发展的良好方向。从 1973 年之后,政府持续出台了一系列的步行化政策。至 1975 年 8 月,政府通过了一项决议,指示城市相关的政策部门在鼓励公共交通同时要考虑到行人的需要和环境。这项政策规定:"按照市议会决议,考虑公共优先同时,要权衡各种交通的权益;应该合理满足行人、残疾人、骑自行车人的需要;城市景观环境和生活质量也必须考虑进去。"1987 年,市议会在交通政策上形成了 5 个主要目标:促进公共交通;减少私人小汽车交通;引导机动车到主要道路上,限制居住区的交通;减少为通勤者提供的车位;发

---

① Tiefbahn 计划是由苏黎世公共交通公司所提出的一个地下轨道交通计划,目的在于缓解道路的拥堵状况。就是在整个城市中心区,将有轨电车置于地下,而将地面层的街道让给小汽车。1962 年的估测是该项目要耗费 5.44 亿瑞士法郎,由于耗资巨大,所以必须通过公投来决定是否通过该项目。从 Tiefbahn 计划遭到公众否决之后,规划师们又开始另外的两项计划,即 U-Bahn 计划和 S-Bahn 计划。在 U-Bahn 计划中,计划建设一个新的地下重型轨道交通系统来代替一些城市内的主要线路,类似于很多城市里的地铁系统。同时一些瑞士国家铁路公司(SBB)的规划师提出 S-Bahn 计划,希望解决苏黎世州的区域快速交通问题。这样 U-Bahn/S-Bahn 就会形成三维的公共交通系统,地面的有轨电车和巴士解决短距离的出行,地下的 U-Bahn 解决中长距离的交通,高架上的 S-Bahn 解决区域交通问题。U-Bahn/S-Bahn 在 1973 年 05 月 20 号的公决中被否决了,但是 1989 年 S-Bahn 最终获得许可。

展步行和骑自行车的环境友好型交通方式。到 1990 年，为强调步行交通的重要性，苏黎世市议会发表政策声明，责成相关负责机构给予步行和骑自行车优先政策，其优先权排在公共交通之后。这一连续性政策的成功从目前的各种类型的交通出行方式可以看出，四分之三以上的出行是由环境友好型的交通方式所构成：43％为步行，27％为公共交通，7％为自行车。

从苏黎世的例子可以看出，政策和法律由于具有独特的权威性、严肃性、强制性和公开性，是城市空间发展概念策略得以成功实施的根本性保证。制定健全的政策和法规提供了规划实施过程的程序和时限等方面的法定依据和约束，也是对城市规划工作制度化的认定并促进中国城市规划的制度化发展。所以，运用法制化手段保证城市发展策略成功实施是必要条件也是必然的发展趋势。

8.4.3 考虑策略实施的综合性和复杂性

在复杂系统结构中，各个层级的系统之间存在着多种非线性的因果关系，是一个复杂的因果网络。如一个系统的低层级协同作用可以影响整个系统的性质和行为，这是一种上向因果作用；而高层级的性质或整体模式一旦形成又会对低层级产生一种作用，这就是下向因果作用。在系统的突现进化中，上向和下向因果作用本身及其相互作用都不可能是简单的、线性的因果关系。系统和要素、高层系统和低层系统相互影响、相互制约，而且是多个层级之间发生着相互联系、相互作用，有时甚至是多个层级之间的协同作用。所以，K8 发展模型在策略实施上也应具有系统复杂的综合概念，一种单一的发展策略不能孤立地被研究。

例如，要发展短距离出行的空间结构，鼓励非机动车发展，那么制定土地利用和交通一体化的规划是必需的。因此构建短距离出行空间结构中至少应包括两部分的内容：第一，制定相应的土地利用规划，在一定范围界限内紧凑发展，提倡功能复合化利用，促进非机动车的发展；第二，建设步行和自行车友好型的出行环境，具体包括提供良好的非机动车设施，通过城市设计，塑造富有吸引力的非机动车交通环境。又如非机动车交通、公共交通以及小汽车交通之间是一种相互矛盾统一的博弈关系，规划师不应该认为慢速交通可以单一考虑，而应该认识到慢速交通只是一体化土地利用和交通的一部分。他们要组合各种策略，使各种策略互补，形成最优化的互补型策略组合。促进非机动车交通模式发展应该有相应的限制小汽车机动交通发展策略来支持。如根特市为了改善步行和骑车基础设施，规划中就结合了限制机动车交通策略和提高公共交通服务策略。

所以，K8 发展模型的策略实施必须将方方面面因素一起考虑，单是关注一个策略，而忽略了其他的策略对于改善城市的空间发展来说是远远不够的。在典范性城市的研究案例中通常是将几个策略结合一起，形成复合式的综合性策略。例如，在西班牙毕尔巴鄂市，工作和居住的平衡总是和改善步行基础设施和城市设计发展策略结合在一起的。明斯特市在自行车道网络已经比较完善的情况下，通过改善换乘设施，提高市民的环保意识以及一些创新的措施，如自行车街道、自行车专用道以及专门的交通信号灯等相结合来进一步推动自行车交通的发展。

8.4.4 跨学科多部门的合作形式创新

K8 发展模型的策略实施会涉及很多不同部门以及不同学科行业，而且，不同层面的规划和不同等级行政部门也需要沟通合作。另一种合作的方式是根据项目的不同,需要不同利益群体之间进行合作,例如政府、公司企业、居民以及其他利益相关群体。所以不同部门和领域之间的合作是非常重要的成功因素之一,是有效解决问题、平衡各方利益的法宝。

一个项目的合作情况直接影响到项目实施的成功与否。一方面,加强相关的利益群体之间的交流能够避免潜在的障碍;另一方面,缺乏相关部门之间的对话,可能阻碍项目的实施。不同部门之间的合作有以下几种可能性:利用现有的部门来协调各部门,如图毕根市是利用城市重建局(Urban Redevelopment Department)负责所有的各项策略实施所需的各部门之间的合作问题;有些城市是建立新的组织机构,通过各部门的工作人员参与(如建设、规划、交通、财政、警察等部门),形成跨部门的项目工作委员会以及工作小组等,这些新机构的建立主要是理清一体化的目标和在项目最初实施阶段能获得多边、双赢的成效。从欧洲优秀城市来看,建立适宜的项目合作性管理机构(如管理委员会、或咨询委员会)是具有实际操作意义的有效形式之一。

又如苏黎世除了在政策上予以城市公共交通和非机动交通提供发展方向和法律保证之外,还通过不同部门和公司进行具体实施和深化。从 20 世纪 60 年代之后,苏黎世政府开始不断摸索经验,认识到不同部门之间的利益冲突以及所产生的不同观念对于实施公交优先项目是一个很大的障碍,所以在 1973 年 3 月组织了专门性机构,以便于公交优先政策的实施[①]。在政治层面是成立公交优先执行委员会;在各部门具体实施层面是成立公交优先工作小组。公交优先执行委员会是由 3 个负责交通规划和实施的市议员和 4 个与交通相关部门的部门(警察部门委员、城市建设和规划部门委员、产业发展部门委员和公共交通公司)的负责人所组成。执行委员会职责是提供必要的政治力量,并负责制定政策和作一些比较重大的决策。工作组由苏黎世公共交通公司(VBZ)经理所领导,主要成员为交通警察、公共事业、城市规划部门和 VBZ 公司的中层负责人,当然也包括一些参与特定具体项目的人员。所以工作组的人员会随着具体项目而发生变化。工作组的主要任务是通过整合 4 个部门的力量,解决各种各样的具体问题。工作内容有以下 4 个方面:促进公交发展,改善行人条件,实施安宁交通工程,改善自行车交通设施。结果,各部门之间由于经常一起工作,统一了各部门之间的利益目标,形成了环境友好型的交通方式优先的共同发展方向。通过这种部门之间的合作方式,极大地推动了可持续的交通方式发展。从 1973 年建立执行委员会和项目工作小组至今,一直按照这种方式来执行交通政策,并取得巨大成功。

此外,在公私部门中可以开展新的合作形式,组成所谓的公私合营企业(PPP: Public Private Partnership),通常由公共部门实施和执行的项目变成公私合作的形式来达到策略实施的目的。公私企业的合伙人之间按股份投资,风险、责任以及利益共担。产生这类形式合作的主要原因是当地政府可以让项目的实施效率更高、周期更短、取得更高创新能力,最终希望能够通过市场的竞争,为城市提供更好的产品。例如在英国,PPP 能够使当地政府通过这种方式,从私企融资,而这些资金在公共机构那边很难通过公共事业

---

① 目前,中国虽然提出了发展公交优先的交通政策,但是中央与地方之间,部门与部门之间对于交通优先的政策却是从各自的利益出发来解释交通政策,其结果是中国的公交事业处于低谷状态。

贷款所获的。通过这种结合方式,以更经济有效的方法提供公共服务和基础设施。当然,PPP 的合作形式并不是一帖万能药,而只是一种潜在的、颇为有效的一种选择。公共机构和私营企业之间的责任和义务在不同的项目中会有很大的不同。然而,两者不能相互替代,特别是私营方不能替代政府部门进行决策,政府应该保留应有的责任保护公共利益。

多学科、多部门、多行业之间的协作并不只是与某一方面的策略相关联,而是所有能够促进可持续发展的策略都应该通过协作方式来实施。所以,各种策略的成功实施要关注跨学科跨部门的合作,特别要注意交通和土地利用领域部门之间的协作。另外,不管是单独的地方层面的项目或者是整个区域的项目,创新的跨学科跨部门的区域性合作经常是一个必要的形式,以此确保项目的成功实施。

8.4.5 强调公共参与

公共参与能为各种相关利益人提供一个非常好的参与渠道,以便更好地了解政策和项目,增加项目的透明性和效率。通常来说,规划师和政策的制定者都知道市民和相关利益人的接受度是取得成功的重要因素之一,因为参与讨论咨询本身就是让他们重新考虑和改变决策的一个过程。因此,让市民和相关利益人参与到策略的制定、实施过程是策略实施的一项必要程序。

公共参与与信息交流在公共政策领域中变得越来越重要,特别是在城市空间与交通一体化发展策略中。根据案例分析,有效的市民和相关利益人的参与被认为是主要的成功因素,特别是在那些有相反意见或是观点冲突的项目中;有效的公共参与是化解矛盾的有力措施,对下一步作出明智的决策有相当重要的意义。越来越多的规划师也相信相关利益人不应只是对规划的被动反应,而是要他们自己参与到规划过程当中。越来越多非正式的公共参与在交通和土地利用规划领域中发生,这种非正式的参与过程通常在规划的早期就开始介入,一直到规划的实施阶段,以保证市民能够参与整个规划过程。与非正式参与不同的是,那些建立在律法基础上的参与过程,市民通常只有机会去简单阐明他们所关心的问题,以及等到规划完成之后才有机会去被动反应问题。然而,通过在规划早期就介入可以避免很多规划上的失误。

在很多城市,公共参与为市民提供了参与到规划策略的制定和实施过程的机会。在一些城市中,市民只是被告知而已,然而一些城市,市民却可以让他们的想法得到尊重。根据不同的情况,公共参与可以分为被告知、商量对话以及公共决策三种不同的程度。例如,德国蒂宾根市在重新发展苏斯塔特(Südstadt)前军事用地中,规划提出了限制汽车发展,提倡非机动车交通等策略。为了解决由此而引起的矛盾和抵触的情绪,建设部门主要通过公共参与的形式来解决问题,并有时作出相应的妥协(如设定短期的停车场等)。这时,市民不是以一种牺牲品的形象出现,而是一个参与者。因此,该项目的建设过程异常顺利,一旦指导性建设概念和决策被提出,具体的操作性措施就可以有效实施。在开始阶段,利用当地的报纸,让当地的居民逐渐认识了解这个项目,重建局所提出的建设意图和目标以当地报纸的增刊登出,并附有调查问卷。通过问卷调查了解居民对该项目的态度和意见,这样保证项目一开始就让市民参与到项目中。接着,市民通过不同的方式,不同程度地参与项目咨询和决策。例如,公共空间与居民的生活紧密联系,是他们最为关心的议题。公众通过各种形式的参与,表达自己的意愿,使公共空间规划尽量合乎他们自己的需求。了解到参与的目的和内容之后,居民按不同的利益群体分成几个目标组(带小孩的家庭、老人、没有小孩的成年人、青少年和儿童等)。这些组通过几次的商讨,达成相对统一的规划意向并画出规划草图,最后向城市规划部门汇报。最后建设委员会批准该规划草图,具有居民参与的规划最终得以实现。

不过,假如没有恰当的组织,公共参与的过程仍然蕴含一定的风险,会产生一些额外的问题。因此,在这种"开放"的策略运作过程和"既定"的策略目标之间寻求平衡是非常重要的;对公共参与的结果以及为了共同利益而对这种结果的正当拒绝之间寻求平衡也是非常重要的。公共参与的主要目的就是避免潜在的冲突,以便策略实施能够顺利进行,取得共同的指导性方针,从而达到预期目标。公共参与能够集思广益,策略实施的过程更加透明,更有利于策略顺利实施。降低潜在的问题是公共参与的主要优点。所以,公共参与在欧洲变得越来越普遍和广泛,已经成了发展策略实施的一个重要部分。

8.4.6 注重信息交流与教育宣传

策略成功的实施依赖于公众的接受程度,所以要创造宜人的人居环境就要通过各种"软政策"的支持,让市民能够了解策略实施的整个过程,提高民众的接受程度。这需要一个长期的教育宣传运动。如怎样才能树立起正确的绿色交通与城市空间一体化发展理念? 如何让大家了解到城市发展目标和绿色交通的优点? 这就应该通过种种的活动让大家能够了解,并提供广泛的、全面的信息,如通过当地的媒体、宣传小册、网络以及无线电台等,提高具体策略实施的成功可能性。而且即使策略概念被成功的实施,并不代表实施结果的成功。如限制小汽车的可达性,减少了道路空间的占用,并不代表就会对交通出行结构产生作用,也就是基础设施的改善并不一定就等于这些改善后的设施会被充分利用,这其中需要人的意识和行为上的改变,才会最终达到促进城市交通向可持续方向发展的目的。也就是说,一体化的交通方式不但要改善基础设施建设,而且还要提高交通意识。所以软政策在 K8 概念实施策略中具有重要作用。根据不同项目的情况,相关利益群体应该能够参与到策略的发展设施过程当中,早期的公共参与能够给予不同的思路和确定潜在的障碍。广泛的宣传活动也会提高交通意识,影响交通出行模式的选择。如就非机动交通发展来说,有一个意识上的问题是认为非机动交通不能作为一个正式的交通方式来看待,所以非机动交通经常难得到相应的资金支持。

如瑞士采用直接民主的方式来管理城市,当政府遇到重大的事件或是需要大额资金的投入,必须通过公投来决定,所以苏黎世居民对城市交通问题的认识相对较高。苏黎世市除了在政策上对城市步行交通给予法律意义上的保证外,还通过各种的信息媒介来提高苏黎世市民对步行的认识,如通过电视、报纸、出版物,公共场所利用大幅海报及电子显示屏等等。每年还通过各种各样的活动和出版物宣传城市的步行化:环保、健康、安全,让市民投入到步行行列当中。例如,2005 年的宣传重点就专门针对步行交通,他们称之为"流动文化"(Mobility Culture),让人们了解到:"噢,在苏黎世徒步旅行是很容易的事。"2006 年起还发起了"徒步·倾听"(Walking Listening)活动,该活动由三个著名的作家通过记录与步行线路相关的各个地方奇闻轶事,并转化成音频资料,存放到 MP3 中。如果你要参加此徒步体验,只要通过登记身份证号码,就可以借到 MP3 播放器,借此提供"徒步·倾听"旅行体验,让参与者能够比较深入地了解到城市的历史和文化。诸如此类的步行组织活动已远远超出了活动本身,使参与者能够更深入认识自己的城市,更能找到一种归属感,也有利于城市个性的张扬。又如在很多的案例研究中可以发现,步行如果要作为一种交通方式而言不能与其他的交通方式具有同等的地位。资金的来源、研究的深度以及政策的支持都比其他的交通方式要差。但是,应该注意的是,即使是小汽车交通或是公共交通,步行也在出行的过程中起到重要作用。步行对于社会的公平、环境的保护都起到重要的作用,应该说,在所有的交通方式中它是最具可持续的交通方式。所以,提高步行作为交通的一种方式的意识对于规划师、决策者以及市民等都具有重大的意义。

所以,硬政策或策略的实施会改善物质空间环境,但并不一定就会改变人们的态度。因此,软政策(宣传、公共参与)经常被用来作为发展策略的有效补充。通过公共参与可以达到集思广益的作用,改善公共关系,提高公众的接受度,从而提高实施策略成功的概率。

参考文献

· 英文文献 ·

[1] Alexander C. A city is not a tree [J]. Design, 1966,206(02):344-348

[2] Angela H. Integrated transport planning in the UK: from concept to reality[J]. Journal of Transport Geography, 2005, 13: 318-328

[3] Batty M, Longley P A. Fractal Cities [M]. London: Academic Press, 1994

[4] Bertaud Alain. World Development Report 2003: Dynamic Developmentina Sustainable World Background Paper—the Spatial Organization of Cities: Deliberate Outcome or Unforeseen Consequence [R]. World Bank, 2003

[5] Bertolini L, Clercq F, Kapoen L. Sustainable accessibility: a conceptual framework to integrate transport and land use plan-making. Two test-applications in the Netherlands and a reflection on the way forward[J]. Transport Policy,2005,12:207-220

[6] Buchanan C. Traffic in Touns: a Study of the Long Term Problems of Traffic Urban Areas[M]. London: Her Majesty's Stationery Office, 1963

[7] Calthorpe P. The Next American Metropolis—Ecology, Community and the American Dream[M]. Princeton: Princeton Architectural Press,1993: 56,60,82

[8] Capello R, Roberto C. Beyond optimal city size: an evaluation of alternative urban growth patterns [J]. Urban Studies, 2000,37(9):1479-1496.

[9] Cervero R, Kockelman K. Travel demand and the 3ds: density, diversity, and design[J]. Transportation Research-D, 1997,2(3): 199-219

[10] Claire S. Chan. Measuring Physical Density: Implications on the Use of Different Measures on Land Use Policy in Singapore[D]. Cambridge: Massachusetts Institute of Technology, 1999:7

[11] Curtis. Can strategic planning contribute to a reduction in car-based travel? [J]. Transport Policy, 1996,3:87-95

[12] David Metz. The Limits to Travel—How Far Will You Go? [M]. UK:TJ International Ltd,Padstow, Corwall, 2008:5-6

[13] David T H. Urban Geography: A First Approach[M]. New York: John Wiley&Sons, 1982: 114-138

[14] Frank L D, Pivo G. Impacts of mixed use and density on utilization of three models of travel: single-occupant vehicle, transit and walking[J]. Transportation Research Record, 1994,14: 44-52

[15] Franz E, Regula L. Building Zurich[R]. Birhaeuer Verlag AG,2007

[16] Giuliano. Research issues regarding societal change and transport[J]. Journal of Transport Geography, 1997,5(3):117-124

[17] Hall D. Altogether misguide and dangerous-a review of Newman and Kenworthy [J]. Town and Country Planning, 1991,60(11-12):350

[18] Harry G, Dominic S. The integration of land use planning, transport and environment in European

policy and research[J]. Transport Policy, 2003, 10: 187-196

[19] Heart B, Jennifer B. The smart growth-climate change connection[J]. Conservation Law Foundation (www. tlcnework. org), 2000,11:35

[20] Hildebrand Frey. Designing the City: Towards A More Sustainable Urban Form[M]. London: Routledge, 1999

[21] Jenks M, Elizabeth B, Katie W. The Compact City: A Sustainable Urban Form[M]. London: E&FN Spon Press,1998

[22] Kenworthy and Laube. Millennium Cities Database for Sustainable Transport[R],2001

[23] Knight R L. Land Use Impacts of Rapid Transit Systems:Implications of Recent Experience [R]. Final Report Prepared for the US Department of Transportation,1977:6

[24] Leon Krier. Cities within a city [J]. Architecture Design, 1984,54(7-8):34

[25] Marchetti C. Anthropological invariants in travel behavior[J]. Technological Forecasting and Social Change, 1994,47(1):75-88.

[26] Mark C Walker. A Key Factor for Sustainable Urban Development [DB/OL]. http://www. informaworld. com

[27] Matthias Daum. Neue Zuercher Zeitung

[28] Meier R L. A Communications Theory of Urban Growth [M]. Cambridge: The MIT Press,1962: 79

[29] Moughtin J C. Urban Design: Green Dimensions[M]. Oxford: Butterworth-Heinemann Publishing Ltd, 1996

[30] Newman P, Kenworthy J. Sustainability and Cities: Overcoming Automobile Dependence [M]. Washington D C Island Press, 2000

[31] Newman P, Kenworthy J. Transport and Greenhouse: Refocussing our Cities for the Future[J/ OL]. www. dipnr. nsw. gov. au,2005

[32] Peter H, Colin W. Sociable Cities: The Legecy of Ebenezer Howard[M]. New York: John Whey & Sons. Ltd, 1998

[33] Portman J. Architectural [J]. A+U,1993(11-12):37-59

[34] Richardson H W. Optimality in city size, systems of cities and urban policy: a sceptic's view[J]. Urban Studies,1972,9(1):29-48

[35] Robert C. The Transit Metropolis: A Global Inquiry[M]. New York: Island Press, 1998

[36] Roger M, Marion E. An expert system to advise on urban public transport technologies[J]. Computer, Environment and Urban Systems, 1996, 20(4-5): 261-273

[37] Stadt Zuerich. Statistische 2009 Jahrbuch Der Stadt Zuerich [R]. Moenchaltorf: Buchbinderei Burkhardt AG, Moenchaltorf, 2009

[38] Stephen P, Martin J. On transport integration: a contribution to better understanding[J]. Futures, 2000,32: 275-287

[39] Stover V, Frank J. Transportation and Land Development[M]. Englewood Cliffs, N J: Prentice-Hall,1999

[40] UN Workshop Chisinau. Improving Public Transport Efficiency: The Example of the Greater Zurich area[R], 2008. 11

[41] White R，Engelen G，Uljee I. The use of constrained cellular automata for high-resolution modeling of urban-land dynamics [J]. Environment and Planning B：Planning and Design，1997，24：323-343

[42] White R，Engelen G. Cellular automata and fractal urban form：a cellular modeling approach to the evo-lution of urban land-use patterns [J]. Environment and Planning A，1993，25：1175-1199

[43] Yu-hsin Tsai. Travel-Efficient Urban Form：A Nationwide Study of Small Metropolitan Areas[R]. University of Michigan，2001：2

[44] Zahavi Y，Beckmann M J，Golob T F. The UMOT/Urban Interactions[R]. US Department of Transportation Report，Washington DC，1981

[45] Zahavi Y. The "U-MOT" Project. US Deartment of Transportation Report[R]. No. DOT-RSPA-DPD-20-79-3，Washington DC，1979

[46] Zahavi Y. Travel Characteristics in Cities of Developing and Developed Countries[R]. World Bank Staff Working Paper No. 230，World Bank，Washington DC，1976

[47] Zahavi Y. Travel time budgets in developing countries[J]. Transportation Research Part A-General，1981，15(1)：87-95

·中文文献·

[1] 埃比尼泽·霍华德. 明日的田园城市[M]. 金经元，译. 北京：商务印书馆，2000

[2] 鲍尔，倪文彦. 城市的发展过程[M]. 北京：中国建筑工业出版社，1981

[3] 北京市城市规划设计研究院，等. 世界大城市交通研究[M]. 北京：北京科学技术出版社，1991

[4] 贝塔朗菲. 一般系统论[M]. 林康义，魏宏森，等，译. 北京：清华大学出版社，1987：25

[5] 蔡君时. 世界城市交通[M]. 上海：同济大学出版社，2001.8

[6] 蔡孝箴. 城市经济学[M]. 天津：南开大学出版社，1998

[7] 陈秉钊. 上海郊区小城镇人居环境可持续发展研究[M]. 北京：科学出版社，2001.

[8] 陈峻，王炜. 高机动化条件下城市自行车交通发展模式研究[J]. 规划师，2006，22(4)：31-34

[9] 陈秀雯. 城市居住社区公共服务设施评价指标体系探讨[D]. 重庆：重庆大学，2007：25-27

[10] 陈秀雯. 城市居住社区公共服务设施评价指标体系探讨[M]. 重庆：重庆大学，2007

[11] 陈学武. 可持续发展的城市交通系统模式研究[D]. 南京：东南大学，2002

[12] 陈彦光，王义民，靳军. 城市空间网络：标度、对称、复杂与优化——城市体系空间网络分形结构研究的理论总结报告[J]. 信阳师范学院学报(自然科学版)，2004，17(3)：311-321

[13] 陈志华. 外国建筑史(十九世纪末叶以前)[M]. 北京：中国建筑工业出版社，2004：56-68

[14] 仇保兴. 紧凑度和多样性——中国城市可持续发展的核心理念[J]. 城市规划，2006，(11)

[15] 仇保兴. 我国城镇化中后期的若干挑战与机遇——城市规划变革的新动向[J]. 城市规划，2010，34(1)：15-22

[16] 大卫·路德林. 营造21世纪的家园——可持续的城市邻里社区[M]. 北京：中国建筑工业出版社，2005，79

[17] 丁成日. 城市"摊大饼"式空间扩张的经济学动力机制[J]. 城市规划学刊，2005，29(4)：56-60

[18] 丁成日. 空间结构与城市竞争力[J]. 地理学报，2004(53)：085-092

[19] 段汉明. 城市学基础[M]. 西安：陕西科学技术出版社，2000：237

[20] 段进. 城市空间发展论[M]. 南京：江苏科学技术出版社，1999：115

[21] 房艳刚. 城市地理空间系统的复杂性研究[D]. 吉林：东北师范大学，2006

[22] 顾朝林,谭纵波,刘宛. 低碳城市规划:寻求低碳化发展[J].建设科技,2009,6:40-41

[23] 管驰明,崔功豪. 公共交通导向的中国大都市空间结构模式探析[J]. 城市规划, 2003, 27(10):33-37

[24] 管红毅. 城市自行车交通系统研究[D]. 成都:西南交通大学,2004

[25] 郭寒英,石红国. 考虑出行者心理的城市公共交通适应性探讨[J].人类工效学,2006,12(1):11-13

[26] 郭因,黄洁斌. 绿色文化与绿色美学通论[M].合肥:安徽人民出版社,1995

[27] 过秀成,吕慎. 大城市快速轨道交通线网空间布局[J]. 城市发展研究,2001, 8(1):58-61

[28] Georges Amar. 城市交通的多方式转换与机动性研究的新规则[J]. 2005,156(2):101-108

[29] 韩涛,管亚锋,宁天阳. 中小城市TOD街区体系发展模式研究——基于对南京、苏州、无锡城市住区模式的研究[J]. 江苏城市规划,2007(5):40-41

[30] 侯鑫. 基于文化生态学的城市空间理论——以天津、青岛、大连研究为例[M]. 南京:东南大学出版社,2006,10:16-17

[31] 侯学钢. 快速干道与城镇体系的区域整合研究[M].长沙:湖南大学出版社,2002

[32] 胡昊. 从榜鹅镇看新加坡二十一世纪新镇建设[J]. 小城镇建设,2002,2:74-76

[33] 黄亚平. 城市空间理论与空间分析[M]. 南京:东南大学出版社,2002:76

[34] 黄怡. 从田园城市到可持续的明日社会城市——读霍尔(Peter Hall)与沃德(Colin Ward)的《社会城市》[J]. 城市规划学刊,2009,4(182):113-116

[35] 建筑工程部北京工业建筑设计院编. 建筑设计资料集(1)[M].北京:中国建筑工业出版社,1964

[36] 姜涛. 由密尔顿·凯恩斯新城规划看当代城市规划新特征[J].规划师,2002,4(18):73-76

[37] 鞠靖,李邑兰. 要大学,还是要大路?[N].南方周末,2008-11-20

[38] 瞿何舟. 城市公共交通不同层级整合研究[D].成都:西南交通大学,2005

[39] 克劳兹·昆斯曼. 多中心与空间规划[J].唐燕,译.国际城市规划,2008,23(1):89-92

[40] 克里斯托弗·亚历山大. 建筑模式语言[M].王昕度,周序鸿,译.北京:中国建筑工业出版社,2002.02

[41] 克利夫·芒福汀. 绿色尺度[M].陈贞,高文艳,译.北京:中国建筑工业出版社,2006:6-13

[42] 拉兹洛. 用系统的观点看世界[M].闵家胤,译.北京:中国社会科学出版社,1985.62-63

[43] 李林波,杨东援,熊文. 大公共交通系统之构建[J]. 城市规划学刊,2005,4:8-15

[44] 李琼星,汤照照. 大城市自行车交通发展的利弊与方向[J].中南公路工程,2003,28(1):111-113

[45] 李志明. 从"协调单元"到"城市编织":约翰·波特曼城市设计理念的评析与启示[J].新建筑,2004,5:82

[46] 刘登清,张阿玲. 城市土地使用与可持续发展的城市交通[J]. 中国人口·资源与环境,1999,9(4):38-41

[47] 陆化普,袁虹. 北京交通拥挤对策研究[J]. 清华大学学报(哲学社会科学版),2000,6:87-92

[48] 陆化普. 城市轨道交通规划的研究与实践[M].北京:中国水利水电出版社,2001

[49] 陆锡明. 综合交通规划[M].上海:同济大学出版社,2003

[50] 马强. 走向"精明增长":从"小汽车城市"到"公共交通城市"[M].北京:中国建筑工业出版社,2007

[51] 马清裕,张文尝,王先文. 大城市内部空间结构对城市交通作用研究[J]. 经济地理,2004,24(2):215-220

[52] 迈克尔·布鲁顿,希拉·布鲁顿. 英国新城发展与建设[J].于立,胡伶倩,译.国外规划研究,2003,27:78-81

[53] 毛海虓. 中国城市居民出行特征研究[D]. 北京:北京工业大学,2005

[54] 苗拴明,赵英. 自行车交通适度发展的思想与模式[J]. 城市规划,1995,4(13):41

[55] 明士军. 多元化公共交通模式研究[D]. 成都:西南交通大学,2008

[56] 潘海啸,任春洋. 轨道交通与城市公共活动中心体系的空间耦合关系——以上海市为例[J]. 城市规划学刊,2005,158(4):76-82

[57] 潘海啸,汤锡,吴锦瑜,等. 中国"低碳城市"的空间规划策略[J]. 城市规划学刊,2008,6:8-17

[58] 潘海啸. 轨道交通与大都市区空间结构的优化——国际经验的启示[M]//中国城市规划协会编. 2007年中国城市规划年会论文集. 哈尔滨:黑龙江科学技术出版社,2007:256-266

[59] 彭智谋. 城市公共空间的视觉尺度研究[D]. 长沙:湖南大学,2007

[60] 钱学森,于景元,戴汝为. 一个科学新领域——开放的复杂巨系统及其方法论[J]. 自然杂志,1990,13(1):3-11

[61] 青山吉隆. 图说城市区域规划[M]. 王雷,蒋恩,罗敏,译. 上海:同济大学出版社,2005:70

[62] 沈添财. 可持续发展与绿色交通实施战略[R]. 2001. http://www.chinautc.com/hot/green/001.asp.6

[63] 孙英兰. 中国成为新高温频发地,极端天气逐渐"常态化"[J]. 瞭望新闻周刊,2007,7:12

[64] 同济大学主编. 城市规划原理(第二版)[M]. 北京:中国建筑工业出版社,1996

[65] 同济大学主编. 城市规划原理[M]. 北京:中国建筑工业出版社,1991

[66] 汪国银. 企业组织结构演变趋势:层级制还是网络制[J]. 安徽工业大学学报(社会科学版),2009,26(6):45-47

[67] 王玲玲. 重庆主城住区公共服务设施分级控制方法研究[D]. 重庆:重庆大学,2008:57

[68] 王茂林. 新加坡新镇规划及其启示[J]. 城市规划,2009,33(8):43-48

[69] 王志康. 突变和进化[M]. 广州:广东高等教育出版社,1993:138-145

[70] 韦亚平,赵民. 都市区空间结构与绩效——多中心网络结构的解释与应用分析[J]. 城市规划,2006,30(4):9-16

[71] 魏宏森,曾国屏. 试论系统的层级性原理[J]. 系统辩证学学报,1995,3(1):21-24

[72] 沃尔特·克里斯塔勒. 德国南部中心地原理[M]. 常正文,王兴中,等译. 北京:商务印书馆,1998:82

[73] 武进. 中国城市形态结构特征及其演变[M]. 南京:江苏科学技术出版社,1990,6

[74] 徐观敏,邵文鸿. 关于小区规模的探讨[J]. 城市规划,2004,28(8):87-88

[75] 徐建. 机动性:社会排斥的一个新维度[J]. 兰州学刊,2008,8(179):97-99

[76] 徐永能. 大城市公共客运交通系统结构演化机理与优化方法研究[D]. 南京:东南大学,2006

[77] 薛杰(Serge Salat). 可持续发展设计指南[M]. 北京:清华大学出版社,2006

[78] 亚历山大. 建筑的永恒之道[M]. 赵冰,译. 北京:知识产权出版社,2002

[79] 阎小培,周素红,毛蒋兴. 高密度开发城市的交通系统与土地利用[M]. 北京:科学出版社,2006:278

[80] 颜泽贤. 复杂系统演化论[M]. 北京:人民出版社,1993:29-74

[81] 杨贵庆. 社区人口合理规模的理论假说[J]. 城市规划,2006(30):50-56

[82] 杨吾扬. 北京市零售商业与服务中心网点的过去、现在和未来[J]. 地理学报,1994,1:9-15

[83] 杨吾扬. 区位论原理——产业、城市和区域的区位经济分析[M]. 兰州:甘肃人民出版社,1989:133

［84］张京祥. 西方城市规划思想史纲［M］. 南京:东南大学出版社,2005

［85］赵燕菁. 高速发展条件下的城市增长模式［J］. 国外城市规划,2001,(1):27-33

［86］郑永平. 城市轨道交通建设与城市可持续发展的思考［C］∥中国城市轨道交通规划、建设及设备国产化论坛论文集. 广州,2003:19-24

［87］中国大百科全书总编辑委员会(哲学)编辑委员会. 中国大百科全书哲学卷Ⅰ［M］. 北京:中国大百科全书出版社,1987:84-85

［88］周干峙. 城市及其区域———一个典型的开放的复杂巨系统［J］. 城市规划,2002(2):7-8

［89］周干峙,等. 发展我国大城市交通的研究［M］. 北京:中国建筑工业出版社,1997

［90］周岚,叶斌,徐明尧. 探索住区公共设施配套规划新思路——《南京城市新建地区配套公共设施规划指引》介绍［J］. 城市规划,2006,30(4):33-37

［91］朱巍. 成都市城市交通与城市空间结构整体优化研究［J］. 现代城市研究, 2005, 5: 22-28

［92］祝朋霞. 城市土地利用与城市交通研究［D］. 上海:华中师范大学,2003

［93］卓健. 街道是属于我们大家的——访法国著名城市学家佛朗索瓦·亚瑟教授［J］. 国际城市规划,2007,22(3):101-105

［94］卓健. 速度·城市性·城市规划［J］. 城市规划,2004,28(1):86-92

［95］左丘明. 左传·隐公元年［M］. 深圳:海天出版社,1995:1-20

图片来源

图 1-1 源自:仇保兴.我国城镇化中后期的若干挑战与机遇——城市规划变革的新动向[J].城市规划,
　　2010,34(1):15-22

图 2-1 源自:http://jpkc.ccnu.edu.cn/sj/2007/jjdlx/show.aspx? id=533

图 2-2 至图 2-4 源自:沃尔特·克里斯塔勒.德国南部中心地原理[M].常正文,王兴中,等译.北京:商
　　务印书馆,1998

图 2-5 源自:据相关资料绘制

图 2-6 源自:黄亚平.城市空间理论与空间分析[M].南京:东南大学出版社,2002

图 4-1 源自:http://hugeasscity.com

图 4-2 源自:Krier L. Cities in a City [J]. Architecture Design,1984,54(7/8)

图 4-3 源自:张京祥.西方城市规划思想史纲[M].南京:东南大学出版社,2005

图 4-4 源自:Calthorpe P. The Next American Metropolis—Ecology, Community and the American
　　Dream[M]. Princeton:Princeton Architectural Press, 1993

图 4-5 至图 4-7 源自:2009 年苏黎世市统计年鉴

图 4-8 源自:Calthorpe P, The Next American Metropolis—Ecology, Community and the American
　　Dream[M]. Princeton Architectural Press,1993

图 4-9、图 4-10 源自:作者自绘

图 4-11 源自:杨吾扬.区位论原理——产业、城市和区域的区位经济分析[M].甘肃:甘肃人民出版
　　社,1989

图 4-12 至图 4-14 源自:作者自绘

图 4-15 源自:2009 年苏黎世市统计年鉴

图 4-16 源自:Eberhard F,Luescher R. Building Zurich[R]. Birhaeuer Verlag AG,2007

图 4-17、图 4-18 源自:据相关资料绘制

图 4-19 源自:作者自绘

图 4-20 源自:据相关资料绘制

图 4-21 源自:作者自绘

图 4-22 源自:据相关资料绘制

图 4-23 源自:作者摄

图 5-1、图 5-2 源自:Peter H, Colin W. Sociable Cities:The legecy of Ebenezer Howard[M]. New
　　York:John Whey & Sons. Ltd.,1998

图 5-3 源自:据相关资料绘制

图 5-4 源自:Marchetti C. Anthropological invariants in travel behavior[J]. Technological Forecasting
　　and Social Change, 1994,47(1):75-88.

图 5-5 至图 5-8 源自:作者自绘

图 5-9 源自:http://www.onderzoeken statistiek.amsterdam.nl

图 5-10 源自:据相关资料绘制

图 5-11 源自：根据 HDB. Structure of Manual,2007 整理

图 5-12 源自：Claire S C. Measuring Physical Density：Implications on the Use of Different Measures on Land Use Policy in Singapore[R]. Massachusetts Institute of Technology，1999

图 5-13、图 5-14 源自：http：//www. miltonkeynespartnership. info/mkp_projects/cmk. php

图 6-1 至图 6-4 源自：据相关资料绘制

图 6-5、图 6-6 源自：http：//www. docin. com

图 6-7、图 6-8 源自：UN Workshop Chisinau. Improving Public Transport Efficiency—the Example of the Greater Zurich Area[R],2008

图 7-1 至图 7-6 源自：Mark C W . Mixed Development for Sustainable City [DB/OL]. http：//www. informaworld. com

图 7-7 源自：沃尔特·克里斯塔勒. 德国南部中心地原理[M]. 常正文,王兴中,等译. 北京：商务印书馆,1998

图 7-8 至图 7-21 源自：作者自绘

图 8-1 源自：理查德·罗杰斯,菲利普·古姆齐德简. 小小地球上的城市[M]. 仲德昆,译. 北京：中国建筑工业出版社,2004

表格来源

表1-1 源自:毛海娆.中国城市居民出行特征研究[D].北京:北京工业大学,2005

表2-1、表2-2 源自:陆化普.城市轨道交通规划的研究与实践[M].北京:中国水利水电出版社,2001

表3-1 源自:中国科学院可持续发展战略研究组.中国可持续发展战略报告[R],2004

表3-2 源自:全永桑,刘小明,等.路在何方——纵谈城市交通[M].北京:中国城市出版社,2002

表3-3、表3-4 源自:根据郑永平.城市轨道交通建设与城市可持续发展的思考[C].中国城市轨道交通规划、建设及设备国产化论坛论文集,2003

表4-1 源自:根据建筑设计资料集(1)1964;《城市规划定额指标暂行规定》1980;《城市居住区规划设计规范》(GB5018093);《城市居住区规划设计规范》(GB5018093)2002年修订版整理

表4-2 源自:陈秀雯.城市居住社区公共服务设施评价指标体系探讨[D].重庆大学,2007等数据整理

表4-3 源自:苏州工业园区规划局.苏州工业园区二三区总体规划[R],1995

表4-4 源自:南京市规划局.南京市新建地区公共设施配套标准规划指引(征求意见稿)[R],2005

表4-5 源自:韩涛,管亚锋,宁天阳.中小城市TOD街区体系发展模式研究——基于对南京、苏州、无锡城市住区模式的研究[J].江苏城市规划,2007(5):40-41

表4-6 源自:作者自制

表4-7 源自:通过实地调研,2009年苏黎世市统计年鉴,苏黎世市GIS统计网站 http://www.giszh.zh.ch以及相关规划等资料归纳整理

表4-8 源自:用地标准根据 GB 50180—93《城市居住区规划设计规范》(2002年版),表3.0.3用地标准折中计算

表4-9 源自:作者自制

表4-10 源自:作者自制

表5-1 源自:作者自制

表5-2 源自:根据《新加坡2005年统计年鉴》,GOOGLE EARTH,2005年新加坡总体规划等资料整合

表5-3 源自:GB 50.城市用地分类与规划建设用地标准——征求意见稿[R],2008

表5-4 源自:作者自制

表5-5 源自:根据《新加坡2005年统计年鉴》资料归纳整理

表5-6 源自:根据《新加坡2005年统计年鉴》资料归纳整理

表5-7、表5-8 源自:城市用地分类与规划建设用地标准——征求意见稿[GB50].中华人民共和国住房和城乡建部,中华人民共和国国家质量监督检验检疫总局,2008

表5-9、表5-10 源自:http://www.hdb.gov.sg

表5-11 源自:http://www.hdb.gov.sg

表5-12 源自:Kenworthy and Laube. Millennium Cities Database for Sustainable Transport[R],2001

表6-1 源自:作者自制

表6-2 至表6-4 源自:http://www.sbb.ch/en/home.html

表6-5 至表6-8 源自:作者自制

表7-1 源自:作者自制

表8-1、表8-2 源自:作者自制